U0157468

国家出版基金项目
NATIONAL PUBLICATION FOUNDATION

"十三五"国家重点出版物出版规划项目·重大出版工程

高超声速出版工程

高超声速风洞实验与测量

毕志献 陈 星 纪 锋 等著

科学出版社

北 京

内 容 简 介

本书主要讲述高超声速风洞实验方法与测量技术。从高超声速飞行器对气动实验需求开始,首先介绍了目前高超声速地面实验模拟所遇到的主要问题以及高超声速风洞和设备的分类、特点、性能与运行方式;随后介绍了高超声速风洞参数的测量及流场校测、高超声速气动力实验方法和实验中需要解决的关键实验技术、高超声速风洞中实验模型表面热环境测量方法和技术、高超声速风洞中的自由飞实验方法和技术、在燃烧加热高超声速风洞和高焓激波风洞中超燃推进技术的实验方法、高超声速风洞的流动显示技术和空间流场参数的光学测量方法;最后,展望了高超声速地面实验的未来。

本书可供从事航空、航天飞行器研制和空气动力学研究工程技术人员使用,也可供高等院校有关专业的师生参考。

图书在版编目(CIP)数据

高超声速风洞实验与测量 / 毕志献等著. —北京:
科学出版社,2021.12
高超声速出版工程 "十三五"国家重点出版物出版
规划项目 重大出版工程 国家出版基金项目
ISBN 978 - 7 - 03 - 070677 - 5

Ⅰ.①高… Ⅱ.①毕… Ⅲ.①高速风洞—风洞试验
Ⅳ.①V211.74

中国版本图书馆 CIP 数据核字(2021)第 232513 号

责任编辑:徐杨峰 / 责任校对:谭宏宇
责任印制:黄晓鸣 / 封面设计:殷 靓

科 学 出 版 社 出版
北京东黄城根北街 16 号
邮政编码:100717
http://www.sciencep.com

南京展望文化发展有限公司排版

广东虎彩云印刷有限公司印刷
科学出版社发行 各地新华书店经销

*

2021 年 12 月第 一 版 开本:B5(720×1000)
2025 年 1 月第五次印刷 印张:21 3/4
字数:378 000

定价:180.00 元
(如有印装质量问题,我社负责调换)

丛书序

飞得更快一直是人类飞行发展的主旋律。

1903年12月17日,莱特兄弟发明的飞机腾空而起,虽然飞得摇摇晃晃犹如蹒跚学步的婴儿,但拉开了人类翱翔天空的华丽大幕;1949年2月24日,Bumper-WAC从美国新墨西哥州白沙发射场发射升空,上面级飞行马赫数超过5,实现人类历史上第一次高超声速飞行。从学会飞行,到跨入高超声速,人类用了不到五十年,蹒跚学步的婴儿似乎长成了大人,但实际上,迄今人类还没有实现真正意义的商业高超声速飞行,我们还不得不忍受洲际旅行需要十多个小时甚至更长飞行时间的煎熬。试想一下,如果我们将来可以在两小时内抵达全球任意城市,这个世界将会变成什么样? 这并不是遥不可及的梦!

今天,人类进入高超声速领域已经快70年了,无数科研人员为之奋斗了终生。从空气动力学、控制、材料、防隔热到动力、测控、系统集成等,在众多与高超声速飞行相关的学术和工程领域内,一代又一代科研和工程技术人员传承创新,为人类的进步努力奋斗,共同致力于达成人类飞得更快这一目标。量变导致质变,仿佛是天亮前的那一瞬,又好像是蝶即将破茧而出,几代人的奋斗把高超声速推到了嬗变前的临界点上,相信高超声速飞行的商业应用已为期不远!

高超声速飞行的应用和普及必将颠覆人类现在的生活方式,极大地拓展人类文明,并有力地促进人类社会、经济、科技和文化的发展。这一伟大的事业,需要更多的同行者和参与者!

书是人类进步的阶梯。

实现可靠的长时间高超声速飞行堪称人类在求知探索的路上最为艰苦卓绝的一次前行,将披荆斩棘走过的路夯实、巩固成阶梯,以便于后来者跟进、攀登,意义深远。

以一套丛书,将高超声速基础研究和工程技术方面取得的阶段性成果和宝贵经验固化下来,建立基础研究与高超声速技术应用之间的桥梁,为广大研究人员和工程技术人员提供一套科学、系统、全面的高超声速技术参考书,可以起到为人类文明探索、前进构建阶梯的作用。

2016 年,科学出版社就精心策划并着手启动了"高超声速出版工程"这一非常符合时宜的事业。我们围绕"高超声速"这一主题,邀请国内优势高校和主要科研院所,组织国内各领域知名专家,结合基础研究的学术成果和工程研究实践,系统梳理和总结,共同编写了"高超声速出版工程"丛书,丛书突出高超声速特色,体现学科交叉融合,确保丛书具有系统性、前瞻性、原创性、专业性、学术性、实用性和创新性。

这套丛书记载和传承了我国半个多世纪尤其是近十几年高超声速技术发展的科技成果,凝结了航天航空领域众多专家学者的智慧,既可供相关专业人员学习和参考,又可作为案头工具书。期望本套丛书能够为高超声速领域的人才培养、工程研制和基础研究提供有益的指导和帮助,更期望本套丛书能够吸引更多的新生力量关注高超声速技术的发展,并投身于这一领域,为我国高超声速事业的蓬勃发展做出力所能及的贡献。

是为序!

2017 年 10 月

前　言

风洞实验作为空气动力学和飞行器气动特性研究的重要手段在飞行器发展中始终发挥着重要作用,飞行器的发展也促使着实验空气动力学及其相关地面气动实验能力和实验技术的不断进步和提高。高超声速飞行器从 20 世纪 40 年代开始研究,至今已经走过半个多世纪,高超声速飞行器的发展无论在民用太空探索,还是在军用领域等方面都取得了令人惊叹的进步,在 21 世纪相当长的时期内高超声速技术仍然是世界各航空航天大国的重要研究领域。

由于高超声速飞行器的飞行速度范围和空域范围极为广泛,所面临的空气动力学问题变得极其复杂和严酷,高超声速地面气动实验设备的建设及相关测试技术发展也遇到了空前的挑战。到目前为止还没有哪一座高超声速实验设备能够覆盖高超声速飞行器的全部飞行包线,必须将多种高超声速设备结合起来才能取得所需的实验数据。随着高超声速飞行器的发展,各航空航天大国已经建造了多种类型、多种运行方式的高超声速风洞和设备,但是这些风洞和设备与高超声速飞行器对气动实验的实际需求仍然存在一定差距,高超声速气动实验方法和能力仍然需要不断地改进和提高。

本书内容涉及面较广、学科专业较多,在内容安排上把实验中的主要技术问题做重点介绍,并提出解决问题的方法和途径,尽量展现近年来取得的最新技术成果和研究进展。第 1 章与第 2 章从高超声速飞行器对气动实验的需求开始,介绍了目前高超声速地面实验模拟所遇到的主要问题以及高超声速风洞和设备的分类,第 3 章、第 4 章和第 5 章介绍了主要的高超声速风洞和特种气动实验设备的特点、性能及关键技术,第 6 章介绍了高超声速风洞参数的测量及流场校测,第 7 章介绍了高超声速气动力实验方法和实验中需要解决的关键实验技术,

第 8 章介绍了高超声速风洞中实验模型表面热环境测量方法和技术,第 9 章介绍了高超声速风洞中的自由飞实验方法和技术,第 10 章介绍了在燃烧加热高超声速风洞和高焓激波风洞中超燃推进技术的实验方法,第 11 章介绍了高超声速风洞的流动显示技术和空间流场参数的光学测量方法,第 12 章讨论了高超声速气动实验的未来发展。

本书作者团队由长期从事高超声速风洞实验和相关工作的科研人员组成。第 1 章、第 2 章由毕志献编写;第 3 章由张婷婷、郭孝国、李睿劬、毕志献编写;第 4 章由陈星、谌君谋编写;第 5 章由李睿劬、宫建、毕志献编写;第 6 章由姜维、刘训华、卢洪波、谌君谋、毕志献编写;第 7 章由刘训华、刘春风、姜维、文帅编写;第 8 章由韩曙光、贾广森、沙心国编写;第 9 章由陈农编写;第 10 章由卢洪波编写;第 11 章由文帅、卢洪波编写;第 12 章由林键、纪锋编写。易翔宇、陈勇富、程迪、于靖波等也参与编写工作或提供了有益的素材。全书由毕志献、陈星、纪锋统稿。

非常感谢周伟江研究员、马汉东研究员、沈清研究员、李潜研究员、王铁进研究员、朱浩研究员,他们在百忙之中审阅了书稿,并提出了许多好的修改建议。在成书过程中还得到了高超声速风洞实验研究室许多同志的支持和帮助,在此一并表示感谢。感谢张婷婷在书稿、文字整理等方面所做的工作。

限于作者水平和能力,书中不妥和疏漏之处在所难免,恳请各位读者批评指正。

作　者

2021 年 6 月

高超声速出版工程

目 录

第4章　激波风洞

第 5 章　高超声速特种风洞和设施

第 6 章　高超声速风洞气流参数测量

第7章　高超声速风洞气动力测量技术

第8章　高超声速风洞模型传热测量技术

第9章　高超声速风洞自由飞实验技术

第 10 章　高温高超声速风洞冲压推进实验技术

第 11 章　高超声速风洞空间流场显示与测量技术

第 12 章　高超声速气动地面实验的未来与展望

第1章

高超声速飞行的气动实验需求

  航空航天飞行器的发展已经走过了百年历程,影响到人类发展的各个方面,促进了人们旅行、航空运输、太空探索的巨大进步,也深深影响了人类战争的方式和进程。人类对飞行、太空探索及战争的需求,促使飞行器不断向飞得更高、飞得更快、飞得更远发展。

  高超声速飞行器的研究在第二次世界大战时期就已开始。1949 年 2 月 24 日,美国利用从德国获取的 V-2 火箭技术在白沙瓦实验场发射了一枚两级 V-2 火箭,第一次使人造飞行器实现了超过 5 倍声速的高超声速飞行(图 1.1)。1961 年 4 月 21 日,搭载航天员加加林的东方号飞船采用多级火箭发射成功,绕地球轨道飞行后以超过 25 倍声速的速度进入大气层并安全返回地面,加加林成为第一位进入太空,也是第一位经历过高超声速飞行的人。1961 年 6 月 23 日,美国空军飞行员怀特驾驶 X-15 飞机飞行,飞行马赫数达到了 5.3,首次驾驶飞

(a) 发射升空的V-2火箭   (b) 发射架上的V-2火箭

图 1.1   V-2 火箭发射

机实现了马赫数超过5的飞行。1969年7月,美国阿波罗飞船成功登月并安全返回,实现了人类首次登陆地球之外的星球。1981年4月,美国"哥伦比亚"号航天飞机发射成功(图1.2),这也是人类首次采用可重复使用高超声速升力体飞行器从太空返回地面的飞行[1,2]。

图1.2   "哥伦比亚"号航天飞机发射图

20世纪50~80年代,太空飞船、航天飞机和洲际战略导弹的研制使高超声速飞行研究达到第一次高潮,在过去的半个多世纪中,人类成功实现了在高超声速范围内的飞行,包括阿波罗飞船以马赫数36的速度再入地球大气层[1]、星际探测中以47 km/s的速度进入木星大气、战略导弹的高雷诺数高马赫数再入。进入21世纪以来,高超声速飞机、高超声速滑翔飞行器、高超声速巡航导弹等飞行器的发展,以及高超声速吸气式超燃推进等热点技术的研究使高超声速研究热潮更是达到了一个新的高度。X-43A和X-51A飞行试验成功验证了超燃推进的可行性(图1.3)[3,4]。

高超声速飞行器的飞行范围覆盖了广泛的区域,速度从零到轨道速度甚至更高,高度从海平面到大气层上部,再到近地轨道、空间、星际等。按照飞行任务可将高超声速飞行分为三类:再入(进入)系统类,如大气层外飞行器、轨道飞行器、星际探测飞行器、空间运输系统等,其特征为从大气层外返回再入大气层内,或者进入其他星球的大气层;上升系统类,如单级入轨(single-stage-to-orbit)、两级入轨(two-stage-to-

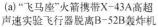

(a) "飞马座"火箭携带X-43A高超
声速实验飞行器脱离B-52B轰炸机

(b) X-51A高超声速实验飞行器

图 1.3　美国 X–43A 和 X–51A 超燃飞行试验

orbit)的先进轨道运输系统、以高超声速飞出大气层的空天飞机,其中一些快速进入空间的飞行器既包含上升系统,又包含再入系统、下降系统和着陆系统;巡航系统类,如全球快速到达、快速打击类飞行器,这类飞行器基本在大气层内飞行,巡航马赫数一般为 4~12[5]。

从飞行器的发展历史看,飞行器发展的每一次大突破都和空气动力学的发展紧密联系。19 世纪末伴随滑翔机的出现,有关空气动力学的理论开始建立。从 20 世纪初有动力载人飞行以来,实验空气动力学在飞行器设计及空气动力学理论发展中始终发挥着重要作用。莱特兄弟在完成自由滑翔飞行后建造了自己的风洞,进行了广泛的实验,为成功飞行提供了精确的数据,然后建造了自己的飞机并在 1903 年进行了历史性的飞行[2]。随着飞行器从最初的低速、亚声速飞行,到超声速、高超声速飞行,以及跨大气层飞行和各种高性能飞行器的发展,气动研究的地面实验设施和技术也不断发展,世界各航空航天大国建成了大量用于飞行器气动实验的各类风洞和气动实验设施,并在航空航天飞行器的每个发展阶段都发挥着重要作用。

在当前和可预见的未来,高超声速仍将是军用和民用进入太空、探索太空及利用空间的重要技术研究领域,高超声速飞行的实际应用将进入一个更加广阔的开拓时代,高超声速空气动力学无疑要应对这个令人兴奋的挑战[6,7]。

1.1   高超声速流动的典型特点及对飞行器的影响

随着飞行马赫数的增大,一些在低马赫数不显著的物理现象逐渐变成飞行器设计的关键问题。在高超声速飞行中,极高的飞行速度将在飞行器的头部形成很强的弓形激波,飞行器周围的空气被这道强激波加热至几千甚至上万摄氏度的高温,导致空气分子的振动激发、离解、化合甚至电离,使得普通空气变成一种不断进行热化学反应的复杂介质。这些微观物理化学现象通过热力学过程对飞行器的气动力、气动热及其周围流场的气动物理特性产生重大影响(图 1.4),使得由经典气体动力学理论预测的高超声速流动带有很大的偏差,给航天技术的发展带来具有挑战性的研究课题[1,8,9]。

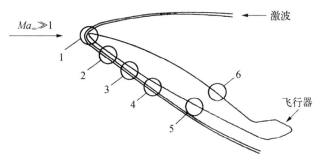

图 1.4   高超声速流动的物理特征

1-高温效应:振动激发、化学反应、非平衡、热辐射与烧蚀;2-薄激波层,激波紧贴壁面;3-涡干扰,熵层;4-黏性干扰;5,6-高空低密度效应:速度和温度滑移

通常把马赫数大于 5 的流动称为高超声速流动,这个定义只是一个经验性规则,高超声速的流动特性并没有从超声速到高超声速在某一个速度出现跳跃性变化,当一个流动从 $Ma = 4.99$ 变到 $Ma = 5.0$ 时,不能认为流动从超声速马上就变成高超声速了。在有些情况下,一个或几个物理现象在 $Ma > 3$ 时就已经变得重要,而在另外一些情况下,直到 $Ma = 7$ 或更高时才可能变得重要。飞行器越细长,发生明显高超声速效应的马赫数就越高。所以了解高超声速流动,首先就需要了解伴随高超声速流动所发生的一些特殊现象,高超声速流动引起的气动问题及其对飞行器的影响主要表现在以下几方面[1,2]。

1. 高温流动和高温气体效应

高超声速飞行器在再入地球大气层的过程中,由于激波压缩和表面黏性摩擦,飞行器巨大动能的一部分转变为空气热能,飞行器头部及其附近的空气温度可达数千甚至上万摄氏度。通常空气温度在 1 000 K 以下时,仍可视为量热完全气体,此时气体分子内能几乎全部分布于平动和转动自由度,其比热比为常数,求解空气动力学参数可以用理想气体关系式。在一个大气压下,当空气温度达 1 500 K 以上时,空气分子振动自由度显著地被激发;当温度升高到 2 000 K 时,氧分子开始离解为氧原子,离解的氧原子又和空气中其他成分发生化学反应,如生成一氧化氮等;当温度为 4 000 K 左右时,氧分子完全离解,氮分子也开始离解,当温度为 9 000 K 时氮分子全部离解;当温度为 9 000 K 以上时出现电离,气体变成部分电离的等离子体。图 1.5 为氧和氮振动、离解、电离发生的边界。由于上述这些现象产生的过程均需要一定时间,在流动过程中,可能达不到热力学和化学平衡,出现非平衡状态,这一现象称为高温气体效应。高温和常温空气的组分不同,高温空气的组分发生了显著的变化,同时产生振动自由度激发、离解和电离。这些过程均需要吸收大量的热量,空气温度每升高 1 ℃所需的热量也大大增加,导致空气比定压热容增加,比热比下降。温度升高,空气的输运系数,如黏性系数、热传导系数、扩散系数等也将发生很大变化。在高温情况下,气体不再具有理想气体的性质,也不再服从理想气体关系式,因而计算气动力和气动热参数不能利用理想气体关系式,必须按真实气体情况进行计算。

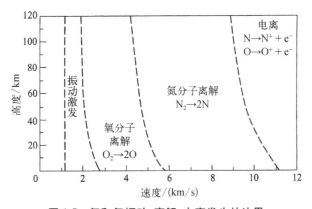

图 1.5　氧和氮振动、离解、电离发生的边界

高温气体效应对高超声速飞行器的升力、阻力和力矩系数产生重要影响。例如,美国的航天飞机(STS-1)飞行时,出现气动力异常现象,由于高温气体效

应,实际机身襟翼偏转角是预定偏转角的 2 倍。

高温气体对飞行器表面加热,除了通常的对流加热,还有热辐射加热。例如,美国的阿波罗月球飞船,以马赫数 36 的速度再入地球大气层时,辐射加热量超过总加热量的 30%。高温离解气体的原子在飞行器表面复合时,要释放出离解能,这部分能量同样给飞行器表面加热。如果飞行器表面为催化表面,原子更容易复合,释放出的离解能多,也会使表面加热率增大。

2. 气动热传递与高温防热

高超声速再入飞行器周围气体温度很高,会对飞行器产生很强的气动加热。例如,弹道导弹头部驻点区,由于高温高压,热流密度可达 50 MW/m^2 以上。在这样高的温度和热流下,现在世界上所有可使用的材料都会被熔化。为保证飞行器结构、仪器和人员的安全,必须在飞行器外表面设置热防护系统,以保持飞行器内部温度在一定范围以内。

热防护系统是高超声速飞行器关键部件,其防热性能好坏直接影响飞行器飞行和战略性能。因此,确定热防护系统的防热性能和防热结构是高超声速飞行器设计的关键技术。

3. 薄激波层

激波层是指激波与物面之间的流场。根据斜激波理论,在气流偏转角给定的情况下,激波后的气流密度增量随来流马赫数的增加而迅速增大,波后气流密度越高,相同的质量流所需面积越小。这意味着在高超声速流动中马赫数越高,激波与物面之间的距离越小,即激波层越薄,这是高超声速绕流的基本特征之一。

在低雷诺数下,边界层沿物面快速增长,直至整个激波层都变为黏性流动,导致流动物理特性的复杂性,这就是"黏性激波层"。

4. 黏性干扰

高超声速气体流动的巨大动能在边界层中转换成内能,使得高超声速边界层内的温度很高。温度增高使黏性系数增加,密度减小,由质量守恒定律可知,此时边界层的厚度增加。边界层增厚改变了物体的有效外形,将对边界层外部流动施加较大的影响和改变,这一改变又反过来影响边界层的增长。这种黏性干扰对物面的压力分布、飞行器的气动力和稳定性造成重要影响,同时还使物面摩擦力和热流增大。

当边界层不断增厚,使得边界层和激波层完全融合时,黏性效应充满了整个激波层,就不能再用边界层的概念。

5. 熵层

熵层是指熵梯度很大的区域。高超声速飞行器的前缘具有一定的钝度,这是出于防热设计考虑的,在绕钝头的高超声速流中,头部弓形激波是高度弯曲的,由于不同位置处的激波角不同,具有强熵梯度的气流层覆盖在物体表面上构成熵层,并延伸到头部下游相当大的距离,边界层沿着物面在熵层内增长并受到熵层影响。

6. 稀薄气体效应

通常,我们把空气看成由单个气体粒子(氧分子和氮分子等)组成,这些气体粒子进行无规则随机运动。当物体在空气中运动时,气体粒子和物面碰撞,进行动量和能量交换,然后经过一定距离,再和邻近的气体粒子碰撞,这些碰撞过程无限持续下去。气体粒子之间尽管每次碰撞所经过的距离各不相同,但在一定时间内存在一个平均距离,即平均分子自由程。对于标准海平面空气,其平均分子自由程 $\lambda = 7.25 \times 10^{-8}$ m,这是一个很小的距离。这就意味着,物体在海平面空气中运动时,空气近似是连续介质,空气绕物体运动为连续流动,绝大部分空气动力学问题涉及连续流假设。

随着飞行高度增加,气体密度不断降低,当飞行高度为 100 km 以上时,其密度小于 2.1×10^{-7} kg/m³,分子平均自由程比海平面大得多,约为 0.3 m。这时飞行器就好像和单个分子相碰撞,连续流假设不再适用,必须采用基于分子运动论的观点来处理空气动力学问题,这种类型流动存在稀薄气体效应。

当飞行器达到一定飞行高度后,连续流假设变得十分脆弱。因为在连续流假设中的黏性作用使壁面速度为零的条件不再存在,而是有一定的速度,称为速度滑移条件,连续流假设中假定物面的气体温度等于壁面温度,而在非连续流中则有一些差别,称为温度滑移条件。当滑移条件出现时,如果流动的控制方程仍然用连续流方程组,则需要把方程的边界条件用滑移条件来代替。当飞行高度进一步增加,到达某一高度后,连续流方程组不再适用,这时必须用分子运动论的方法来研究空气动力学特性。如果飞行高度再增加,在单位时间内只有很少几个分子和飞行器表面碰撞,碰撞后气体粒子被反射,在飞行器特征长度范围内不再和来流气体粒子相碰撞,这个流动区域称为自由分子流区域(相当于 150 km 的飞行高度)。高超声速飞行器从大气层外进入大气层,首先,经过稀薄气体的自由分子流区域,在那里单个分子碰撞起主导作用,然后,进入过渡流区,在那里滑移效应是重要的,最后,进入连续流区。

表征稀薄气体不同流动区域的相似参数为克努森数(Knudsen number)Kn,

定义为 $Kn = \lambda/L$，这里 L 为飞行器的特征长度。当 $Kn \leqslant 0.01$ 时为连续流，$0.01 < Kn \leqslant 0.1$ 时为滑移流，$0.1 < Kn \leqslant 10$ 时为过渡流，$Kn > 10$ 时为自由分子流[1]。

在稀薄气体区域，尽管气体密度很低，作用在飞行器上的总气动力和气动热不大，但是由于其阻力系数和传热系数比连续流大得多，而且飞行器在稀薄气体中飞行时间较长，因此，对飞行器的飞行路程和飞行轨道会产生重要影响，也会影响再入飞行器的落点精度。美国双子星座飞船和阿波罗飞船，由于对稀薄气体黏性考虑不够，使落点误差超过 300 km。对像空间站这样的飞行器，由于自由分子流阻力的影响，每天可以使轨道下降 200 m。稀薄气体飞行环境是高超声速飞行器，特别是载人航天飞行器遇到的重要环境之一[1]。

除了上述几个方面的问题，高超声速飞行时，还有再入气动物理现象、高速粒子侵蚀、通信中断等高超声速流动的特有问题。

1.2　高超声速气动实验需求

如何在大气层中高超声速飞行或者如何穿越大气层是高超声速飞行器研制中首先面对的问题，也是高超声速飞行器研制中必须解决的问题，这个问题和高超声速飞行器的气动特性紧密相关。

世界各航天大国在高超声速飞行器研制过程中均对高超声速地面模拟实验投入了巨大的人力、物力和财力。如美国航天飞机研究计划中进行地面模拟实验 709 项，制作风洞实验模型 101 套，其中气动力模型 45 套，气动热模型 34 套，动用了 44 座风洞设备，实验总时间达到 9 万小时。我国在 20 世纪 90 年代开展载人航天飞行计划时，动用了当时国内几乎所有的高超声速风洞和气动实验设备[10,11]。这表明高超声速飞行器所涉及的气动问题更为复杂，难度更大，而且不同类型的飞行器面临的主要气动矛盾又有不同，需要开展针对性实验和验证研究。

美国 1986 年开始的国家空天飞机计划（National Airport System Plan，NASP）蓝图是可重复使用空天飞机能像普通飞机一样起飞，直接加速进入低地球轨道，在 30～100 km 高空的飞行马赫数为 12～25。其对气动的主要需求在于超燃冲压发动机设计及关键技术试验验证，尖前缘防热及边界层流动转捩等，这些问题研究难度极大，限于当时的技术基础薄弱及其他政治、经济等多方面因素，NASP 被迫于 1995 年终止。尽管如此，在此研制期间，一些关键技术取得了阶段性进展,同时建设了一大批高超声速风洞设备,为后续的高超声速气动研究提供了先进的实验平台。

NASP 之后,美国将探索研究的主要目标集中为空间轨道机动飞行器(空天飞机)、助推-滑翔再入飞行器与吸气式高超声速飞行器三类。

美国的快速进入空间 X-37B"轨道验证飞行器"从 2010 年 4 月进行首次发射以来已经进行了 6 次实验飞行器发射入轨飞行和返回(图 1.6),每次在轨周期为 224~780 天,X-37B 在太空获得一种快速、持续到达的能力[10-19]。像 X-37B 这一类火箭动力的空天往返飞行器再入段要经历复杂的多物理效应,大空域、宽速域、强非线性作用等复杂的飞行环境,对飞行器的气动力、热特性及流态实验精确预测提出了极高的要求,高温气体效应、稀薄效应等物理效应需要相应的大型地面实验设备进行准确模拟。

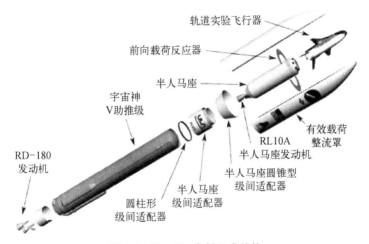

图 1.6　X-37B 发射组成结构

HTV-2 是美国空军和国防部高级研究计划局(Defense Advance Research Projects Agency, DARPA)承担的乘波体构型高超声速助推-滑翔类验证飞行器(图 1.7),2010 年 4 月、2011 年 8 月进行了两次飞行演示验证实验,其中,首次发射在大气层内以马赫数 17~22 的飞行速度稳定可控飞行了 139 s,采集到了独特的飞行数据。两次飞行试验均以失利告终,主要原因分别归结为飞行控制与防热问题。俄罗斯先锋高超声速战略导弹系统由洲际导弹助推器和高超声速助推-滑翔弹头组成,可实现最高马赫数 20 的洲际飞行,并通过大幅度机动突破现有防御系统。滑翔类高超声速飞行器需要在大气层长距离飞行,这就要求该类型飞行器具有低阻力、高升力、尖前缘气动外形。严峻的气动加热问题、热化学非平衡效应、边界层转捩、高温气体效应、稀薄气体效应、复杂的纵横向稳定性特性等都是这类飞行器在高超声速飞行时特有的气动问题[11-24]。

(a) 美国HTV-2高超声速飞行器概念图   (b) HTV-2飞行打击示意图

图 1.7   HTV - 2

X - 51A 在飞行中验证了可升级的、高超声速吸气式碳氢燃料超燃冲压推进系统,飞行器机体/发动机一体化技术和其他关键技术,为美国实现全球快速打击提供了可能的平台与技术支撑,可轻易突破当前先进防空系统的防御。在继承 X - 51A 项目成熟技术的基础上,美国洛克希德·马丁公司于 2014 年提出了新型吸气式高超声速巡航导弹项目(图 1.8)。超燃冲压发动机是吸气式高超声速飞行器研制中的关键技术,空气从进入进气道,经过燃料混合、燃烧,一直到从尾喷管排出,只有几毫秒到几十秒,这是一个包含激波/边界层干扰、喷流干扰、混合、燃烧、热化学反应、传热等极其复杂的高超声速流场,对气动实验提出了极高的要求。这一类吸气式飞行器的气动实验需求体现在需要纯净空气、总压、总

图 1.8   新型吸气式高超声速巡航导弹示意图

温复现能力,进气道流场的变马赫数实验能力,同时对于表面流态,尤其转捩位置的精准试验预测对于飞行器的气动特性、操稳特性、发动机工作状态、气动加热和热防护都极为重要。

在高超声速飞机方面,洛克希德·马丁公司正在研发高超声速侦察打击一体无人机 SR‐72(图 1.9),SR‐72 采用大细长比机身、边条翼+大后掠梯形翼、单垂尾,双发动机位于机翼下方,设计速度可达马赫数 6,最大航程为 4 300 km。使用涡轮基冲压组合动力系统可以使 SR‐72 高超声速飞机从静止起飞加速到高超声速。波音公司 2018 年 6 月发布了高超声速客机模型(图 1.10),高超声速客机将以马赫数 5 的速度巡航,横跨太平洋的时间约为 3 h[11-19]。对于高超声速飞机,其飞行空域和速域有大范围的变化,具有很强的非线性动力学特性,面临更复杂的运动方程约束,其飞行环境与高超声速巡航导弹类似,但加热时间更长,由于尺寸较大,对于气动地面实验而言,需要更大口径的地面实验设备。

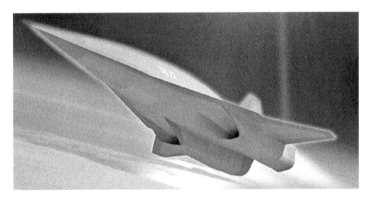

图 1.9　洛克希德·马丁公司高超声速侦察打击一体无人机 SR‐72 示意图

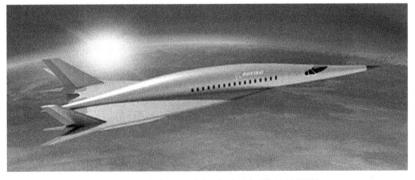

图 1.10　波音公司高超声速客机模型效果图

图1.11   德国 SpaceLiner 空天飞行器示意图

德国、英国、澳大利亚、法国、日本、印度、巴西目前都在高超声速飞行器研究方面投入大量精力。德国早在1986年就进行二级入轨空天飞机Sanger的概念性研究。德国航空航天中心目前开展研究的SpaceLiner空天飞行器(图1.11)是一种亚轨道、带翼高超声速飞行器。2018年,日本同时启动了高速滑翔导弹和高超声速巡航导弹关键技术研究项目。针对高超声速飞行器的研制需求,上述国家均建设了多种类型风洞实验设备,同时发展先进的实验技术获取关键气动参数,为设计提供基础数据。

高超声速飞行器的种类繁多,所涉及的飞行环境、速度及气体流动特性等十分复杂。目前来看,高超声速空气动力学的物理理论基础还不够坚实,仍然存在许多基本认识上的不足,如高超声速边界层转捩机理、过渡流区流动特性等,甚至某些原有的理论在新的高超声速飞行器应用中不再适用。飞行器设计中的诸多气动问题仍然不能仅依靠理论和计算解决,地面模拟实验仍然是高超声速飞行器气动研究中最基础和最重要的研究方法。同时,高超声速气动理论也需要实验空气动力学研究工作者发展更加先进的测试手段和实验方法,来揭示和验证高超声速的流动机理,更好地为高超声速空气动力学的理论研究提供实验支持[17-24]。

计算机能力的快速提高,促进了计算空气动力学的发展,同时也促进了空气动力学理论的巨大进步,计算空气动力学已经在某些飞行器的工程设计中取代风洞实验工作,并在飞行器气动设计中发挥越来越大的作用。但是面对高超声速飞行器发展中遇到的更加复杂的气动问题,一些新现象未知,一些物理模型需要验证,仍然需要依靠高超声速空气动力学的理论计算、气动地面模拟实验及真实飞行试验验证相互配合来解决,气动实验在高超声速飞行器设计中的重要性并没有改变。

高超声速飞行器研究已经走过半个多世纪,高超声速地面气动实验模拟设备、实验方法和实验技术已经有了巨大发展,但是高超声速气动地面实验模拟能力仍然受到许多限制。针对未来高超声速飞行器的气动特点,建设模拟能力更强、能更真实地再现飞行环境的高超声速地面气动研究设备、发展先进的风洞实验测试技术和实验方法仍然是十分必要的。为高超声速飞行器研制提供气动特性数据、为高超声速气动理论及气动计算提供验证、揭示高超声速流动机理仍然是高超声速气动实验最重要的任务和使命。

参考文献

[1] 安德森 J D.高超声速和高温气体动力学[M].杨永,李栋,译.北京:航空工业出版社,2013.

[2] 卢卡西维茨 J.高超音速实验方法[M].董兴德,庄逢甘,译.北京:国防工业出版社,1980.

[3] 沈剑.2004 年美国成功的高超声速飞行试验[J].飞航导弹,2005(6):33 - 39.

[4] 牛文,李文杰.美国空军圆满完成 X - 51A 第四次试飞[J].飞航导弹,2013(5):3 - 5.

[5] 蔡国飙,徐大军.高超声速飞行器技术[M].北京:科学出版社,2012.

[6] 陆 F K,马伦 D E.先进高超声速实验设备[M].柳森,黄训铭,译.北京:航空工业出版社,2015.

[7] 马丽,杨建军,张维刚.高超声速飞行器发展综述[J].飞航导弹,2012(6):22 - 27.

[8] 黄志澄.空天飞机的真实气体效应[J].气动实验与测量控制,1994,8(2):1 - 8.

[9] 叶友达.高超声速空气动力学研究进展与趋势[J].科学通讯,2015,60(12):1095 - 1103.

[10] 杨亚政,李松年,杨嘉陵.高超音速飞行器及其关键技术简论[J].力学进展,2007,37(4):537 - 550.

[11] 田建明,景建斌,韩广岐.高超声速飞行器地面试验方法综述[J].探测与控制学报,2013,35(5):57 - 60.

[12] Brauckmann G J, Paulson J W, Weilmuenster K J. Experimental and computational analysis of the space shuttle orbiter hypersonic 'pitch-up anomaly'[C]. 32nd Aerospace Sciences Meeting and Exhibit, Reno, 1994.

[13] 张灿,林旭斌,叶蕾.美国高超声速导弹发展现状及路线分析[J].飞航导弹,2019(3):41 - 44.

[14] 韩洪涛,王璐,郑义.2019 年国外高超声速技术发展回顾[J].飞航导弹,2020(5):14 - 18.

[15] 林旭斌,张灿.俄罗斯新型高超声速打击武器研究[J].战术导弹技术,2019(1):19 - 24.

[16] Bogdanoff D W, Wilson G J, Park C. Options for upgrade of the Ames 16-inch shock tunnel [R]. AIAA Paper 1994 - 0545, 1994.

[17] 陈宇,张玢,徐立国.慢慢太空路——美空天飞机风雨 40 年[J].国防技术基础,2003(2):37 - 39.

[18] 宋巍,梁轶,王艳,等.2018 年国外高超声速技术发展综述[J].飞航导弹,2019(5):7 - 12.

[19] 肖福根.发展 X - 37B 空间飞机的背后动因分析[J].航天器环境工程,2010,27(5):558 - 565.

[20] 杨金龙,林旭斌.德国 SpaceLiner 空天飞行器综述[J].飞航导弹,2019(11):21-30.

[21] 余协正,陈宁,陈萍萍,等.临近空间高超声速飞行器目标特性及突防威胁分析[J].航天电子对抗,2019(6):24-29.

[22] 廖龙文,曾鹏,陈军燕,等.高超声速飞行器发展困境分析[J].飞航导弹,2019(12):22-27.

[23] 王鹏飞,王光明,蒋坤,等.临近空间高超声速飞行器发展及关键技术研究[J].飞航导弹,2019(8):22-27.

[24] 吴子牛,白晨媛,李娟,等.高超声速飞行器流动特征分析[J].航空学报,2015,36(1):58-85.

第2章

高超声速风洞的特点和种类

高超声速风洞作为高超声速飞行器气动研究的重要地面实验设备,也是随着高超声速飞行器的发展而发展起来的。在早期发展高超声速风洞时,采用了超声速风洞的设计理念,遇到一系列以前超声速风洞所没有遇到的困难。为了在实验段得到高超声速气流而不使气体凝结,在气流进入风洞前室之前增加了加热器,由于这类风洞的加热能力有限,实验模拟能力受到很大限制。为提高高超声速气动实验的真实飞行模拟能力,先后发展了重活塞、激波、电弧、燃气等方式对气体进行压缩、加热的高超声速风洞和实验设备,这些设备的运行方式各不相同,风洞所取得的流场特性、能够模拟的参数及实验时间也各有其特点。在过去的几十年中,高超声速的实验模拟能力已经取得令人惊叹的进步,并推动了高超声速气动特性研究和高超声速飞行器的发展[1-4]。

本章主要介绍高超声速风洞实验面临的挑战,高超声速风洞的种类及实验项目类别。

2.1 高超声速地面实验面临的挑战

2.1.1 高超声速气动地面实验的困难

1. 马赫数、雷诺数模拟

高超声速飞行器的飞行范围非常广泛,高度从数千米一直到大气层外上百千米以外以及行星大气空间,大气的密度、温度、成分有着巨大的差别,飞行马赫数根据飞行器的任务不同也有着不同的速度范围,马赫数从超声速可以一直到马赫数20以上。高超声速气动地面实验能力和实验技术遇到了新的挑战,高超声速风洞受到工艺技术、材料、能源等诸多方面的限制,在实验中要做到所有相似参数全模拟是极其困难的。在气动力实验中,有些流体特性参数和相似参数在低速流动中并不需要模拟,但是在高超声速流动模拟中却是必需的,有些相似参数在低速流动中可能很容易模拟,但在高超声速流动中为了模拟某些参数就需要牺牲另一些相似参数的模拟。即使我们最常需要模拟的马赫数和雷诺数,在高超声速飞行器气动实验中很多时候单独马赫数或者雷诺数模拟都相当困难,做到同时满足困难就更大了,很难在极高和极低雷诺数同时达到马赫数相似[2,5,6]。

不同种类高超声速飞行器的飞行轨道千差万别。临近空间飞行器、从外层空间再入的飞行器要经历从极稀薄空间进入大气层,飞行器再入时马赫数超过20,甚至更高,但是雷诺数却极低,甚至连续流假设也不再成立。而战略弹头再入稠密大气层后,雷诺数可以达到 10^8 以上,在风洞中模拟这么高雷诺数需要风洞前室气体总压达到数百兆帕[5,6]。

在高的马赫数模拟需求下,为了使高超声速风洞实验段气体在经过拉瓦尔喷管膨胀加速后不凝结,从而得到稳定高超声速气流,需要对气体进行加热。目前在常规高超声速风洞中采用氧化铝卵石床空气加热器,理论上虽然可以加热到 1 800 K,但实际上仅能达到运行马赫数 12 以下所需要的总温。采用氮气作为实验气体的电热式石墨加热温度可以更高些,风洞马赫数可以达到 20。受工艺技术、材料、能源等诸多方面的限制,常规高超声速风洞前室总压通常只能达到十几兆帕,雷诺数模拟受到很大限制[1,2]。

2. 高温真实气体效应的模拟

高超声速飞行速度超过 2 km/s 就会存在高温真实气体效应,飞行器流场中气体分子出现振动激励、离解、电离、辐射等热化学动力学现象。在高焓和低密度情况下,低密度效应引起的气-面相互作用也严重影响流动特性。实现高超声速高温真实气体模拟,就必须复现飞行速度、飞行尺度、大气环境等。在地面要达到这种真实飞行条件,气流在风洞中通过喷管膨胀到实验段所需的流场条件前,在前室要达到等熵滞止条件,这就需要风洞气流总温达到数千甚至上万摄氏度。通过常规加热方式是很难把风洞中实验空气加热到这么高总温的,目前能够达到相应气流参数的地面实验设备包括弹道靶、电弧风洞、高焓激波风洞、高焓膨胀风洞。弹道靶可以使模型达到很高的速度,但是模型很小,模拟真实飞行条件存在困难;电弧风洞实验段的气流由于电极污染要达到模拟高温气体效应同样存在许多困难;高焓激波风洞,特别是自由活塞激波风洞可以提供高焓值的实验气流,但工作时间只有毫秒量级;高焓膨胀风洞可以使实验气体速度更高,但是工作时间更短,实验气流的参数也难以测量,数据的准确测量是这类设备需要解决的难题[5-9]。

3. 流场品质特性

高超声速飞行器边界层的转捩不仅严重影响飞行器表面热环境分布,也对飞行器流场的流动结构及气动性能产生影响。一般来说,高超声速风洞流场来流背景噪声要比实际飞行的大气背景噪声高 1~2 个数量级。其噪声主要来源于风洞前室及前室之前管道流动干扰、喷管壁面的马赫波振荡及喷管壁面的湍流边界层。风洞高背景噪声会使模型表面的边界层转捩位置和方式与空中飞行器表面的转捩情况存在很大差异。

为了研究高超声速边界层的转捩机理及对高超声速飞行器气动特性的影响,研究人员在如何消除和减弱高超声速风洞来流噪声干扰、降低流场脉动方面做了很多工作,国内外均已经建成了高超声速静风洞,专门用于高超声速边界层转捩特性研究。

4. 实验数据测量

由于高超声速流场特性和高超声速风洞的特点,高超声速风洞实验中气动参数测量也遇到许多特有的问题。

热影响:高超声速风洞实验时,由于高超声速风洞流场热气流绕流实验模型会把热传递给实验模型和模型上安装的测力天平、传感器等,测力天平、传感器必须做隔热防护技术处理。

气动力参数小量测量:在 60 km 以上稀薄大气中飞行,作用于飞行器的气动力很小,但对于长时间在稀薄大气层滑翔的飞行器飞行特性也有着重要影响。在风洞模拟稀薄条件时作用于实验模型上的气动力小到只有几十牛、几牛,只有模型本身重力的百分之几。另外一种情况是再入弹头烧蚀引起的小不对称滚转力矩系数只有 10^{-5} 左右,但是却对弹头的滚转特性有着重要影响。高超声速气动实验时,很多时候需要测量微量的气动参数[10]。

瞬态测试技术:高超声速脉冲风洞在很大程度上提高了高超声速风洞的马赫数和雷诺数的模拟能力,但是这类风洞的运行时间是几十毫秒、几毫秒,甚至少于 1 毫秒。在这么短时间内把流场和实验模型的气动参数准确并同步测量下来是这类风洞测试中的关键技术[8,11]。

高温流场诊断:高超声速高焓气体流场不仅地面模拟困难,流场中的气体特性参数(包括组分、电离、离解情况,电离、离解气体的复合情况等)测量更是非常困难的。近年来可调谐半导体激光吸收光谱(tunable diode laser absorption spectroscopy，TDLAS）、激光诱导荧光等高温流场的测试技术已经不断取得进步，为高温气体流场的精确诊断提供了可能。

5. 高超声速飞行器气动数据的准确获得

由于高超声速风洞相似条件模拟能力的限制，以及高超声速飞行中遇到的宽范围大气和速度条件，早期高超声速飞行大量采用飞行试验来弥补地面风洞实验的不足[2]，这也促成后来高超声速空气动力学研究者建设各种类型的高超声速风洞和高超声速气动研究设施来满足高超声速飞行器的实际飞行模拟需求。

2.1.2   高超声速地面实验模拟的差距

虽然已经有很多种类的高超声速实验设备用于研究高超声速飞行的各种气动问题，但是要在地面对空中的高超声速飞行气动环境做到全模拟还是存在困难，图 2.1 给出了具有代表性的高超声速飞行器的弹道和主要高超声速地面设备性能限制范围。没有任何一种高超声速设备能够满足所有高超声速飞行器的实验要求，每种设备的能力特点也各不相同，必须通过多种类型设备组合来开展高超声速气动研究[2,8]。

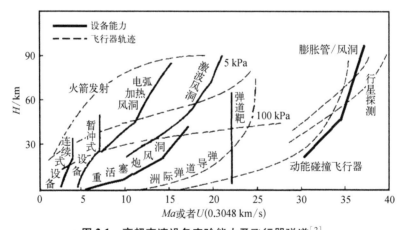

图 2.1   高超声速设备实验能力及飞行器弹道[2]

在实际实验中，大部分情况是根据飞行器的流场特点进行部分模拟的。例如：在马赫数 5~12 的速度区域，对大部分飞行器的气动力特性研究，理想气体流动模拟（仅马赫数和雷诺数）是适用的；在更高的速度（如大于 2 km/s）模拟时，热、化学、辐射、烧蚀效应就比较重要，因此，必须模拟高温气体流场；在对高空（如高度大于 70 km）流场模拟时，必须考虑稀薄气体效应。另外，在研究某些特殊流动问题时还需要建立特殊的流场条件,例如,对高超声速边界层及转捩机理的研究就需要对来流流场湍流脉动特性提出要求;在推进实验中要对气流中的化学组分有特殊要求,特别是氧气的组分。

2.2　高超声速风洞的种类

高超声速飞行的空域极其宽广,马赫数、雷诺数覆盖范围巨大,由于高超声速流场的复杂特性及地面模拟的困难,高超声速飞行器的气动实验不可能在一座风洞中完成,也不可能在一类风洞中完成。为了能够在地面更真实地模拟高超声速飞行环境,研究和解决高超声速飞行的气动问题,高超声速气动实验工作者提出了各种各样的模拟方法和实验技术,并建造了各种各样的高超声速风洞和地面气动实验设备。根据实验设备的构造特点和模拟能力可分为如下几类。

1. 常规高超声速风洞

常规高超声速风洞的研制技术途径,除了压力、温度较高和采用轴对称喷管,均和以前超声速风洞的设计途径相同,少数为连续式,大多采用暂冲式。常规高超声速风洞和超声速风洞最明显的不同是:为了使风洞流场中的气流不发生凝结,需要对气体进行加热。连续式高超声速风洞气流组成一个回路,受限于压缩机系统所能维持的压差、质量流,一般能够达到的马赫数比较低。暂冲式高超声速风洞使用高压气罐中的气体,在实验段下游采用真空引射或者气流引射形成较高的压差下运行。气体的加热方式主要有连续电加热和蓄热式加热,加热能力主要取决于蓄热材料的高温特性。暂冲式高超声速风洞采用空气作为实验气体时马赫数可以达到 12,单位雷诺数一般在 $10^6 \sim 10^7 / \mathrm{m}$ 量级,受到高压气源储量、真空引射能力(或真空罐容积)的限制,运行时间一般在几十秒到两分钟左右。

常规高超声速风洞是高超声速飞行器气动实验的重要设备。既可以开展各种飞行器模型的测力、测压实验及测热实验,也可以开展飞行器实验模型的多体分离、自由飞、动稳定性等特种实验及高超声速流动机理研究。

2. 激波风洞

最早的激波风洞是在激波管的基础上发展起来的,在激波管末端连接上高超声速喷管,管道中的高压驱动气体和被驱动气体之间的隔膜打开后产生激波,被驱动气体经过激波压缩加热后作为实验气体通过喷管形成高超声速流场,激波风洞的运行时间一般在毫秒量级。激波风洞的性能取决于入射激波的强度,对驱动气体加热、用氢气或者氦气作为驱动气体都能提高激波风洞的性能。自由活塞激波风洞、爆轰驱动激波风洞等通过提高驱动气体能量来提高驱动激波的强度。膨胀风洞虽然从设备结构上看,相比激波风洞只增加了一段膨胀加速段,但其对实验气流速度的提高却是非常显著的,膨胀风洞能够实现高超声速飞行器的绝对速度模拟,国外的膨胀管及膨胀风洞技术已经相当成熟,并且在高超声速的范围内得到了广泛应用。

激波风洞的特点就是能够提供较高的来流总温,具有很高的马赫数和雷诺数模拟能力,单位雷诺数可以达到 $10^8/m$,高焓激波风洞总温可以接近或超过 10 000 K,可以获得大于 6 km/s 的来流速度,具有很高的高温真实气体的模拟能力。在高焓状态下激波风洞的运行时间一般只有几毫秒,在膨胀风洞中甚至不到 1 ms,因此参数的精确测量是高焓激波风洞需要继续解决的问题。在中等焓值总温 2 000~5 000 K,爆轰驱动激波风洞的运行时间已经超过 100 ms[8]。激波风洞已经发展出各种比较完善的测力、测压、测热等实验技术。激波风洞也是超燃实验研究的重要设备,特别是飞行马赫数 8 以上的超燃特性研究主要在激波风洞中开展。

3. 活塞压缩类高超声速风洞

通过活塞的绝热压缩提高风洞前室的总温和总压,从而建立高超声速流场是这类风洞的特点。在驱动气体压力下,作用于在管中自由运动的活塞,并压缩被驱动气体,根据选用的方式和活塞的质量,活塞压缩可以是等熵的(重活塞慢运动),也可能是非等熵的(轻活塞快运动),等熵压缩有助于提高风洞雷诺数,非等熵压缩更有助于提高风洞的滞止焓。在活塞质量为零的极限情况下,自由活塞压缩就变成典型的激波管。

通过重活塞压缩可以得到高于驱动压力数十倍的气体压力,前室总压可以达到数百兆帕,风洞流场可以得到很高的雷诺数,但是通常得到的气体温度只能达到中等焓值,不能模拟高温气体效应。这类风洞的运行时间可以从几十毫秒到数百毫秒。目前具有代表性的重活塞驱动风洞有比利时冯·卡门实验室(von Karman Institute for Fluid Dynamics, VKI)长射风洞、中国航天空气动力技术研究院的 FD - 22 风洞、俄罗斯的 PGU - 11 风洞。VKI 长射风洞和 FD - 22 风洞结构和规模基本相似,称为长射式炮风洞,在被驱动气体压缩到峰值时通过安装在被驱动管末端的单向阀来防止活塞反弹。FD - 22 风洞用氮气作为实验气体时总温为 2 400 K,总压为 400 MPa,马赫数为 25,在马赫数为 15 时单位雷诺数可以达到 $2.4 \times 10^7/m$。俄罗斯 PGU - 11 设备在压缩管的末端增加了多级压缩机构,通过非等熵压缩方式提高了风洞的焓值,延长了风洞运行时间,风洞总压 $P_0 = 2~250$ MPa,$T_0 = 250~4\,000$ K。

重活塞炮风洞的特点就是能够得到高的前室总压,可模拟高超声速再入弹头的雷诺数。可以开展高超声速飞行器模型的测力、测压、测热等实验。

轻活塞炮风洞实验气体的压缩主要是依靠驱动气体和被驱动气体之间产生的激波,轻活塞炮风洞的前室气流参数计算也基本上和激波风洞相同,轻活塞炮风洞所能达到的总温小于 1 800 K,采用平衡活塞运行技术,运行时间可以达到几十毫秒,所开展的工作和常规高超声速风洞相当。

4. 压力平衡驱动的高雷诺数风洞

特定容器中的定量高压气体加热后连接高超声速喷管就可以建立高超声速流场,运行中通过外部提供的压力平衡确保前室热气体压力不降低从而达到流场稳定。采用这种途径可以提供很高的风洞前室压力。具有代表性的是 AEDC 9 号风洞,使用石墨加热器加热氮气作为实验气体,总温达到 2 000 K,总压为 186 MPa,马赫数为 7~16.5。

该风洞特点是可以得到高的雷诺数,秒级实验时间,可以开展高雷诺数状态的测力、测压、测热实验,但是由于实验气体是氮气,不能开展高温气体特性方面相关的实验。

5. 燃烧加热风洞

燃烧加热风洞是利用高温燃气作为风洞实验气体。燃烧加热风洞早期主要用于气动热载荷、材料筛选和热结构方面的研究,一般也没有补氧功能,燃烧器单纯用于产生高温燃气。为了进行吸气式推进系统方面的实验,最主要的变化是增加了补氧系统,通过碳氢燃料或者氢气与氧气、空气等气体组合进行化学反应产生高温高压混合气体,通过控制流入气体组分的比例,保证燃烧后混合气体中氧气的摩尔组分为 21%,模拟高超声速吸气式飞行器的飞行环境。高超声速燃烧加热风洞实验时间可以达到数分钟。采用碳氢燃料燃烧加热风洞总温达到 1 900 K,可以模拟马赫数 7 的飞行条件。

燃烧加热风洞除了加热方式,运行方式和常规风洞基本相同,多用于高超声速吸气式飞行器的超燃特性研究。燃烧加热风洞流场品质较差,通常不用于飞行器外形气动力实验。

6. 电弧加热风洞

电弧加热风洞是通过电弧放电对气流进行加热,目前世界上最大的电弧加热器功率为 70 MW,电弧加热风洞能够复现高焓和再入加热。但是电极和电弧室的材料由于高温电弧作用会使气流污染或者流场不均匀,只有少数电弧加热的风洞开展飞行器外形气动力实验,更多是用于材料筛选和烧蚀实验。电弧风洞可以提供高温空气流场,可用于开展高超声速吸气式飞行器超燃特性方面的研究[12]。

7. 管风洞

Ludwieg 于 1955 年首先提出了管风洞的概念。该类风洞具有较长的储气管,当快速打开阀门时,膨胀波向管的末端移动并反射回来,在这期间形成定常均匀流动。管风洞是得到稳定高超声速流场最经济的设备,通常可以提供不高于马赫数 6 的风洞流场。因为管风洞的流场特性及所能承担的实验种类和常规风洞相当,很多时候也把它归于常规高超声速风洞。

8. 高超声速低密度风洞

高超声速低密度风洞和下面介绍的高超声速静风洞从设备运行原理上来说并不是新的风洞结构形式,它们只是对风洞的某些设备和机构做了特殊处理,结构上和常规高超声速风洞类似。

专门建立的高超声速低密度风洞需要建立高空的真空环境,为了模拟较高的马赫数,一般采用电阻石墨加热器,用氮气作为实验气体。通常可以模拟到 90 km 高空,马赫数可以超过 20。主要开展稀薄气体效应对飞行器的气动特性的影响研究。

9. 高超声速静风洞

目前高超声速静风洞有两种结构形式,一种和常规高超声速风洞结构类似,另一种采用管风洞结构。通常风洞中流场的噪声和脉动比实际大气环境要高1~2 个量级,高超声速静风洞通过在风洞结构上采取减少流场噪声和脉动的特殊措施可以使风洞噪声降低 1 个量级。这些措施主要是减少前室来流的脉动,在喷管入口减少边界层对喷管内流动的干扰。高超声速静风洞主要用于开展高超声速边界层转捩和湍流方面的研究。

10. 弹道靶

除了高超声速风洞,还有两种地面设备在高超声速气动研究中发挥作用,它们是弹道靶和火箭橇,这两种设备直接把实验模型加速到高超声速。

弹道靶一般采用火药或者高压气体发射实验模型,模型在靶室中自由飞行或者在轨道上运动。弹道靶中发射模型可以达到极高速度,但是这要受到模型尺寸、重量等因素的影响。对于重量比较小的模型,可以在靶中复现真实飞行状态。通过光学测量手段观察和测量模型的飞行状态与流场特性,开展碰撞和粒子侵蚀等实验。弹道靶模型的气动测量技术仍然在发展。

11. 火箭橇

火箭橇通过在导轨上使火箭推进的滑橇在导轨上高速运动,模型安装在滑橇上,能够达到超声速和高超声速及很高的雷诺数,目前滑橇速度最高可以达到马赫数 10。由于火箭橇发射的都是大模型或全尺寸模型,通过火箭橇实验可以得到良好的气动力数据。火箭橇的滑块磨损等因素限制了火箭橇的速度上限。

在高超声速地面实验设备的发展过程中,高超声速气动实验工作者还发展了许多其他种类的高超声速气动研究设备,如慢活塞压缩风洞、等离子加速风洞等。图 2.2 给出了主要种类高超声速风洞 $Ma-Re$ 模拟能力。从图中可以看出,现有高超声速风洞已经有很宽的 $Ma-Re$ 模拟能力,但是若考虑高超声速气动实验其他气动参数的模拟以及实验数据的获取能力就会呈现出明显不足。重活塞炮风洞流场 Re 很高,但是气流熔值不高,实验气体也是采用氮气。激波风洞流场熔值很高,但是其毫秒级实验时间严重限制了其实验能力和数据获取能力。随着研究的深入,实验模拟能力更强的高超声速实验设备一定还会不断出现,并推动高超声速空气动力学研究的发展[1]。

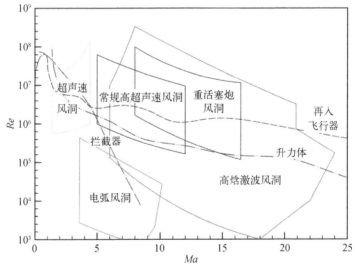

图 2.2　主要种类高超声速风洞 $Ma-Re$ 模拟能力

2.3　高超声速风洞实验项目类别

按照实验目的可把高超声速风洞实验分为如下几类。

(1) 高超声速飞行器气动力实验。通过风洞实验研究高超声速飞行器周围流场直接作用于飞行器的力和力矩及其产生的效果,包括飞行器模型表面压力分布测量、全模型测力、铰链力矩测量、操纵舵测力等。

(2)高超声速飞行器模型表面热环境实验。通过高超声速风洞热传导实验给出高温流场对高超声速飞行器模型表面的传热分布,为飞行器的防热计算和设计提供实验依据。

(3)高超声速流场的流动特性和流动机理实验。开展流动特性和机理研究,除了采用常规测压、测力、测温、测热等测试手段,还可以通过多种光学非接触测量技术对空间流场的结构、组分、温度、密度、速度等参数进行测量,对流动形成、演变机理开展实验研究。随着近年来光学及非接触测量技术的发展,在高超声速流动显示、高温流场组分测量等方面取得很多成果。

(4)高超声速风洞特种实验。这类实验有的需要一些特殊设备和方法,有的交叉其他相关学科。如气动光学实验、推进实验、多体分离干扰实验、动态实验、自由飞实验、喷流干扰实验等。

参考文献

[1] 陆 F K,马伦 D E.先进高超声速实验设备[M].柳森,黄训铭,译.北京:航空工业出版社,2015.
[2] 卢卡西维茨 J.高超音速实验方法[M].董兴德,庄逢甘,译.北京:国防工业出版社,1980.
[3] 任思根.实验空气动力学[M].北京:中国宇航出版社,1996.
[4] 唐志共.高超声速气动力实验[M].北京:国防工业出版社,2004.
[5] 黄志澄.航天空气动力学[M].北京:中国宇航出版社,1994.
[6] 蔡国飙,徐大军.高超声速飞行器技术[M].北京:科学出版社,2012.
[7] 安德森 J D.高超声速和高温气体动力学[M].杨永,李栋,译.北京:航空工业出版社,2013.
[8] 姜宗林.高超声速高焓风洞实验技术研究进展[J].空气动力学学报,2019,37(3):347-355.
[9] 黄志澄.空天飞机的真实气体效应[J].气动实验与测量控制,1994,8(2):1-8.
[10] 白葵,冯明溪,付光明.小不对称再入体滚转气动力测量技术[J].流体力学实验与测量,2002,16(3):63-67.
[11] 田建明,景建斌,韩广岐.高超声速飞行器地面试验方法综述[J].探测与控制学报,2013,35(5):57-60.
[12] 张志成.高超声速气动热和热防护[M].北京:国防工业出版社,2003.

第 3 章

常规高超声速风洞

常规高超声速风洞是在超声速风洞的设计原理上发展起来的。世界上首座高超声速风洞的设计开始于 20 世纪 40 年代,由于高超声速风洞设计建造上遇到的一系列困难,第一座马赫数 10 的大型高超声速风洞直到 1961 年才在美国建成并投入运行。早期高超声速风洞的研制技术途径,除了压力和温度较高、采用轴对称喷管,均和超声速风洞的设计技术途径相同,少数采用连续式运行,大多采用暂冲式运行方式[1,2]。

高超声速风洞和超声速风洞最明显的差别是为了在风洞马赫数提高后流场中的气流不发生凝结,需要对实验气体进行加热,因此在高超声速风洞中需要有一个加热装置对进入风洞喷管的实验气体进行加热[3,4]。常规高超声速风洞中实验气体一般为空气,马赫数一般不超过 12(利用氮气做实验气体马赫数可以超过 18),单位雷诺数在 $10^7/m$ 量级或以下。

常规高超声速风洞运行时间比较长,流场品质好,测试数据准确,世界各航天大国都建有这类风洞。但这类风洞受加热器的能力限制,气流总温只能使流场气流不发生凝结,不能反映高焓气流的真实气体状态,另外受风洞结构、动力等的影响,风洞总压也不能太高,风洞模拟能力受到严重限制[5,6]。为了更真实地模拟高超声速飞行器的流场状态,研究高超声速流场的高温气体特性,设计建设了各种特殊结构的高超声速风洞,有的以提高风洞总温模拟高温气体效应为目的,有的以提高风洞运行压力模拟高雷诺数为目的,还有的以模拟高空飞行的低密度效应为目的。相对于这些特殊结构的高超声速风洞,习惯上把以超声速风洞设计原理发展起来的这类运行时间比较长的高超声速风洞称为常规高超声速风洞[7,8]。

本章首先介绍了常规高超声速风洞的种类、结构和实验能力,然后针对常规高超声速风洞的特点,详细介绍了常规高超声速风洞关键部件加热器、喷管、扩压段与引射器的工作原理和设计要求。

3.1   常规高超声速风洞种类和构成

3.1.1   常规高超声速风洞种类

常规高超声速风洞从运行方式可以分为连续式和暂冲式。

连续式高超声速风洞采用多级压缩机系统供给压缩气体,并通过燃气加热器或电阻加热器,或它们的组合来加热。这种设备实验时间一般能达数小时。连续式高超声速风洞面临的最大问题是动力设备的功率问题,随着流场马赫数的提高,建立流场所需的压比以马赫数的七次方增长,高超声速风洞中压缩机必须有足够大的功率,才能带动风洞持续运行。

美国阿诺德工程发展中心(Arnold Engineering Development Center, AEDC)冯·卡门实验室的 B 风洞和 C 风洞是目前国际上为数不多的具有连续式运行能力的高超声速实验与评估设备[9]。两座高超声速风洞均为回流式,采用功率近70 MW 的 9 级压气机组驱动风洞连续运行,气流从压气机流出后经过干燥器和加热器,到达风洞稳定段和实验段,经过扩压和冷却之后的气体又回到压气机组,构成一个循环。两座风洞均配备模型发射装置,能够在气流不间断情况下,将模型脱离实验段并进行修改。连续运行的风洞与模型发射系统相配合,使得风洞运行效率很高。其中,B 风洞配备马赫数 6 和马赫数 8 两套喷管,C 风洞配备马赫数 10 的喷管,这三套喷管出口直径为 1.27 m[10,11]。另外,C 风洞还配备马赫数 4 的喷管和马赫数 8 的自由射流喷管各一套,这两套喷管出口直径为 0.63 m。B 风洞和 C 风洞配备了天然气加热器,C 风洞还额外配置了电阻加热器,因此 C 风洞能够实现更高的总温。C 风洞在马赫数 10 时运行总温为 950 K、总压为13 MPa。图 3.1 是 C 风洞的示意图。

暂冲式高超声速风洞通常使用高压气罐中的气体,并在较高的压差下运行,经过加热的气体通过喷管膨胀,到达实验段,再通过低压引射等机构最终排出,一般实验时间达到分钟或秒量级。暂冲式风洞避开了连续式风洞对压缩机功率的巨大要求,利用较小的功率,长时间进行能量积累,如高压气源充气、真空球罐抽真空、蓄热式加热器蓄热,都采用相对较小的功率,所需要的设备投资大大降低。采用暂冲式运行方式,风洞马赫数喷管的更换选择、各马赫数流场加热器的使用、风洞流场压力的调节等更加方便,有利于解决高马赫数风洞遇到的问题。基于以上原因,大多数常规高超声速风洞选择暂冲式运行方式。

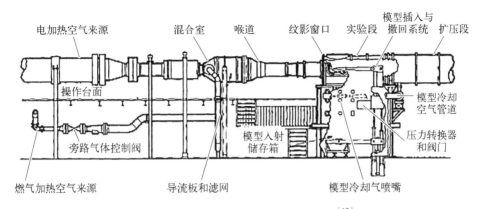

图 3.1 冯・卡门实验室 C 风洞的示意图[12]

3.1.2 常规高超声速风洞结构

常规暂冲式高超声速风洞基本都采用高压-高真空的运行原理,即由高压气罐提供的高压气源和高真空装置提供的低压环境,相互配合产生风洞运行压比。按照风洞产生高真空的方式(真空罐或气流引射器),相应地称这类风洞为吹吸式或吹引式。

图 3.2 为典型的吹吸式结构高超声速风洞示意图,其主要部件包括:高压气罐、加热器、阀门、稳定段、喷管、实验段、扩压段、气体换热器和真空罐。

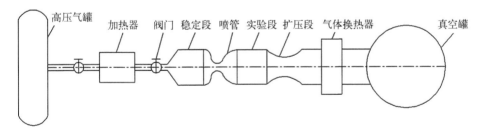

图 3.2 典型的吹吸式结构高超声速风洞示意图

高压气体存储在高压气罐内,经过调压装置,输出需要的压力,进入加热器加热到需要的温度,然后进入稳定段进行整流,再经过喷管产生高超声速气流,经过实验段和扩压段,最后排入真空罐内。图 3.3 为日本国家宇宙航空研究开发机构(Japan Aerospace Exploration Agency, JAXA)的 0.5 m 和 1.27 m 高超声速风洞结构示意图。

气源的容量(包括压力和体积)和风洞的工作时间密切相关,高超声速风洞流场建立所需的压比大,流量大,所以要配备大容积的高压气罐来存储实验用气

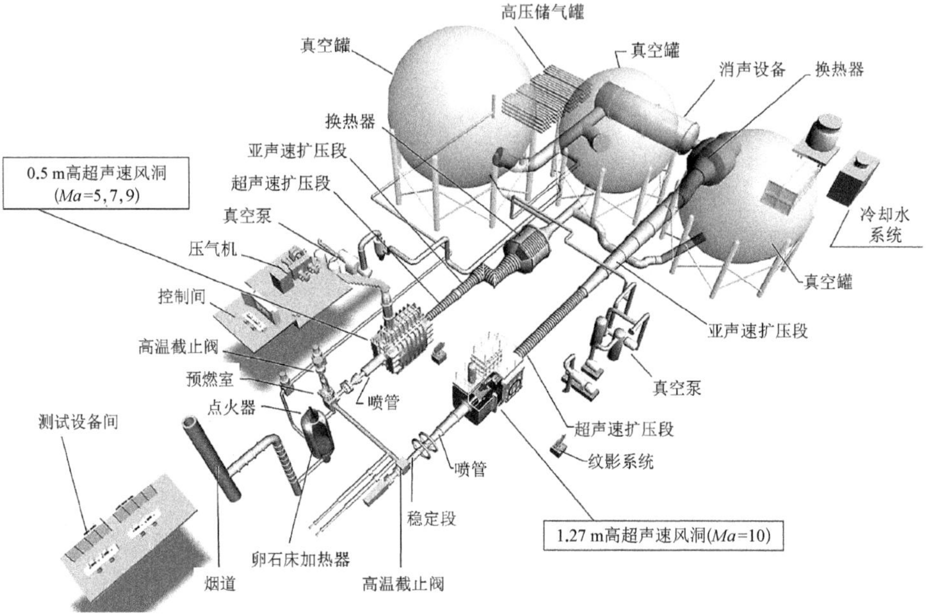

图 3.3 日本国家宇宙航空研究开发机构的高超声速风洞结构示意图[13]

体。对同等尺寸的实验喷管,气源的体积应根据最小马赫数的情况确定,这时流量最大,气源的压力应根据最大马赫数来确定,相应的压力比最高。气源容量的确定可以参考超声速风洞的设计方法,但在计算高超声速风洞的工作时间时还应考虑驻室温度达到平衡状态所需要的时间。由于加工制作上的原因,一般选用多个气罐并联使用。目前常用的有圆球式和圆柱式两种,圆球式在强度和节约钢材方面较好,但是工艺实现困难,圆柱式反之。

真空罐设备,主要涉及真空度高低和容积的大小、选用的真空泵设备类型。真空罐的真空度应满足最大马赫数下的启动压比要求,而体积应满足最小马赫数下的工作时间要求。根据风洞的口径和运行频率,确定真空泵的功率,选择合适且经济的真空罐。为了防止热气流对真空设备的损害,需要在真空罐前安装气体换热器,对热气流进行冷却,这也会有效地降低真空罐内压力上升的速率,增加风洞的运行时间。

稳定段沿用了超声速风洞的稳定段设计理念。由于主气流进入喷管前湍流度大,会对喷管流场均匀性造成影响,需要使用稳定段进行整流,通过在稳定段内安装多孔板、蜂窝器及金属纱网等部件,引直气流方向,并设计合理的稳定段长度及内径,使管道气流速度分布均匀,气流以较小的湍流度进入喷管。图 3.4 是中国航天空气动力技术研究院 FD - 16 风洞低线的稳定段结构图。

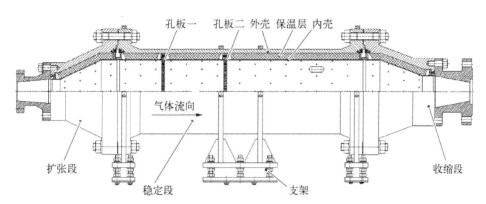

图 3.4　中国航天空气动力技术研究院 FD‒16 风洞低线的稳定段结构图

　　常规高超声速风洞多采用封闭式自由射流实验段,如图 3.5 所示。实验段内,从喷管出口喷出的高超声速气流形成稳定流场,提供模型实验区域。实验段的功能是否完善,体现风洞实验能力和成熟度。虽然实验段本身并不对气动性能产生影响,但实验段的设计合理与否,也会影响气动部件的安装使用。一个成熟风洞的实验段,基本都包含:多自由度攻角机构、模型安装平台、人员进出口、观察窗等装置。图 3.6 是中国航天空气动力技术研究院 FD‒07 风洞的实验段照片。为了风洞顺利启动,减少模型振动和冲击载荷,采用插入机构。测热实验为了减少启动过程对实验测量的影响,采用快速插入机构。大多数模型采用尾支撑,即插入机构上安装支杆和模型,待流场建立后,插入机构带着模型插入流场。实验段底部装有模型安装测量平台。

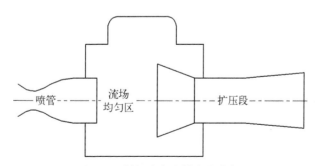

图 3.5　封闭式自由射流实验段

　　吹引式风洞的排气系统采用气流引射方式,如图 3.7 所示,相比吹吸式风洞,增加了引射器,取消了换热器和真空罐,为了减少排气噪声,一般会加装消声塔。引射器可以看成真空度可调的真空系统,其作用能够替代体积庞大的真空

图 3.6   中国航天空气动力技术研究院 FD - 07 风洞的实验段照片

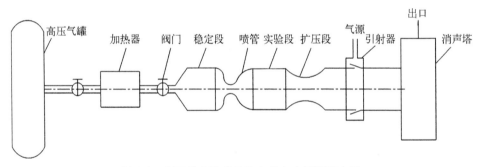

图 3.7   典型的吹引式结构高超声速风洞示意图

罐,在把气流排入大气的情况下,保证风洞正常运行所需要的压力比。为了降低气流直接排入大气产生的噪声污染,一般经过消声塔进行降噪处理后再排入大气。中国航天空气动力技术研究院 FD - 07 风洞就是采用这种方式,如图 3.8 所示,低线马赫数 4~8,采用二级引射;高线马赫数 10,采用三级引射;除了马赫数 4 的喷管出口直径为 0.4 m,其他马赫数的喷管出口直径均为 0.5 m,单位雷诺数为 $4 \times 10^6 \sim 1.4 \times 10^8$/m。

吹吸式和吹引式风洞性能各有其特点。真空罐系统容易得到更低的压力环境,吹吸式风洞的总压可以更低,模拟更高的飞行高度,因此,低密度风洞和低雷诺数风洞都采用吹吸式。吹引式风洞取消了庞大的真空罐系统,结构上更简洁,运行时间不受真空罐容积的限制。另外,吹引式风洞需要更大容量的气源,尤其是高超声速范围,引射器流量往往是主气流流量的数倍。从设备控制上说,吹引

图 3.8 中国航天空气动力技术研究院 FD - 07 风洞

式风洞涉及引射器的控制,运行原理更复杂。因此,采用哪种形式还要依据实际情况来定。

美国国家航空航天局兰利研究中心 0.51 m 马赫数 6 风洞和中国航天空气动力技术研究院 FD - 16 风洞低线排气系统类似,均同时配有真空罐和引射器两种高真空装置。图 3.9(a)和(b)分别是 FD - 16 风洞低线的结构图和照片,运行马赫数 5~8,喷管出口直径 1.2 m,单位雷诺数 $2.5 \times 10^5 \sim 7.6 \times 10^7/m$,具备两种运行方式:一种是三级引射器引射,运行时间长,可达 90 s;另一种运行方式是真空引射,可模拟 60 km 高空低雷诺数流动,满足飞行器高空模拟的实验需求。

常规高超声速风洞的设计虽然借鉴了超声速风洞的经验,但是更高的马赫数使得风洞结构设计更加复杂,主要有以下几个关键问题。

(1)在高超声速风洞中,如果不对实验气体提前加热,实验气体进入喷管加速膨胀导致气流温度急剧下降,在实验段内会发生凝结,形成气-液两相流或结晶,这是风洞模型模拟实验不允许发生的。为了消除实验气体凝结,需增加加热器提高风洞稳定段气体的温度,这是高超声速风洞最常用的方法。因此加热器的研制成为高超声速风洞研制的关键环节。

(2)喷管是高超声速风洞获得高超声速气流的核心部件,其性能直接决定着高超声速风洞流场的品质,高温高压气流使高超声速喷管面临更严峻的工作

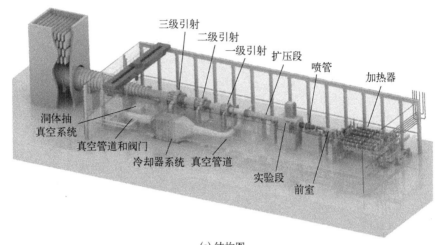

(a) 结构图

(b) 实物

图 3.9 中国航天空气动力技术研究院 FD - 16 风洞低线

环境。另外,高超声速下二维喷管四个角区存在的横向不稳定性会迅速增长,使主流区面积减小,因此,要获得均匀区较大、均匀性较好的高超声速流场,大多数风洞采用轴对称型面喷管。

(3) 高超声速风洞的流场建立与稳定运行需要喷管和实验段的上下游保持足够的压比,对于吹引式高超声速风洞,风洞实验段后面的扩压段和气流引射装置是保证风洞下游高真空环境的关键装置,所以设计高效的扩压段-引射系统并优化其气动性能对高超声速风洞流场的建立和运行非常重要。

3.2 实验气体的凝结和加热器

3.2.1 凝结的产生

风洞中的凝结现象起先是超声速风洞中的水汽凝结问题[4]。1935 年,Prandtl 在 Volta 会议上展示了一张纹影照片,显示拉瓦尔喷管喉道下游出现稳定的 X 形激波,揭示了水汽凝结的现象。后来伴随着风洞速度的提高,研究发现,在用空气或氮气为介质的高超声速风洞中,不仅水汽、二氧化碳能够发生凝结,而且在平常的滞止条件下,实验气体组分也能够发生凝结。风洞要正常运行,必须把气流加热到不出现凝结效应的温度,所需要的风洞实验气体总温是总压和马赫数的函数。

高超声速风洞中,气流在喷管中剧烈膨胀,因而温度急剧下降。根据等熵公式有

$$\frac{T_0}{T} = 1 + \frac{1}{2}(\gamma - 1)Ma^2 \tag{3.1}$$

式中,T_0 为总温;T 为静温;γ 为实验气体比热比;Ma 为马赫数。随着马赫数的提高,温度下降,可能发生凝结。防止实验气体凝结正是高超声速风洞设计中的一个突出问题。

常规高超声速风洞中的实验气体一般采用空气,空气是各种气体的混合物,地面干燥空气中各种气体的体积百分比见表 3.1,主要是 N_2 和 O_2。在一定的空气压力下,每一种组分的分压等于空气压力乘以该组分的体积百分比。

表 3.1　地面干燥空气中各种气体的体积百分比

成　分	N_2	O_2	Ar	CO_2	Ne	He	Kr	H_2	Xe
体积百分比/%	78.09	20.95	0.93	0.03	1.8×10^{-3}	5.24×10^{-4}	1×10^{-4}	5×10^{-5}	8×10^{-6}

空气凝结,严格地说是空气中某一组分气体的凝结。每一种气体的饱和蒸汽压是温度的单值函数。饱和蒸汽压与温度关系的实验表达式为

$$\lg P_u = -\frac{A}{T} + B \tag{3.2}$$

式中,P_u 为饱和蒸汽压(Pa);T 为温度(K);A、B 为常数,A 的单位是 K,B 相当

于 $\lg P_f$，P_f 为某一参考状态下的压力，如果 P_u 的单位为 Pa，则常数 B 的单位是 Pa，N_2 和 O_2 的 A、B 常数值见表 3.2。根据式（3.2），表 3.3 给出了不同温度下 O_2 和 N_2 的饱和蒸汽压 P_u。

表 3.2 N_2 和 O_2 的 A、B 常数值

气　　体	A/K	B/Pa
N_2	314.2	9.074
O_2	386.0	9.376

表 3.3 N_2 和 O_2 的饱和蒸汽压 P_u　　　　　　　　　　　单位：Pa

温度/K	55	60	65	70	75	80	85	90
O_2	227.8	876.0	2 737.6	7 270.2	16 949.8	35 549.2	68 336.6	122 163.4
N_2	2 296.7	6 873.3	17 337.4	38 482.1	76 647.3	140 065.2	238 429.3	382 577.2

随着温度下降，气体的饱和蒸汽压急剧下降。当饱和蒸汽压低于当地静压时，就发生液化或凝固。按等熵公式计算，在一定的总压和总温下，气体压力与温度之间的关系为

$$\frac{P}{T} = \frac{P_0}{T_0}\left(1 + \frac{\gamma - 1}{2}Ma^2\right)^{-\frac{1}{\gamma - 1}} \tag{3.3}$$

式中，P_0 和 P 分别为气体的总压和静压。若某组分气体占气体的体积百分比为 n，则其分压：

$$P' = nP \tag{3.4}$$

若 $P' \geqslant P_u$，则发生凝结。在高超声速风洞中，实验气体一旦出现凝结，会直接影响到风洞实验数据的准确性。一方面，气流凝结释放出潜热，比热容发生变化，如果气流中有水，模型和测量探头产生结冰现象，此时读取测量仪表的读数会产生困难；另一方面，研究证明在高超声速风洞中，气流的压力受气体凝结的影响很大，因为凝结放热，整个流动过程从等熵变成非等熵过程，机械能降低转化为热能，总压也随之降低，静压增大，马赫数下降。因此，高超声速风洞必须避免气流凝结的发生。

若提高气流的总温或降低气流的总压，都可以避免凝结。降低总压，会使实验段内的压力过低，不仅造成密封和测量数据的困难，也增加风洞的启动和稳定

运行难度。所以,高超声速风洞最常采用的方法是对进入稳定段之前的实验气体进行加热,提高气流总温。此外,如果实验气体是空气必须充分干燥,一般使空气的干燥度达到 1 kg 空气的含水量在 0.1 g 以下,避免极低温度下,水蒸气凝结后诱导空气凝结。

3.2.2　加热温度的确定

对于干燥空气,主要应考虑氧气和氮气两种气体的凝结。从表 3.3 可以看出,相同温度下,氧气的饱和蒸汽压比氮气低得多(氧气的分压是氮气的 1/4 左右,但是饱和蒸汽压不足氮气的 1/4),更容易凝结,因此加热温度以氧气不凝结为标准。

空气静压为 P,氧气的分压 P' 为

$$P' = 0.21P \tag{3.5}$$

当氧气的分压等于饱和蒸汽压时,凝结即发生,因而有 $P' = P_u$。 将式(3.5)和等熵公式代入式(3.2)得

$$T_0 = \frac{A\left(1 + \dfrac{\gamma - 1}{2}Ma^2\right)}{B - \lg P_0 + \dfrac{\gamma}{\gamma - 1}\lg\left(1 + \dfrac{\gamma - 1}{2}Ma^2\right)} \tag{3.6}$$

式中,A、B 为常数,$A = 386\ \text{K}$, $B = 10.054\ \text{Pa}$。

根据式(3.6),给出总压和马赫数,就可以计算出所需的最低总温。图 3.10 绘制了不同马赫数下需要的总温随总压的变化曲线,马赫数越高,或者总压越高,防止凝结所必需的加热温度也就越高。以上关系式适用于没有模型的空风洞,风洞中进行模型实验时,模型局部马赫数可能大于来流马赫数,仍然可能发生凝结,导致测量的不准确。因此,需要保留一定的裕度。此外,上面考虑的只是实验段空气防凝结的温度,实际高超声速风洞

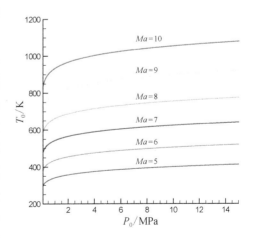

图 3.10　不同马赫数下所需总温随总压的变化曲线

加热器要求的加热温度还应考虑高压气流经阀门引起的温降、高压气罐压降所引起的温降、高压气流经管道进入加热器入口的气流温度回升及加热器至喷管入口的气流总温损失等。

3.2.3　典型加热器

加热器是常规高超声速风洞中的关键部件,在很大程度上关系着高超声速风洞的实验能力和效率,加热器对实验气体的加热温度决定着风洞流场的最高运行马赫数。常规高超声速风洞采用的加热器按运行方式可分为两种类型:连续式加热器和蓄热式加热器。连续式加热器采用的加热技术有电热式、燃油式、燃气式,电热式还有电阻管、电阻丝和电阻带等方式,连续式加热器需要在风洞吹风过程中供电、供燃油(燃气),设备相对复杂庞大。蓄热式加热器则可以用小功率通过预先加热使蓄热元件达到较高的温度,然后对实验气体进行加热,适合暂冲式风洞实验。蓄热式加热器按预热方式也有电预热、燃气预热、燃油预热。无论哪一种加热器,气体的加热方式都是实验气体流经高温载热体,通过热交换提高实验气体温度,最高加热温度一般取决于载热体材料的热特性,常用的载热体材料有金属、陶瓷、石墨等[14-18]。

目前常规高超声速风洞常见的三种加热器包括:连续电热式加热器、金属板片蓄热式加热器和氧化铝小球蓄热式加热器。

1. 连续电热式加热器

连续电热式加热器的原理是在电阻材料制成的管子或带等形状的加热元件两端加电压,实验气体从加热元件中流过,被加热到所需要的温度。这种加热器可以连续工作,出口温度比较稳定,但需要很大的电功率。

设计的主要内容是求出加热元件的长度。需要确定的参数包括加热元件的材料特性、气体进口温度、气体出口温度、加热元件出口温度、加热元件的形状和截面尺寸,另外需要考虑气流损失情况、加热的均匀性和加工工艺性。以管式加热元件为例,根据热平衡方程,气体流经加热管吸收的热量=加热管表面输送给气流的热量=加热管消耗的功率,可以得到加热管的长度公式为

$$l = \frac{c_p \dot{m} [1 + \beta (T_{nK} - T_T)]}{\alpha n \beta (T_{HK} - T_{nK})} \ln \frac{1 + \beta (T_{nK} - T_T)}{1 + \beta (T_{nH} - T_T)} \tag{3.7}$$

式中,c_p 是比定压热容;$\dot{m}$ 是质量流量;α 为热交换系数;β 为电阻温度系数;n 为单位长度管子的表面积(如果是多个管子组合而成的,应该是单位

长度所有管子的表面积之和）；T_{nH} 是气体进口温度；T_{nK} 是气体出口温度；T_{HK} 是管子出口温度，对于镍铬材料，T_{HK} 为 1 273 ~ 1 473 K；T_T 为管子未工作时的温度。

一般金属材料的电阻温度系数很小，当 β 趋于 0 时，式（3.7）可以简化为

$$l = \frac{c_p \dot{m}(T_{nK} - T_{nH})}{\alpha n(T_{HK} - T_{nK})} \tag{3.8}$$

式（3.8）适用于加热管等截面或单位长度上的电功率基本为常数的情况。实际上，变剖面的管子就可以有效地缩短长度，即开始时管壁较薄，截面积小，因而电阻高，电功率大，向后面逐渐增加壁厚。这种变截面管子不易加工，可以近似地采用台阶型管子，在大型风洞中，采用这种方法很有效，只要分成两段，管子长度就可以减少一半。大型风洞还可以采取多根管并联、螺旋状管道或是将镍铬板压制成某种形状的方法，扩大加热元件表面积，从而达到要求的温度。

风洞启动过程中，气流和管壁的温度都是随时间和轴向距离变化的，严格的设计应该指出加热器加热到指定工作状态所需要的时间及在这段时间中损失的热量。由于启动过程属于非定常情况，可以通过计算和实际运行检测取得加热器中不同时间不同位置的气流温度，由此求得启动时间。

图 3.11 为电热元件示意图，是一个成功的连续式电加热器布局，在组合金属管（镍铬合金）的两端通电，电流通过电阻发热，加热管升温。为了降低加热管的热负荷，采用多根发热管并联，在风洞工作时，空气通过金属管时被加热到需要的温度。电阻管加热元件安装在加热器的中心位置，水平放置，采用镍铬管 Cr20Ni80 制成。电阻加热元件安装在高压容器内，通过绝缘陶瓷支撑，实现电热元件之间和压力容器之间的绝缘。

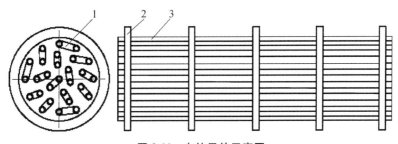

图 3.11　电热元件示意图

1-电连接体;2-刚玉孔板;3-电阻管

连续式电加热器在小口径高超声速风洞中成功应用,结构简单,中国航天空气动力技术研究院的 FD-03 常规高超声速风洞,口径为 170 mm×170 mm,二级加热器采用的连续式电加热器能提供马赫数为 9、10 时风洞运行所需要的温度。随着风洞口径变大,马赫数提高,所需加热功率很大,需要建设大功率变电站和供电控制系统,如图 3.12 所示,俄罗斯的 T-116 超声速/高超声速风洞采用电阻式加热器,口径为 1 m×1 m,最高马赫数 10,最大温度 1 075 K。

图 3.12　俄罗斯的 T-116 超声速/高超声速风洞采用电阻式加热器

2. 金属板片蓄热式加热器

金属板片蓄热式加热器以较慢的速率通过较小功率电加热或燃烧加热过程把热量储存在蓄热材料中,风洞运行时通过气流与蓄热材料换热,把气流加热到所需的温度,是暂冲式高超声速风洞经济性和可靠性都比较高的一种加热方式。

金属板片蓄热加热器多用于运行马赫数不高于 10 的高超声速风洞。金属板片性能稳定,具有良好的热容性和导热特性,加工成型方便,蓄热体结构及加热器整体装配容易实现,不对气流产生污染。采用不锈钢板片做蓄热材料,加热温度一般不超过 1 150 K,可以满足建立马赫数为 10 的高超声速流场需求。

金属板片蓄热式加热器的设计参数主要包括确定加热器通道内径、蓄热元件长度、总重、隔热层和壳体厚度等参数。加热器设计要根据其工作范围,确定所需提供最大功率点为设计点。蓄热式加热器直径与长度的确定除了从气动与热力性质的角度考虑,还必须从机械加工的可实现性考虑,选定一个既满足气动与热力性质要求又在加工制造工艺方面合理的最佳方案。

加热器通道内径与来流空气流量、加热器内部空气流速、加热器通道缝隙比等因素相关。

加热器蓄热元件长度和空气流量、单位长度蓄热元件的换热面积、换热系数、工作时间、空气进口温度和空气出口温度、出口处蓄热元件温度等相关。

蓄热体的总重量,要根据蓄热体结构形式、蓄热体材料性能进行工程估算,一般情况下蓄热体蓄热量能够储存数倍于风洞单次实验消耗的热量。关键的问题是空气换热温度要达到要求,合理布局加热器通道内径和换热长度,获得尽可能大的换热面积。为提高换热效率,可以灵活设计金属蓄热板的形状,采用板片叠加组合形式也是为了增大换热面积。

加热器隔热层设计需要考虑的参数包括通过隔热层的热量、隔热层的热传导系数、隔热层内侧和外侧的温度及隔热层内侧和外侧的直径。

壳体厚度设计和使用压力、加热器内径、壳体温度、材料特性等相关。

金属板片蓄热式加热器根据使用温度采用的金属蓄热材料主要是耐热不锈钢。根据预热系统加热方式可分为燃烧预热和电预热两种类型。

图 3.13 为燃烧预热蓄热式加热器示意图。火焰在加热器的一端燃烧产生高温燃气,把热量传给蓄热体后通过烟道阀排出,待风洞吹风阶段,关闭烟道阀,主气流通过分流阀分别进入加热器的冷端和热端,换热后调节达到实验总温要求。

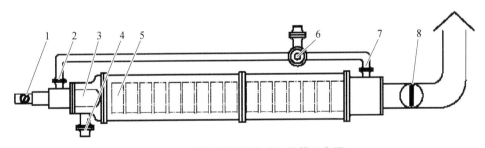

图 3.13　燃烧预热蓄热式加热器示意图

1-截止阀;2-冷端进气管;3-燃烧室;4-气流出口;5-蓄热体;
6-分流阀;7-热端进气口;8-烟道阀

图 3.14 为中国航天空气动力技术研究院 FD - 07 风洞低线蓄热式加热器,航空煤油燃烧预热,蓄热元件选用金属材料,空气预热温度为 1 100 K。FD - 07 风洞加热器已稳定运行二十多年,表现出优良的性能。以马赫数 8 为

例,总压 $P_0 = 5 \text{ MPa}$, 总温 $T_0 = 780 \text{ K}$ 加热只需要 1.5 h,以后每半小时加热一次即可,因此,日均吹风实验可达十次。

图 3.14 中国航天空气动力技术研究院 FD – 07 风洞低线蓄热式加热器

图 3.15 为电预热蓄热式加热器示意图。在一定的气流通道中,布置电热元件,通电预热达到预定温度,在风洞运行时给空气换热,以实现加热的目的。中国空气动力研究与发展中心的 FD – 20A 高超声速风洞采用的是电预热蓄热式加热器,其最大马赫数可达 10,最高总温可达 1 100 K。

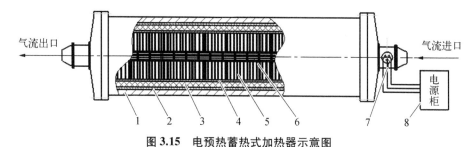

图 3.15 电预热蓄热式加热器示意图

1-壳体;2-滑移筒;3-隔热层;4-内衬筒;5-蓄热体;6-加热元件;7-接线柱;8-电源柜

3. 氧化铝小球蓄热式加热器

加热器蓄热温度超过 1 473 K 时,金属部件无法在高温下保持应有的强度,必须使用非金属材料。氧化铝小球蓄热式加热器可以用于马赫数 9~12 的常规高超声速风洞。

相较于金属板片蓄热式加热器,氧化铝小球蓄热式加热器的设计需要考虑小球的浮动问题。用氧化铝小球填充的蓄热式加热器是竖直放置,氧化铝小球自由地填充在加热器中,只受重力的约束。当高压冷空气由加热器底部流入,从上部出口流出时,必产生压力降,这样小球就会受到一个浮力作用。如果浮力超过了小球的重力,小球就会浮动,浮力再增大,小球就会飞跃起来,使小球加热器受到严重危害,甚至可能会危及人身安全。因此,小球加热器的内径必须足够大,保证气体的流速足够小,气体流动产生的浮力小于小球的重力。由此可见,加热器通道内径是由气流通过球层的压力降来决定的。

小球加热器的特点是加热器内气流的流速很低,但是气流与球之间的热交换系数很小,为了保证短时间内加热空气到所需的温度,就需要大大增加球和气流之间热交换的面积,为此必须填充大量小直径的氧化铝球。一般在加热器下部填充小直径的球,在加热器上部填充大直径的球。虽然填充大球对于热交换不利,但同样流量时通过大球球层的压力减小,有利于防止球的浮动。一般常用填充球有两种规格:$\phi 10$ mm 和 $\phi 25$ mm,例如,FD－07 风洞高线加热器的装球量,上部填充大球高度为 0.5 m,重量为 0.9 t;中部填充小球高度为 3.0 m,重量为 5.5 t,为了防止小球从炉箅处漏入烟道,下部填充大球高度为 0.5 m,重量为 0.83 t,加热器总的装球量为7.23 t。

图 3.16 为小球加热器结构示意图。燃烧室位于加热器的顶部,热的燃气自上而下流经氧化铝小球并对其加热,然后通过底部的烟道阀排出,氧化铝小球中积蓄了大量的热量。进行实验时,冷气从加热器底部流经氧化铝小球吸收热量,通过热气流出口进入稳定段。

美国艾姆斯研究中心(Ames Research Center)的 1.1 m 高超声速风洞、法国国家航空航天研究院(Office National d'Etudes et de Recherches Aérospatiales, ONERA)的 S4－MA 的 $\phi 0.68$ m 和 $\phi 1$ m 的高超声

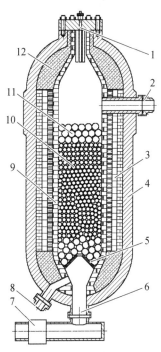

图 3.16　小球加热器结构示意图

1-封闭式燃烧器;2-热气流出口;3-纤维隔热层;4-耐压壳体;5-炉箅;6-排烟口;7-烟道阀;8-冷气流入口;9-刚玉耐火砖;10-小球;11-大球;12-浇注耐火层

速风洞(图 3.17)、日本国家宇宙航空研究开发机构的两座常规高超声速风洞 HWT1 和 HWT2 都成功地采用小球加热器给空气加热,模拟马赫数达到 10 以上。

(a) 实验现场照片

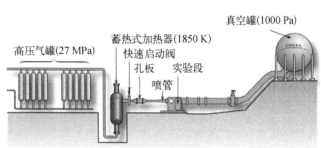

(b) 风洞布局图

图 3.17   S4-MA 风洞

小球加热器在使用过程中存在两个问题:一是粉尘污染,这是因为热应力大、相邻卵石之间具有很高的点对点接触碰撞载荷和磨损,导致卵石破损,产生粉尘;二是卵石漂浮问题,卵石在加热器中气动浮力大于卵石重力时,卵石就会浮起,对加热器本体造成严重危害,甚至危及实验人员人身安全。

美国航空系统工程公司(Aero System Engineering, ASE)研究用多孔砖结构的蓄热材料来代替卵石结构。研究表明,采用多孔砖结构可缓解蓄热材料的应力集中,从而提高加热器工作温度,并大幅减少粉尘量。同时,多孔蓄热材料采用圆柱形气体通道,由空气在通道内的阻力而产生的浮力远低于气动曳力对球形卵石产生的浮力,因此可显著地降低浮起事故的发生概率。然而,蓄热材料本身性能、加热器所需耐受的苛刻热-力-有氧环境、参数测控困难等因素均给蓄热式加热器的研制带来很大困难。

纵观国内外主要高超声速风洞,后期建设的风洞普遍趋于采用蓄热式加热器。一个好的蓄热式加热器系统,在满足常规高超声速风洞实验需要的同时,经济性和安全性也十分重要,这需要在实践中总结经验,不断完善。高超声速风洞蓄热式加热器设计需要在以下几方面注意。

(1)按照风洞最大流量计算,加热器通气面积必须足够大,流速需控制在一定范围内。对于金属蓄热体,阻力大会引起较高的压力降,对加热器内部结构的稳定会产生影响,对于蓄热小球,则容易引起浮动问题,存在危险。

（2）加热器的蓄热材料总量要足够大,至少在完成一次实验过程中,不会引起太大的温度下降,这当中要考虑启动过程中的热量损失。合理估算出稳定实验和实验过程中所消耗的热量,避免实验过程没完成,温度下降太多。

（3）根据风洞总温要求,选择满足性能需求的蓄热材料。蓄热材料能够承受的最大温度,要满足最大预热温度。根据不同马赫数要求,选择不同的预热系统。功率选择需要根据加热器的形式和预热时间要求来选择。电预热系统需要的电热元件散热面积大,负荷要限制在一定范围,尽可能地延长电热元件的使用寿命。

（4）从加热器引出气流的热管道要尽量短,风洞稳定段和喷管必须尽可能地减小与加热器的距离,减少加热器出口到喷管入口的热损失。同时会缩短风洞的启动时间,增加经济性。气流从加热器到喷管入口,由于管道吸热造成气流总温的损失,它随马赫数和管道长度的不同而变化。一般应尽量缩短加热器和喷管间管道长度。

（5）要考虑蓄热式加热器的旁路冷却系统。对于蓄热后的加热器,内部温度很高,风洞实验如果快速降温,完成实验过程,会降低加热器的持续性高温。如果实验不顺利或者实验间隔时间长,加热器内部温度仍旧很高,虽有隔热层保护,但加热器的壳体温度,仍然会持续升高。甚至超过规定的温度极限。在加热器设计时考虑冷却通道十分重要。

（6）要设计风洞空气混合装置。一般风洞的加热器设计形式,从一端进气,通过蓄热体换热,另一端出气,这样的换热过程,需要精确地计算蓄热材料的用量和蓄热量。在空气换热过程中,无法控制加热器的出口温度,如果蓄热量管理不合理,实验过程中会存在一定的温度下降。对于多次预热和实验后,加热器的热状态与初次使用也有很大差别,预热过程的管理更需要技术水平,所以,使用经验至关重要。增加分流阀,加热器设计成两端进气的方式,可以解决气流温度的稳定问题,对于减小蓄热体质量和充分利用加热器余热有很大贡献。

3.3 高超声速喷管

高超声速喷管是高超声速风洞的核心部件。高超声速喷管利用能量转换的思想,采取收缩-膨胀的型线设计理念,将实验气体的压力势能和内能转化为动能,在喷管出口获得高超声速均匀气流[19]。

随着喷管出口流场马赫数的增大,人们发现在马赫数较小时,如马赫数为

1.2~4,采用矩形截面喷管足以得到比较均匀的流场,但是当马赫数达到 5 及以上时,矩形截面喷管四个角区内的流动会卷起较大的漩涡,影响喷管中央均匀区大小,会减小可用的实验空间,因此,高超声速喷管在设计时通常采用轴对称喷管。比较简单的轴对称喷管是锥形喷管,但其出口流场均匀性较差,且具有较大的气流偏角,所以实际的高超声速喷管一般设计为轴对称型面喷管。但当马赫数很高时(一般超过 15)由于高温气体效应的影响及对流场均匀性要求不高,也可以简化设计为锥形喷管。

在气动设计方面,高超声速喷管研制的关键是解决轴对称喷管的型线设计问题,该型线是指喷管壁面沿流动方向(轴向)的一条曲线,通过特定方法计算得到该型线。喷管型线设计的好坏以喷管出口流场的马赫数均匀性来评价。

在实际应用方面,高超声速喷管研制需要解决两个常见问题:一个是风洞马赫数扩展问题,另一个是常规高超声速风洞中的喷管喉道防热问题。对于风洞马赫数扩展问题,其解决思路通常是每个马赫数配备一个喷管,但是这样会导致成本提高,更换马赫数流场状态的工作也比较繁重。对于常规高超声速风洞中喷管喉道部分的防热问题,由于常规高超声速风洞每次吹风时间达到几十秒,气流不断流过喷管使喉道容易受热变形,导致喷管出口马赫数发生变化,极大地影响喷管流场性能。一般可通过对喷管喉道采取水冷措施来解决。

3.3.1   型线设计

高超声速喷管型线设计主要包括收缩段型线设计和膨胀段型线设计,对于具有特殊要求的喷管,还包括局部特殊设计,如抽吸装置设计[20]、换喉道设计等。

1. 收缩段型线设计

收缩段是喷管的重要组成部分,其作用是将来流平滑地压缩到喉道截面,同时使气流在无分离的情况下加速到声速。为了达到这种要求,收缩段的总体设计需要注意两点:① 理论上收缩段的收缩比(定义为收缩段的入口直径与喉道直径之比)越大越好,但实际应用中不可能做到,只需要尽可能大即可;② 收缩段的长径比(定义为收缩段的轴向长度与入口直径之比)与收缩比之间存在关联,一般来说,随着收缩比的增加,长径比也增加。

对于高超声速喷管,只要收缩段壁面收缩不太剧烈,气流在收缩段内加速过程中是不易分离的,用一条光滑连续的有渐变的曲线就能基本满足要求。从气动及其结构角度考虑,收缩段型线应该分别与喷管超声速段气动型面和来流洞体结构进行一体化设计。总之,收缩段型线应保证气流平稳流动,不发生分离,且出口端气流均匀、平直且稳定,并与其下游的喷管喉道段光滑连接。

常用的收缩段型线可采用 CQCQ(圆柱-四次曲线-圆锥-四次曲线)曲线、移轴 Witoszynski 曲线、三次曲线、双三次曲线、双五次曲线进行设计[21]。下面简要介绍各曲线。

1) CQCQ 曲线

CQCQ 曲线是指将收缩段曲线分为圆柱、四次曲线、圆锥、四次曲线四段进行分别设计,然后再进行光滑连接,即交点处相切,如图 3.18 所示。其中入口半径为 R_1,出口半径为 R_2,总长度为 L,四段分别长为 a、b、c、d,其中,圆锥段的锥角 θ 为 $25° \sim 35°$。

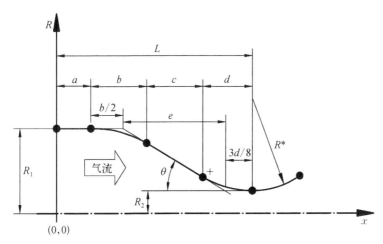

图 3.18　收缩段曲线设计

2) 移轴 Witoszynski 曲线

Witoszynski 公式是在理想不可压缩轴对称流动情况下推导出来的,表示为

$$y = \frac{y^*}{\sqrt{1 - \left[1 - \left(\dfrac{y^*}{y_0}\right)^2\right] \dfrac{\left(1 - \dfrac{x^2}{L^2}\right)^2}{\left(1 + \dfrac{x^2}{3L^2}\right)^3}}} \tag{3.9}$$

式中,y^*、y_0 分别为喉道和亚声速收缩段入口处的半高度(或半径);x 为自收缩段入口开始的距离;L 为收缩段的长度。用该方法得到的收缩段,其出口可以得到较均匀的一维流动,且方法灵活可以控制收缩段的尺寸。这种方法适用于轴

对称喷管,能获得较好的气流品质。

3）三次曲线

三次曲线公式为

$$R = R_2 + \left[3(R_1 - R_2) - L\tan\omega\right]\left(1 - \frac{x}{L}\right)^2$$

$$+ \left[L\tan\omega - 2(R_1 - R_2)\right]\left(1 - \frac{x}{L}\right)^3 \tag{3.10}$$

式中,R_1 为入口半径;R_2 为喉道半径;R 为距入口距离为 x 处的半径;L 为收缩段总长;ω 为收缩段曲线的切线与轴线的夹角。式(3.10)中的各量的定义及三次曲线几何关系如图 3.19 所示。

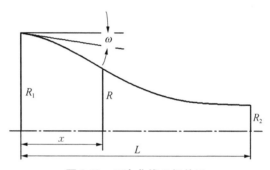

图 3.19   三次曲线几何关系

在具体应用时,需要令喉道的曲率半径与膨胀段在喉道的曲率半径相等,使整个喷管型线的曲率完全连续。

4）双三次曲线

$$\frac{D_x - D_t}{D_i - D_t} = \begin{cases} 1 - \dfrac{1}{x_m^2}\left(\dfrac{x}{L}\right)^3, & \dfrac{x}{L} \leqslant x_m \\[3mm] \dfrac{1}{(1 - x_m)^2}\left(\dfrac{L - x}{L}\right)^3, & \dfrac{x}{L} > x_m \end{cases} \tag{3.11}$$

式中,D_x 为距收缩段入口 x 处的截面直径;D_t 为喉道直径;D_i 为收缩段入口直径;x_m 为两段曲线的连接点到收缩段入口的距离,一般取经验值 $0.52L$。

5）双五次曲线

$$\frac{D_x - D_t}{D_i - D_t} = 1 - 10\left(\frac{x}{L}\right)^3 + 15\left(\frac{x}{L}\right)^4 - 6\left(\frac{x}{L}\right)^5 \tag{3.12}$$

在上述曲线中,移轴 Witoszynski 曲线和 CQCQ 曲线整体分布均匀,且可以通过修改对应参数方便地控制曲线形状,在较大收缩比范围内得到的流场都足够均匀,具有很强的适应性,使用较多。

2. 膨胀段型线设计

对于形成均匀流场至关重要的喷管膨胀段型线,其设计方法经过了半个多世纪的研究发展,到 20 世纪 70 年代,逐渐形成了以 Sivells 方法为代表的比较成熟的直接设计方法[22]。Sivells 方法是一种典型的膨胀段型线分段设计方法,将喷管膨胀段分为左行特征线区、源流区和右行特征线区三个区域,在特征线理论、源流假设的基础上借助质量守恒最终计算出喷管的无黏型线。从 20 世纪 80 年代至今,国内外常规高超声速型线喷管的设计,大多参考或直接使用了 Sivells 方法[23-25]。图 3.20 为 Sivells 喷管设计方法示意图。

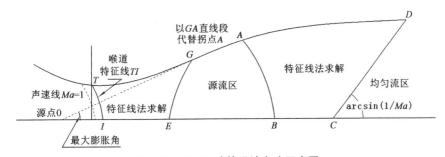

图 3.20　Sivells 喷管设计方法示意图

随着计算机性能的提升,CFD(computational fluid dynamics)方法被引入到高超声速喷管膨胀段型线设计中。目前通常的做法是采用特征线法(以 Sivells 法为代表)完成无黏型线设计,然后进行边界层修正,再采用 CFD 方法计算喷管流场,通过迭代得到满足流场要求的喷管型线。

膨胀段设计的关键参数包括出口马赫数、出口尺寸和最大膨胀角。一般来说,出口马赫数和出口尺寸是根据需求决定的。因此,膨胀段设计的最重要参数就是最大膨胀角。随着各种类型喷管的设计研制,对高超声速喷管的最大膨胀角逐渐形成了基本认识:一般高超声速风洞喷管的最大膨胀角不宜超过 15°。对于一些特殊喷管,如发动机尾喷管及制冷喷管等,不受 15° 的限制,但也不宜过大;如静喷管,一般不应超过 10°,甚至只有 4°。在出口马赫数、出口尺寸及实验气体介质一定的前提下,最大膨胀角越大,喷管越短,因此,如果实际空间受到限制,则只能在最大膨胀角上进行妥协,依据实际情况选择最优的最大膨胀角。

对于轴对称高超声速喷管的膨胀段型线设计,一般按如下步骤进行:① 对于各条特征线,利用源流理论结合特征线理论计算 EG、AB 上的参数,以及特征线 CD 上的流动参数,结合特征线方程来确定特征线 TI 上的参数[26];② 对于轴线各段,IE 段采用 4 次速度比多项式分布,BC 段采用 4 次马赫数多项式分布,并保证假设的速度分布或者马赫数分布多项式在端点 I、E、B、C 处函数、一阶导数、二阶导数连续;③ 当上述边界条件确定后,建立特征线网格 $TIEG$ 和 $ABCD$,利用质量守恒原理求解这两个区域的流场,得到喷管型面曲线 TG 和 AD;④ GA 是径向流区边界的一条直线,将 TG、GA 及 AD 三段型线光滑连接,即得到喷管的无黏型线 TD。

以上利用 Sivells 方法计算得到的膨胀段型线,是在假定流动为无黏的理想流体的前提下进行的,获得的曲线称为无黏型线。实际流体是有黏性的,在喷管内壁上存在边界层,而且边界层的厚度沿着流动方向不断地增长,在边界层内的流动速度要低于边界层外的气流速度。因此,边界层的存在实际上改变了基于无黏设计的喷管的内部气体流量,而且喷管内波系与边界层相互干扰,影响喷管壁面上波系的产生和反射过程,不能达到完全消除膨胀波反射的要求。

为了获得均匀平直的喷管出口气流,要对无黏型线进行流量损失的修正和壁面有效反射的修正。实际上,这两个修正很难同时做到,但是只要位移修正得当,一定程度上后者也随之得到修正。具体的修正一般从喉道开始,原因是喷管喉道上游流速很低,而喷管收缩段的压缩比一般较大,所以,通常认为收缩段型面的边界层很薄,可以忽略。经验表明,当马赫数大于 3 时,喉道处的边界层可以略去不计,认为边界层是从喉道开始发展的。经过修正的型线才是喷管应该有的外形曲线,称为物理型线或者实际型线。边界层修正示意图如图 3.21 所示。

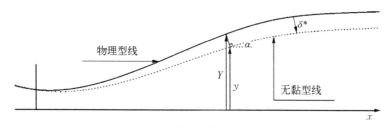

图 3.21 边界层修正示意图

喷管壁面边界层厚度引起的喷管直径实际尺寸的变化,可用位移厚度 δ^* 的分布来估计,δ^* 的定义是

$$\delta^* = \int_0^\delta \left[1 - \frac{\rho u}{\rho_e u_e} \right] \mathrm{d}y \tag{3.13}$$

式中, δ 为实际边界层厚度; ρ 为流场密度; u 为流场轴向速度; ρ_e 为边界层外边界处密度; u_e 为边界层外边界处轴向速度。

为了消除 δ^* 对喷管横截面积的影响, 应当把喷管无黏流壁面沿壁面法向方向向外移动一个 δ^* 值。其修正的计算公式为

$$\begin{cases} \overline{X} = x \\ \overline{Y} = y + \delta^*(x) \sec \alpha \end{cases} \tag{3.14}$$

式中, $\overline{X}$ 为修正后型线横坐标; x 为未修正的型线横坐标; $\overline{Y}$ 为修正后型线纵坐标; y 为未修正的型线纵坐标; α 为型线与轴线的夹角。

故对边界层修正, 主要是寻找方法求 δ^* 的过程。

喷管壁面上 δ^* 的增长规律与黏性流动的特点有关, 喷管内气流沿轴向加速时, 壁面上边界层处于顺压梯度, 除非稳定段总压很低或喷管尺寸很小, 在大多数情况下喉道及其下游是湍流边界层。边界层位移厚度的分布可以用理论方法或经验方法进行计算[27-29]。具体修正方法主要有三种: ① 经验估算方法; ② 半理论半经验方法; ③ 卡门动量积分方程法。

经验估算方法是基于边界层理论并不完善的事实考虑的。在工程上, 往往利用经验对位移厚度进行估计, 一般采用线性假定, 即随着喷管马赫数的增长, 给出线性修正角的经验值, 然后确定位移厚度。半理论半经验方法是借助可压缩湍流边界层厚度增长理论公式来修正型线的方法, 其中关于动量边界层厚度的相关函数值均需要进行复杂的计算, 但经过简化可以通过查图表求解。卡门动量积分方程法利用卡门动量积分方程来确定边界层厚度, 中间的所有步骤通过一系列数学处理, 严格地求得边界层厚度的形状因子, 再转化成具体的动量厚度值。

高超声速边界层非定常性强, 任一空间点处的速度、压力、密度和温度都高度依赖时空变化, 显示出极不规则的高频脉动, 此时使用经验估算的方法求边界层修正值, 误差较大, 需要多次设计, 寻找最优的型线结果。半理论半经验方法具有理论依据, 计算量较大, 但部分参数仍需要通过经验来估计, 采用该方法修正的边界层优于经验估算方法。卡门动量积分方程法物理机制更为完善, 计算结果更符合实际情况, 故一般采用卡门动量积分方程法进行边界层修正。

3.3.2　喉道防热技术

在高超声速风洞运行过程中经过加热器加热的高温实验气体流经风洞稳定段、喷管进入实验段,热气流会向风洞壁面传热,而喷管喉道处是受热最严重的部位。喷管喉道形状尺寸是保证喷管流场性能指标的关键指标,如果不采取有效措施,风洞运行时喉道可能在高温气体作用下变形,甚至引起烧蚀造成风洞流场破坏。

为了保证在高温气体流过喷管喉道时喉道外型尺寸不受影响,在暂冲式和连续式高超声速风洞必须采取防热措施,轴对称高超声速喷管可以设计水冷喷管喉道。喉衬材料既需要有很高的强度,又需要有很高的热传导率。图 3.22 是一种喷管喉道冷却结构。

根据风洞的运行状态,喷管喉道可以采用不同的冷却结构。例如,美国艾姆斯研究中心直径为 1.1 m 的下吹式高超声速风洞,采用氦气膜进行冷却。

另外,对于高焓激波风洞类设备,喷管喉道在一个很短时间内经受极高的加热率,在运行时喉道表面温度可以达到材料的融化温度,若实验气体为空气还会发生严重的氧化,从而引起喉道的烧蚀、改变喉道外形、增大喉道面积、造成污染流动,使实验段流场不均匀和不稳定。这类设备因为运行时间很短,并不能采用

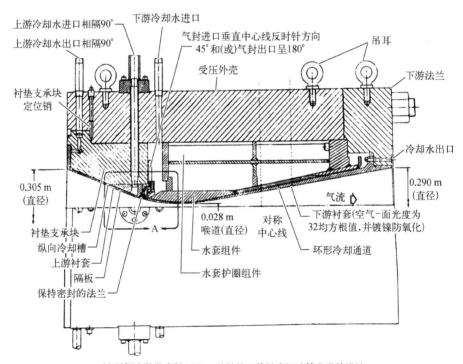

(a) 风洞实验段直径1.270 m马赫数12的铍青铜喷管喉道的设计

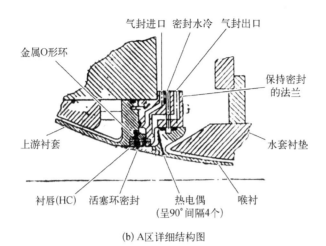

气封进口 密封水冷 气封出口

金属O形环

保持密封
的法兰

上游衬套

水套衬垫

衬唇(HC) 活塞环密封 热电偶 喉衬
(呈90°间隔4个)

(b) A区详细结构图

图 3.22 一种喷管喉道冷却结构

常规高超声速风洞喉道的冷却方式,一般使用热传导率高的耐高温材料。如果风洞实验气体为氮气可以采用钨喉道,如果实验气体为空气则选用铜基材料更好。

在热结构和材料考核实验、超燃推进实验为主的燃烧加热风洞和电弧加热风洞中,喷管喉道的受热情况更加严重,风洞的一些其他部位受热也很严重,不仅喷管喉道处需要冷却,包括喉道的入口段、前室、扩压段等都需要水冷或者气体冷却。

3.3.3 拓宽马赫数范围的更换喉道措施

高超声速风洞喷管马赫数与面积比直接相关:

$$\frac{A_e}{A_t} = \frac{1}{Ma}\left(\frac{2 + (\gamma - 1)Ma^2}{\gamma + 1}\right)^{\frac{\gamma+1}{2(\gamma-1)}} \tag{3.15}$$

式中,A_e 为喷管出口截面积;A_t 为喉道截面积。

高超声速风洞要想得到多个马赫数,需要对应每个马赫数流场配备一套喷管,往往是一座风洞要配备很多喷管,在经济性和操作效率上非常不划算。在实践中发现如果对一个高超声速喷管在不改变喷管大部分内型面尺寸情况下,只改变喷管喉道附近很短的部分内型面尺寸和喉道内径,新改变的这段内型面尺寸和喷管原有内型面进行很好的关联衔接,喷管就可以得到一个改变马赫数后的稳定流场。通过这种更换喷管喉道的方式可以在不改变喷管主体结构的前提下得到一系列高超声速的稳定流场。

更换喉道技术是指将以喉道截面为中心的上下游各一小段喷管作为一个整体的喉道段从整个喷管设计中提取出来,通过改变喉道段的型线来协调多个面积比,实现多个马赫数喷管共用同一个膨胀段的技术。更换喉道技术的关键问题主要是两个:一个是马赫数上延和下延对流场的影响问题,另一个是喉道段与膨胀段的分段点选择问题。

对于第一个问题,一般来说,从较高的马赫数向下延拓到较宽的马赫数范围时,对流场的影响不大。其中的原因是在膨胀角一定的情况下,马赫数越高则喷管越长,如果先研制了高马赫数的喷管,则在此基础上向下延拓意味着将低马赫数喷管的膨胀角减小了,这是有利于获得更佳性能流场的。但是如果在初始马赫数向上延拓,则可拓展性不大,因为与向下延拓相反,延拓后的高马赫数喷管的膨胀角相当于增大了,不利于获得更佳性能流场,因此,一般采取的是下延和有限上延的方式进行喉道段设计。事实也证明在保证流场品质的前提条件下,通过改变喉道马赫数下延比马赫数上延更容易,下延的范围也更宽。

对于第二个问题,一般来说,喷管本身就要采取分段设计、加工和安装,因此,更换喉道技术中采用的喉道段尺寸要与膨胀段结合进行考虑,尤其是在喷管型线设计中尽量将拐点区域拉长出一个锥段进行设计(见 Sivells 方法),这样就可以将喉道段与膨胀段的分段点选择在该区域,更便于加工和安装。

中国航天空气动力技术研究院在 2000 年前后对一个马赫数为 12 的喷管增加了马赫数为 6、8、9、10、14 的喉道段(图 3.23),都得到了满足实验要求的稳定的流场马赫数。图 3.24 为改变喉道段得到的相应流场马赫数及原喷管流场马赫数的校测结果,可以看出,利用马赫数为 12 原喷管更换喉道段下延到马赫数为 6 仍然能给出满足实验要求的稳定流场。

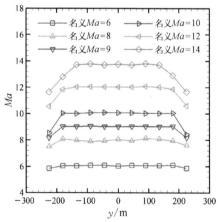

图 3.23　马赫数为 12 的原喷管和
更换马赫数的喉道段

图 3.24　更换喉道喷管马赫数
流场校测结果

3.4 扩压段与引射器

3.4.1 扩压段

扩压段是超声速风洞和高超声速风洞的重要部件。在常规高超声速风洞一般都安装有扩压段,一方面扩压段可以以尽可能小的总压损失将高超声速气流减速至亚声速,提高扩压器出口静压以排出风洞外;另一方面扩压段具备一定的反压承受能力,隔离扩压器下游的不稳定因素以保证实验段的有效均匀流场[7,8]。扩压段安装在风洞实验段出口,一般分为三部分,即超声速扩压段、第二喉道和亚声速扩压段。实验段面积与第二喉道面积之比,称为第二喉道的收缩比。对于图 3.25 所示的闭口实验段,在喷管和扩压段之间建立超声速流场,利用无黏一维流动估算,假定风洞启动过程中激波以正激波方式通过实验段,第二喉道面积存在一个极限最小值,对应为最大收缩比 $\psi_{\max}$[1]。

$$\psi_{\max} = \frac{A}{A^{*\prime}} = \frac{A}{A^*}\frac{P_0'}{P_0} = \frac{\left(\dfrac{2 + (\gamma - 1)Ma^2}{\gamma + 1}\right)^{\frac{\gamma+1}{2(\gamma-1)}}}{Ma} \frac{\left(\dfrac{(\gamma + 1)Ma^2}{2 + (\gamma - 1)Ma^2}\right)^{\frac{\gamma}{\gamma-1}}}{\left(\dfrac{2\gamma}{\gamma + 1}Ma^2 - \dfrac{\gamma - 1}{\gamma + 1}\right)^{\frac{1}{\gamma-1}}}$$

(3.16)

式中,A 为喷管出口面积;A^* 为喷管喉道面积;$A^{*\prime}$ 为扩压段喉道面积;P_0 为来流总压;P_0' 为最大马赫数时正激波下游的总压(即最大马赫数下的皮托压力)。

当 $\gamma = 1.4$,$Ma \rightarrow \infty$ 时,$\psi_{\max}$ 逐渐增加到 1.667,高于这个极限值,按照一维正激波流动假设实验段正激波后的气流就无法通过第二喉道,即使风洞前室压

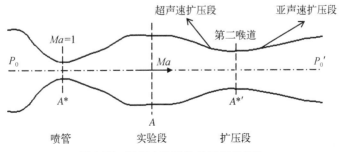

图 3.25 闭口实验段的扩压段收缩比

力再提高,正激波也无法从喷管出口穿过实验段到达第二喉道下游,风洞将无法启动。

实际扩压段实验中发现,有高超声速马赫数的流场在第二喉道面积稍小于理论最小值的状态下也能启动,即扩压段收缩比可以大于ψ_{max},这个主要是由于高超声速流动的黏性效应,实际流动存在复杂的激波/边界层干扰、斜激波及流动分离,启动过程的流动损失小于正激波模型[1]。

在实际应用设计时,第二喉道截面尺寸一般会稍高于这个极限最小值。在高马赫数时,如果第二喉道选择稍大的尺寸,对于风洞运行效率产生的影响并不大,即使有一定效率损失,也是值得的。

实际上一个风洞的喷管-实验段-扩散段系统在各种状态下都能维持正常运行,如在各种马赫数下,在相当大的攻角范围内做不同模型的实验,以及在实验段和扩压段入口处安装模型支撑系统。为了适应这些需求,实际上更倾向于采用一个固定的扩压段适应很宽的风洞运行条件。

目前常规高超声速风洞大都采取封闭式的自由射流实验段,在风洞流场建立的过程中,喷管的喉道前进气压力逐渐增大,当风洞总压超过一定值,扩压段内出现超声速气流,并通过第二喉道,此时风洞启动。图 3.26 为实验段-扩压器内的流动模型。

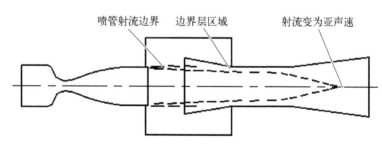

图 3.26　实验段-扩压器内的流动模型

相比于闭口式风洞,封闭式自由射流实验段周围的流动结构更加复杂,第二喉道收缩比也更难确定,但是可以参考闭口实验段的收缩比估算方法。就目前投入运行的封闭式自由射流实验段风洞,扩压段第二喉道收缩比相差很大,收缩比从 0.7~1.5 都存在应用的例子。

影响扩压段效率的因素主要有自由射流长度、收集器的收敛角及其长度、亚扩段长度及其扩散角、气流总温、马赫数和雷诺数等。实验段内装有各种支架、模型等,都处在扩压器的入口位置,还有不同模型攻角大范围变化,很难找出一种扩压器适应这些变化,且能保持高效率。所以在实际使用中,高超声速风洞扩压器采用固定的结构来适应很宽的运行条件,以维持各种状态下的高超声速流动。

常用的扩压段结构先是一段收缩管道,然后接着的第二喉道部分是一个等截面管道,后面是一段扩张段。第一段收缩段的收缩角一般选取 15°锥角以内,大多数风洞采用两级收缩。理论上讲实验段喷管出口马赫数越低,收缩段的入口面积应该越大。在高超声速风洞,一般扩压段入口面积也要远大于喷管出口面积,并留有充足余量。第二段等截面管道选取 5~10 倍直径长,第三段亚声速扩张段为了尽量避免或减小分离,其扩张角不超过 6°。收缩段对超声速气流起到减速作用,但是只能在一定范围内收缩,否则边界层和激波损失引起通过扩压段喉道质量流量的减少,因此破坏实验段的超声速流动。大部分的减速和压缩是在等面积的长管道中完成的,它由一个复杂的三维激波及激波/边界层干扰系统组成,这种干扰延伸到几倍管径远的地方。扩张段后是亚声速流动,在高超声速马赫数状态下等截面管道的压缩已经使流动速度变为低亚声速,因此随后的扩张亚声速扩散段中减速对压力恢复贡献减小,所以有的高超声速风洞的扩压段只有收缩管道部分和一个等面积直管道,没有扩张段管道。

目前在用的大型风洞,都采用固定扩压器,如 JAXA - 0.5 m 高超声速风洞扩压段收缩比为 1.13,JAXA - 1.27 m 高超声速风洞扩压段收缩比为 1.27,FD - 20A 高超声速风洞扩压段收缩比为 1.11。三座风洞均采用真空罐,产生的压比较高,有利于风洞启动。FD - 07 高超声速风洞扩压段收缩比为 0.8,采用二级引射器,引射真空压力维持在 0.002 MPa,稍高于采用真空罐方式的真空压力,在风洞启动时,采用了更高的总压。

采用封闭式自由射流实验段的高超声速风洞启动后,实验段环境压力基本保持与喷管出口压力呈正比,此比值取决于扩压段与喷管的喉道面积比,适当扩大第二喉道的面积,可以降低实验段环境压力。

吹吸式高超声速风洞在扩压段下游直接连接真空罐,一般对真空罐能力要求较高,能够较快速地将扩压段出口压力降低到所需压力。吹引式高超声速风洞则连接引射器后再连接真空罐或直接进入大气中,要求有高效率的引射器,能够快速地将扩压段出口气流携带至下游。

3.4.2 引射器
在吹引式常规高超声速风洞中,引射器一般安装在扩压器第二喉道之后[8]。

图 3.27 是扩压段-引射器的流动模型。引射器在风洞工作中一方面起类似真空罐的作用,在扩压器下游形成低压,和高压气源一起保证形成高超声速气流所必需的压力比;另一方面起类似压缩机的作用,提高风洞排气流的总压,使其高于大气压,顺利排入大气。

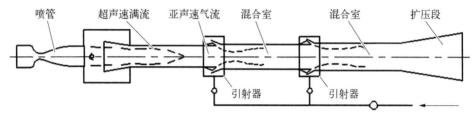

图 3.27 扩压段-引射器的流动模型

1. 引射器的结构与工作原理

引射器分为 3 类,分别是单喷管引射器、多喷管引射器和环形引射器。图 3.28 是一个环形引射器结构图,由进气管、可调节缝隙、混合室组成。高压引射气流经喷管加速,在环形喷管出口形成环形射流,在混合室与风洞主气流达到充分混合,大大提高主气流的能量和速度,混合气流具有一定的总压和较高的速度,能够通过扩压作用排入大气中。如果混合后的气流流经扩散段达不到排入大气的压力,需要在引射器的下游增设第二级引射器,甚至增设第三级引射器,直到混合后的气流流经扩散段达到排入大气的压力。

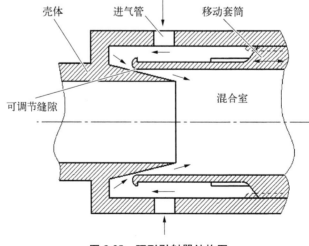

图 3.28 环形引射器结构图

　　高超声速风洞设置引射器的级数,取决于最后一级引射器混合段出口气流总压与实验段出口即引射器入口的总压之比。一般马赫数达到 7、8 的风洞使用二级引射,马赫数达到 9、10 或更高的风洞需要采用三级引射。

　　对于环形引射系统,一般有三种运行状态,其启动激波位于第二喉道时,称为临界状态。启动激波位于亚声速扩压段时,称为超临界状态。启动激波位于混合室时,称为亚临界状态。引射器在临界状态下工作时,可以得到较高的引射系数,但是控制不好就会造成堵塞。同一引射器的启动压力高于运行压力,一般为减少调节过程,都在启动压力下运行。

　　2. 引射器的设计

　　常规高超声速风洞一般采用超声速引射器,这是因为主气流通过实验段和扩压段后,压力损失很大,静压还是较低,引射气流必须有较高的总压,同时又要有很低的静压,才能起到引射作用。前级引射器要获得较低的吸入压力,引射喷管马赫数越大,越易获得低静压,但引射气流的马赫数也不能太大,引射器的气源一般不加热,为避免凝结发生,降低引射效率,马赫数应小于 4。对于多级引射器,末级引射马赫数应该更低一些,由于引射系数大,选取相对较小的面积比,增压比不高,背压为大气压,这样要求的启动压力会低一些。

　　引射器的进气管道无特殊要求,但应使管道中的速度保持在马赫数 0.3~0.5 的范围内。

　　引射器喷管没有严格的外形要求,即喷管曲线不需要进行严格的计算,只要达到设计的马赫数即可。

　　引射器按照混合室来分,可分为等截面混合引射器和等压混合引射器。等截面混合引射器的混合室,就是一段等直径的管道,有一定的长度,来完成引射气流与被引射气流的充分混合。一直到启动状态,随引射气流压力变化,引射器的吸入压力,可以在很大范围调节。等压混合引射器,采用收缩的混合室,保持混合室内的等压力混合,混合室的收缩角度要有一定的限制,根据经验,收缩形混合室可以提高引射器的引射系数,当风洞采用多级引射时,收缩形的混合室可以不使管道截面增加很多以至于降低引射效率,但是此类型引射器,在引射器启动后,吸入压力骤降,被引射气流压力快速降低,很难再依靠引射压力调整。引射器混合室长度,经验上可根据混合室类型选择,一般取当地直径的 5~8 倍,多级引射器混合室取 5 倍,可缩短风洞的长度。

　　3. 引射器的效率

　　引射器的效率与引射器在风洞中的位置有很大关系。位于风洞管道截面较小的地方,主气流的速度高,效率也会较高;位于风洞管道截面较大的地方,效率较低。所以尽量地把引射器安装在截面较小的地方,但不能小于第二喉道在全部马赫数范围内的最小启动面积。所以,在风洞启动后的正常工作情况下,引射器的效率并不是最高的。

比较理想的引射器,对应于风洞不同流量,引射器截面和主气流的通道截面都能随马赫数的变化产生相应的变化,才能够达到高效率,但由于结构设计困难,实际应用受限。在当前工程应用中,为适应最大流量,引射器口径一般比较大。在最大流量参数下设计的引射器,在引射小流量气体时,工作状况是稳定的,但引射效率较低。

参考文献

[1] 卢卡西维茨 J.高超音速试验方法[M].董兴德,译.北京:国防工业出版社,1980.

[2] 陆 F K,马伦 D E.先进高超声速试验设备[M].柳森,黄训铭,译.北京:航空工业出版社,2015.

[3] Daum F L. Air condensation in a hypersonic wind tunnel[J]. AIAA Journal, 1963, 1(5): 1043 - 1047.

[4] Stifer H G.高超流体中的凝结现象[M].徐华舫,译.北京:科学出版社,1998.

[5] Penkst R C, Herld D W.风洞实验技术[M].徐泰谦,译.北京:国防工业出版社,1963.

[6] 许晓斌.常规高超声速风洞与试验技术[M].北京:国防工业出版社,2015.

[7] 伍荣林,王振羽.风洞设计原理[M].北京:北京航空学院出版社,1985.

[8] 中国人民解放军总装备部军事训练教材编辑工作委员会.高低速风洞气动与结构设计[M].北京:国防工业出版社,2003.

[9] Boudreau A H. Performance and operational characteristics of AEDC/NKF tunnels A, B and C[R]. AEDC - TR - 80 - 48, 1980.

[10] Matthews R. Testing capabilities at AEDC for development of hypersonic vehicles[R]. AIAA Paper 1991 - 5027, 1991.

[11] Strike W A. Calibration of the AEDC hypersonic wind tunnel[R]. AIAA Paper: 1992 - 5092, 1992.

[12] Richard M. New AEDC wind tunnel capabilities[R]. AIAA Paper 2000 - 0162, 2000.

[13] Watari M. Flow qualities of JAXA hypersonic wind tunnel facilities[R]. AIAA Paper 2006 - 8047, 2006.

[14] 茆青.高超声速风洞带式电阻加热器强化换热数值研究[D].绵阳:中国空气动力研究与发展中心,2016.

[15] 赵小运.板片蓄热式加热器设计方法研究[D].长沙:国防科学技术大学,2011.

[16] 陈久芬,章起华,唐志共.常规高超声速风洞蓄热式加热器性能参数计算[J].实验流体力学,2012,26(5):88 - 92.

[17] 黄河激,潘文霞,吴承康.高超声速风洞用蓄热式加热器[C].第三届高超声速科技学术

会议,无锡,2010.

[18] 朱孝业.小球加热器内部非定常流动特性[C].第六届全国流体弹性力学会议,珠海,1998.

[19] 易仕和,赵玉新,何霖,等.超声速与高超声速喷管设计[M].北京:国防工业出版社,2013.

[20] 谌君谋.高超声速轴对称静喷管气动设计[D].北京:中国航天空气动力技术研究院,2014.

[21] 张敏莉.超声速-高超声速喷管优化设计研究[D].北京:中国航天空气动力技术研究院,2006.

[22] 黄炳修.超-高超声速风洞喷管气动设计方法研究[D].北京:中国航天空气动力技术研究院,2011.

[23] Cresci R J. Tabulation of coordinates for hypersonic axisymmetric: part I − analysis and coordinates for test section mach numbers of 8, 12, and 20[R]. WADD − TN − 58 − 300, Wright Air Development Center, Dayton, 1958.

[24] Sivells J C. Aerodynamic design of axisymmetric hypersonic wind-tunnel nozzles[J]. Journal of Spacecraft, 1970, 7(11): 1292 − 1299.

[25] Sivells J C. A computer program for the aerodynamic design of axisymmetric and planar nozzles for supersonic and planar nozzles for supersonic and hypersonic wind tunnels[R]. Technical Report AEDC − TR − 78 − 83, Arnold Engineering Development Center, 1978.

[26] 童秉纲,孔祥言.气体动力学[M].北京:高等教育出版社,1990.

[27] Hall M. Transonic flow in two-dimensional and axisymmetric nozzles[J]. The Quarterly Journal of Mechanics and Applied Mathematics, 1962, 15(4): 487 − 508.

[28] Kliegel J R, Levine J N. Transonic flow in small throat radius of curvature nozzles[J]. AIAA Journal, 1969, 7(7): 1375 − 1378.

[29] Shope F L. Contour design techniques for super/hypersonic wind tunnel nozzles[R]. AIAA Paper 2006 − 3665, 2006.

第 4 章

激 波 风 洞

激波管与激波风洞的出现给科研工作者提供了一种结构相对简单、建设费用低但能够模拟高速、高焓流动的地面实验研究平台。从 19 世纪 60 年代第一根激波管诞生至今,激波管与激波风洞的应用价值和重要性得到了显著提升,此类脉冲型设备成为目前地面实验中模拟实际飞行气动环境的重要风洞设备,为航天飞机、返回舱、运载火箭、再入式弹道导弹及吸气式、滑翔式高超声速飞行器等飞行器的研制提供了宝贵而可靠的气动力、热环境、气动物理和吸气式推进等风洞实验数据支撑。同时,激波管与激波风洞在设计技术和模拟能力方面也取得了许多技术突破和进展,在空气动力学及其他物理、化学相关的基础和应用研究领域得到广泛应用[1-3]。

现在国内外广泛使用的激波风洞与 20 世纪 50 年代的第一座直通型激波风洞(direct-type shock tunnel, DST)相比,在原理上仍然大致相同,在运行技术、驱动技术、测试技术及理论与 CFD 计算辅助设计手段等方面均有大幅进步[1,3]。直通型激波风洞的入射激波在激波管的末端没有反射,所获得的气流参数不高,实验时间一般都很短。之后反射型激波风洞(reflected shock tunnel, RST)的出现及缝合接触面运行等技术的应用使激波风洞在模拟参数和流场品质方面得到大幅提升,一直沿用至今。为了模拟更高的速度和总焓,又出现了膨胀风洞[3],在结构上增加了加速管,实验气流在膨胀风洞并不停滞,其能量可以通过非定常膨胀过程直接转移到实验气流,因此更加适合超高速、超高焓流动研究[4]。

追求更高的速度、总焓和总压是此类脉冲型风洞研究的重点,而驱动技术则是体现激波风洞技术水平的一项关键技术[2,5,6]。目前,高焓激波风洞已经得到广泛应用,如自由活塞驱动、爆轰驱动等复杂驱动技术已经实现了关键技术的重大突破,能够实现 100 ms 以上高焓纯净空气流场的模拟,既克服了毫秒量级有效实验时间的限制又能提供常规高超声速风洞完全无法实现的高参数流场模拟,对于模拟高超声速飞行器真实气动环境具有十分显著的优势[7,8]。经过多年的发展,激波风洞可以开展热环境测量、气动力测量、压力测量、推进一体化及超燃性能研究、边界层转捩研究、激波/边界层干扰研究、行星大气环境模拟,以及相关气动物理、飞行器高温气体效应研究等种类繁多的实验[5,6,9]。同时,随着近年来电子技术、光学技术及材料技术水平的迅猛发展,以磷光热图技术、同轴热电偶技术、瞬时天平测力技术为代表的新型测试技术的测量维度、精度和可靠性得到了大幅提升,使激波风洞如虎添翼,为高超声速飞行器的研制提供了高效而可靠的地面实验研究手段[3,9-13]。

激波风洞在模拟极高参数流动方面具有很大的优势,但是能够获得的有效实验时间和常规高超声速风洞等设备比起来相去甚远,因此激波风洞在发展过程中仍有一些问题亟待解决:激波风洞有效实验时间的进一步提高、高焓流场参数测量、高焓喷管型线设计、冲击振动对瞬时天平测力影响的消除、不同车次风洞流场重复性等。

本章主要介绍一类脉冲型高超声速风洞——激波风洞。从流动的物理图像、参数计算到风洞运行以及入射激波增强后对流动的影响,介绍了激波风洞的基本原理和结构。炮风洞作为一种特殊的激波风洞,主要介绍了平衡活塞运行技术。然后重点介绍了提高激波风洞驱动能力的几种方法,以及采用这些方法建造的直接加热轻气体驱动激波风洞、爆轰驱动激波风洞和自由活塞激波风洞。最后介绍了能够模拟更高流动速度、总焓的膨胀管与膨胀风洞。

4.1　激波风洞的基本原理和结构

激波风洞是由激波管发展起来的。激波管通过激波压缩气体,可以获得很高的气流压力和温度。1899 年,法国化学家 Vieille 首先利用激波管开展了实验。当时的激波管管径仅为 22 mm,总长为 9 m,破膜时的压力可达 2.7 MPa。Vieille 用激波管研究了火焰波和爆轰波的传播,在激波管内获得了速度为 600 m/s 的运动激波。1932 年,Schedin 建立了激波管理论并给出了激波管方程。1951 年,Hertzberg 首先提出了激波风洞的概念,将激波管用于高超声速风洞设计,在激波管末端连接一个喷管,在气流静温大于实验气体凝结温度的条件下,喷管出口可获得高超声速气流。之后激波风洞被广泛应用于气体动力学的实验研究,取得了许多新的研究进展[1,14-16]。

4.1.1　激波风洞的基本原理及参数计算

最早出现的激波风洞是直接在激波管低压段的末端加了一个扩散喷管,将入射激波压缩后的气体膨胀加速,以解决激波管内实验气体速度过低无法满足高速气体动力学研究需要的问题[17]。这类激波风洞称为直通型激波风洞。然而,直通型激波风洞的入射激波在激波管的末端没有反射,因此低压段内的气体只经过了一次压缩,所获得的气体参数不会太高。另外,由于接触面(驱动气体)的过早到达,实验时间一般都很短,通常在 1 ms 以内,无法满足高超声速飞行器所面临的高温、高马赫数和高雷诺数气动问题的研究需要,曾一度给激波风洞的发展蒙上阴影[1]。反射型激波风洞及缝合接触面运行等技术的出现,很大程度上解决了直通型激波风洞流场参数不高、实验时间短的问题,使得激波风洞在高超声速气体动力学研究中的应用大大增加[2,3]。

激波风洞一般由驱动段、夹膜机构、被驱动段、喷管、实验段和真空罐组成。激波风洞流动的物理图像如图 4.1 所示。

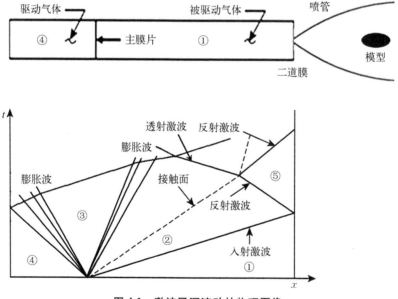

图 4.1　激波风洞流动的物理图像

研究激波管内流动参数时,往往都是从已知的驱动段、被驱动段初始充填气体参数出发,先计算破膜后所形成的入射激波传播速度(称为入射激波马赫数 Ma_S),然后将其他量表示为 Ma_S 的函数。在图 4.1 中,①区气体为被驱动段内初始充填的气体,④区气体为驱动段内初始充填的气体,②区、③区和⑤区气体分别为激波或膨胀波过后的气体。

驱动段、被驱动段初始充填气体的压力比 $P_{41} = P_4/P_1$ 与入射激波马赫数 Ma_S 的关系如下：

$$P_{41} = \left[1 + \frac{2\gamma_1}{\gamma_1 + 1}(Ma_S^2 - 1) \right] \left[1 - \frac{\gamma_4 - 1}{\gamma_1 + 1}a_{14}\left(Ma_S - \frac{1}{Ma_S} \right) \right]^{-\frac{2\gamma_4}{\gamma_4 - 1}} \quad (4.1)$$

式中，γ_1、γ_4 分别为激波管①区和④区气体的比热比；$a_{14} = a_1/a_4$ 为激波管①区和④区气体声速之比，其计算公式如下：

$$a_{14} = \sqrt{\frac{\gamma_1 \, w_4 T_1}{\gamma_4 \, w_1 T_4}} \quad (4.2)$$

式中，w_1 和 w_4 分别为激波管①区和④区气体的分子量；T_1 和 T_4 分别为激波管①区和④区气体的初始温度。

如果是直通型激波管实验设备，入射激波过后的②区气体即为实验气体，②区和①区气体的压力比、密度比、温度比以及②区气体的流动马赫数计算公式如下：

$$\frac{P_2}{P_1} = 1 + \frac{2\gamma_1}{\gamma_1 + 1}(Ma_S^2 - 1) \quad (4.3)$$

$$\frac{\rho_2}{\rho_1} = \frac{(\gamma_1 + 1) \, Ma_S^2}{(\gamma_1 - 1) \, Ma_S^2 + 2} \quad (4.4)$$

$$\frac{T_2}{T_1} = \frac{[2\gamma_1 \, Ma_S^2 - (\gamma_1 - 1)][(\gamma_1 - 1) \, Ma_S^2 + 2]}{(\gamma_1 + 1)^2 \, Ma_S^2} \quad (4.5)$$

$$Ma_2 = 2(Ma_S^2 - 1) \{[2\gamma_1 \, Ma_S^2 - (\gamma_1 - 1)][(\gamma_1 - 1) \, Ma_S^2 + 2]\}^{-\frac{1}{2}} \quad (4.6)$$

作为反射型激波风洞，经过入射激波和反射激波两次压缩过后气体的压力、温度均大幅增加。反射激波通过后，波后的气流速度近似等于零。也就是说，作为实验气体的⑤区气体可以认为是滞止状态，⑤区和①区气体的压力比、密度比和温度比计算公式如下：

$$\frac{P_5}{P_1} = \left(\frac{2\gamma_1 \, Ma_S^2 - \gamma_1 + 1}{\gamma_1 + 1} \right) \left[\frac{-2(\gamma_1 - 1) + Ma_S^2(3\gamma_1 - 1)}{2 + Ma_S^2(\gamma_1 - 1)} \right] \quad (4.7)$$

$$\frac{\rho_5}{\rho_1} = \frac{(\gamma_1 + 1) Ma_S^2 [2\gamma_1 Ma_S^2 + 1 - \gamma_1]}{[2(\gamma_1 - 1) Ma_S^2 - (\gamma_1 - 3)][(\gamma_1 - 1) Ma_S^2 + 2]} \tag{4.8}$$

$$\frac{T_5}{T_1} = \frac{[2(\gamma_1 - 1) Ma_S^2 - \gamma_1 + 3][Ma_S^2(3\gamma_1 - 1) - 2(\gamma_1 - 1)]}{Ma_S^2 (\gamma_1 + 1)^2} \tag{4.9}$$

4.1.2 激波风洞的运行

1. 激波风洞的运行过程

激波风洞的运行过程可以大致分为 4 个步骤: 实验前的清理及检查、安装膜片(活塞)、抽真空及充气(气体加热)和破膜形成流场,根据驱动方式的不同会有差异,下面以普通的激波风洞为例进行介绍。

对于激波风洞而言,实验的工作气体就是激波管内的气体。因此,为保证风洞流场品质,运行前首先要检查并清理激波管内壁,确保激波管内清洁无杂质,避免实验气体被污染。上游的驱动段气体并不直接影响实验流场品质,但若混入较大杂质,如之前实验崩裂的膜片碎片,实验时可能对风洞部件造成损害。其次,检查实验段内模型、攻角机构及测试连接线缆等,确认正常后关闭实验段舱门。

激波风洞通常会在两个部位安装膜片,分别为双膜夹膜机构与驱动段、被驱动段连接处的上游主膜及下游主膜(图 4.2),激波管末端与喷管喉道段连接处的二道膜。图 4.2 中 P_4、$P_中$ 和 P_1 分别为驱动段、中压段和被驱动段充入气体的压力。实验前要分别在这两个部位安装相应尺寸和槽深的膜片,阻隔驱动气体、实验气体及实验段内的真空环境。

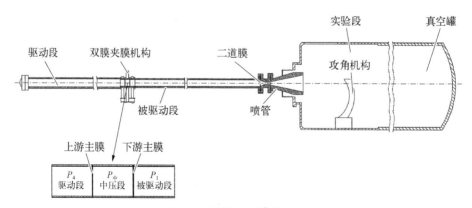

图 4.2 激波风洞膜片布置

　　为了确保实验流场的建立,实验段压力必须低于实验流场静压,需要将实验段内抽到很低的压力,通常为几十帕至数百帕。为了模拟较高的飞行高度,实验流场静压就必须降低,对实验段真空度的要求很高。

　　对实验段开始抽吸的同时,可以对激波管各段的压力进行调整。首先是被驱动段,加压到几个大气压或者抽吸到小于 1 个大气压。在需要模拟地外天体大气时,可以将被驱动段内的空气替换为其他气体介质。为了在激波管内产生激波,驱动段压力通常是被驱动段压力的至少 10 倍,一般为几十倍到数百倍的大气压。中压段通过 1/2 阀与驱动段同步自动增压,少数情况下也可人工控制增压,在充气时始终与驱动段压力保持一定比例,避免膜片提前破膜。

　　在驱动段和中压段压力达到目标压力后破膜。高压的驱动气体瞬间进入被驱动段内,在被驱动段内形成入射激波。入射激波到达激波管末端反射,二道膜因其上游压力急剧增加从而破裂。激波管内被激波反复压缩的气体向下游流过喷管,等熵膨胀后形成实验流场。

2. 膜片破膜过程的控制

　　激波风洞驻室状态参数的达成很大程度上取决于激波管内的入射激波,而主膜片的破膜过程对入射激波的形成有较大影响。因此,位于激波风洞驱动段与被驱动段之间的主膜是影响激波风洞运行质量的关键。

　　在完成膜片装卡固定后,被驱动气体通过充气或抽吸达到运行目标压力 P_1,驱动段气体通过充气达到运行目标压力 P_4,中压段与驱动段同步充气达到目标压力 $P_{中}$。这里 $P_{中}$ 的值介于 P_4 与 P_1,作为一个驱动段和被驱动段之间压力的中间台阶,缓和膜片两端的压力差。通常情况下,$P_{中} = \dfrac{P_4}{2}$,这样两道主膜需要承受的压差相同(P_1 远小于另两者,可忽略)。上游主膜和下游主膜就可以选择规格相同的膜片,所选膜片的承压极限略大于 $P_{中}$,即可满足主动控制破膜的需求。

　　膜片的主要性能指标是承压极限及张开的难易度。要理解这两个指标首先需要了解膜片的构型,见图 4.3。激波风洞的膜片通常是表面刻槽的圆形金属片,其厚度为 H,槽深为 h,见图 4.3(a)。显然,膜片承压时刻槽处会出现应力集中,强度较差,一旦超过材料断裂极限,膜片就会沿着刻槽裂开,并沿弯折边界线发生变形而张开成若干瓣,见 4.3(b)。通过简单的应力分析可知,决定承压极限的是膜片刻槽处的厚度,即 $H-h$;决定张开难易度的是弯折边界线处的厚度,即是膜片整体厚度 H。为了使膜片具有一定的承压能力,膜片需要有一定的厚度;而为了使膜片易于张开,膜片则应该尽量薄。槽深 h 作为孤立参数时,并不影响膜片的性能指标,但为了使膜片稳定地沿刻槽处开裂,槽的深度不宜过浅,至少要保证 $h > 0.1H$。根据工况选择不同力学性能的材料也能起到调节膜片性能的作用,如在驱动压力较低时,采用工业纯铝制成的膜片是比较合适的选择。一般而言,激波风洞膜片的选用需要兼顾上述多个因素,并在工程实践中不断优化。

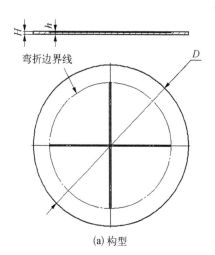

(a) 构型

(b) 完全打开后的膜片

图 4.3   典型膜片构型及照片

通常情况下主膜片破膜选择放气破膜的主动控制方式,采用快开阀门及大口径放气管道快速放空中压段的气体,使上游主膜的承压由原来的 $\dfrac{P_4}{2}$ 快速增加,从而实现上游主膜的首先破膜,然后高压的驱动气体冲破下游主膜。使用放气破膜时驱动压力不能太小,否则很难找到能够完全打开的膜片。以中国航天空气动力技术研究院的 FD - 20 炮风洞为例(风洞具体参数见 4.1.4 节),一般情况下 $P_4 \geqslant 7 \text{ MPa}$。

针对双膜结构,还有其他破膜方式用于一些特殊的运行状态。首先是充气破膜,当驱动段、被驱动段和中压段达到目标压力后,向中压段充气,这样中压段和被驱动段之间的压差会先突破下游主膜的承压极限,下游主膜破裂后中压段压力迅速下降,从而引起上游主膜破裂。这种方式的优点是利于下游膜片张开,可以用于驱动压力较小的运行状态。缺点在于会增加运行失败的风险:若上游主膜不能紧随下游主膜张开,实验气体会被中压段气体污染。另外一种方式是低中压破膜。选用两片不同承压能力的膜片,承压能力高的作为上游主膜,承压能力低的作为下游主膜。中压段目标压力 $P_{\text{中}} < \dfrac{P_4}{2}$，如可以选择 $\dfrac{P_4}{3}$。由于下游主膜选择了较薄的膜片，因此更容易被冲破。这种破膜方式可以有效地避免上游主膜破裂形成的激波在下游主膜位置反射回来，从而导致上游主膜已张开的膜瓣再次弯折甚至断裂的情况发生。这种破膜方式比较适合某些驱动压力较高的状态，缺点是操作过程比常规方式复杂。

3. 冲击振动的影响及解决措施

当激波风洞运行时，主膜片破裂后高压气体迅速向被驱动段内流动，激波管内往复运动的激波或爆轰波和膨胀波相互作用，自由活塞激波风洞还伴随重活塞的高速运动这样的大质量快速转移现象。洞体结构承受时拉时压、往复作用的轴向力，量级可达到几十吨甚至上百吨。若实验段与设备基础采用固定连接，那么基础会受到巨大的作用力，严重时会发生结构性破坏，影响风洞的安全性[18,19]。而模型系统(包括模型、天平/传感器和攻角机构)不但会受到这样的冲击，还会受到流场建立瞬时气流的冲击，使得模型系统受到激励而产生振动。振动又会产生干扰惯性力，与真实气动力叠加在一起，给实验测量带来了较大困难。因此，需要采取有效的解决措施以减小或控制冲击振动对洞体结构、设备基础及实验测量的影响。

喷管与实验段通过波纹管轴向密封连接及在洞体结构上增加配重段的方式可以在一定程度缓解轴向冲击的影响，但如果冲击载荷过大仍然会破坏实验段的基础，采用洞体结构全浮动的方式是最为有效的解决方案。国内外，如中国航天空气动力技术研究院的 FD-21 风洞、中国科学院力学研究所的 JF-12 风洞、美国 Calspan 大学的 LENS 风洞及日本 JAXA 的 HIEST 风洞等均采用全浮动方式。激波管、喷管等风洞上游的结构一般由带轮组的支架支撑在轨道上，可以在轨道上自由滑动。在实验段和真空罐底部增加 V 形和方形导轨支撑，使其可以在导轨上移动。同时，在底部安装减振、复位油缸，在风洞全浮动运行时起减振缓冲作用，以及对风洞进行复位。构建洞体系统的动力学模型进行减振缓冲系统设计时要考虑风洞不同的运行状态，洞体各结构与支撑轨道间不同的摩擦系数，减振器的阻尼特性，实验段、喷管、激波管等结构及设备基础之间的耦合，大质量的活塞运动等因素。另外，采用高频力传感器、高速摄影进行冲击载荷和位移测量，可起到相互验证的作用。在风洞日常运行时仍然需要预估新的运行状态所产生的冲击载荷及位移，避免对减振系统、波纹管密封结构产生破坏。与风洞连接的各种管道也需在一些部位设置软连接的结构，满足风洞轴向位移要求，如真空罐上的真空管路、激波管上的充放气管路等。另外,由于洞体位移的存在,光学观测窗的位置也会前后移动,在开展光学实验测量时要充分考虑相关运行状态的洞体位移距离。

为减小冲击振动对模型系统的影响,通常将攻角机构的基础与实验段的基础分开,风洞全浮动运行时实验段移动而攻角机构不移动。实验段下壳体和攻角机构支柱间可以使用波纹管的方式进行密封,由波纹管的径向位移来实现风洞轴向位移补偿,如图 4.4 所示。由于波纹管径向可变形范围较小,设计实验段底部的减振、复位系统时要综合考虑,既保证系统能够起到减振缓冲作用,避免刚度过大对设备基础产生较大作用力,又不会产生较大位移损坏波纹管密封结构。波纹管的设置可以有效地减小洞体冲击对实验测量的影响,但气流冲击的影响则是无法消除的,需要采用高刚度天平等专有技术进行实验测量,这一部分内容在第 7 章有专门介绍。

图 4.4   FD‒21 风洞实验段底部金属波纹管结构

4. 缝合接触面及平衡接触面运行方式

为了进一步提升激波风洞的品质,需要优化风洞运行的参数。反射型激波风洞只要驱动段足够长,即可保证反射膨胀波头不至于干扰⑤区气体,那么实验气流的定常持续时间将取决于两个因素:全部的高温高压气体经由喷管喉道流入实验段的时间;反射激波从接触面上再次反射的非定常波(激波或膨胀波)传入⑤区,破坏气流定常性。一般情况下,第二个因素是主要的。这样一来,不但高温高压气体不能被充分利用,而且实际的实验时间比直通型激波风洞延长不多。如果采用缝合接触面运行方式,将可消除从接触面上反射的非定常波,使实验时间大大延长[2,3,20,21]。

当入射激波从激波管末端反射回来遇到接触面时,会发生相互干扰,有三种可能发生的现象[2,3]。

(1) 在接触面上反射激波,透射激波的强度将增强。

(2) 反射膨胀波,透射激波的强度将减弱。

(3) 不发生任何反射,产生一道透射激波穿过接触面。

　　这三种现象分别称为过缝合、亚缝合和缝合状态,其发生取决于接触面两边气体的初始参数和入射激波的强度,如图 4.5 所示。在过缝合状态下,入射激波马赫数大于缝合状态时的入射激波马赫数,反射激波遇到接触面会产生二次反射激波和一道透射激波,之后激波在接触面和激波管末端多次来回反射形成最终的平衡驻室条件。在亚缝合状态下,入射激波马赫数小于缝合状态时的入射激波马赫数,反射激波遇到接触面会产生反射膨胀波,同时也会产生一道透射激波。在缝合状态下,驻室压力、温度由原入射激波在激波管末端反射后形成的⑤区状态决定。由于反射激波直接穿过接触面,没有产生非定常波系,因此有效实验时间会增加。

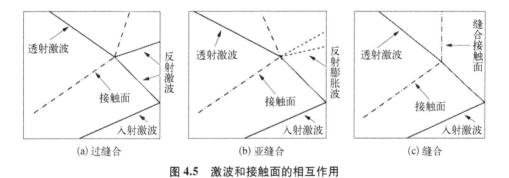

图 4.5　激波和接触面的相互作用

　　在理论研究和计算时,一般使用缝合马赫数 Ma_{ST} 来刻画缝合接触面条件。由气体初始的声速比与缝合马赫数描述的缝合条件如下:

$$
a_{41} = \frac{2}{\gamma_1 + 1}\left(Ma_S - \frac{1}{Ma_S}\right)\left\{\left[\frac{(\gamma_1 - 1)\,Ma_S^2 + 2}{2\gamma_1(Ma_S^2 - 1)}\right]\right.
$$

$$
\left.\left[\gamma_4^2 + \frac{\gamma_1\gamma_4(\gamma_4 + 1)(Ma_S^2 - 1)}{(\gamma_1 - 1)\,Ma_S^2 + 2}\right]^{0.5} + \frac{\gamma_4 - 1}{2}\right\} \tag{4.10}
$$

　　利用式(4.10)计算缝合接触面运行条件。假设将一系列入射激波马赫数 Ma_S 代入式(4.10)可以获得一系列的 $(a_{41})'$。驱动段、被驱动段气体初始条件确定后,由式(4.2)可知 a_{41} 是唯一确定的,由式(4.10)计算得到的 $(a_{41})'$ 与这个唯一的 a_{41} 相等时的激波马赫数便是 a_{41} 和 γ_4、γ_1 所对应的缝合激波马赫数 Ma_{ST}[2]。

　　在理想情况下,缝合状态的实验时间应该是入射激波与接触面到达喷管的时差 Δt_1。由于接触面与反射激波相遇以后,以很慢的速度向喷管入口运动,故

时差 Δt_1 大大延长。然而在实际流动中,反射膨胀波头或中心膨胀波尾的过早到达使得实验时间往往小于理想情况,实际的实验时间为 Δt,如图 4.6 所示。为了消除反射膨胀波的影响,往往采用加长驱动段长度的方法。然而,过长的驱动段将给实际操作带来许多不利。采用驱动球技术可以增加反射膨胀波头到达喷管的时间,基本原理是从驱动球通过多孔板流出的气体质量一开始刚好足以消除膨胀波头在多孔板上的反射。为了消除膨胀波尾的影响,往往采用定常结构的装置,即在高低压段之间增加一个收缩扩散喷管,将整个非定常膨胀波区限制在驱动段内,以达到消除膨胀波尾干扰⑤区流场的目的[2]。

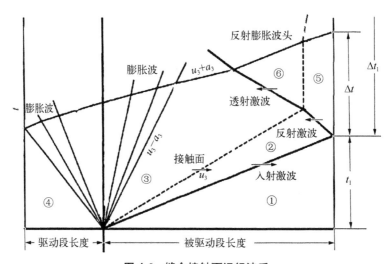

图 4.6　缝合接触面运行波系

缝合接触面运行对初始参数的要求非常苛刻,流场参数的调节范围受限,且在一般情况下气流的总焓也不高。平衡接触面运行技术除了能够保证较长的实验时间,还可以大幅提高气流的总焓,以满足高温气体效应实验研究的需要。实现平衡接触面运行的条件较缝合接触面运行宽泛得多,即满足过缝合所需的 $Ma_S > Ma_{ST}$,而不是缝合条件所需的 $Ma_S = Ma_{ST}$。由于多次的激波反射对气体进行压缩(通常考虑 4~5 次即可),驻室气体的总焓得到大幅增加,可为缝合运行时的数倍,如图 4.7 所示。

由于激波从接触面上反射回来,其强度衰减很快。作为一种近似,可以假定接触面经过一次激波反射以后便趋于静止,则图 4.7 中⑥区的压力 P_6 可以近似认为等于平衡压力 P_e,即 $P_6 \approx P_e$,根据接触面上相容关系,有

$$P_2 = P_3, \quad P_6 = P_7 \tag{4.11}$$

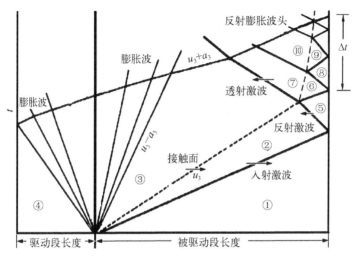

图 4.7　平衡接触面运行波系

$$\frac{P_e}{P_5} \approx \frac{P_6}{P_5} = \frac{P_2}{P_5} \cdot \frac{P_7}{P_3} \tag{4.12}$$

$$\frac{P_2}{P_5} = \frac{(\gamma_1 - 1) Ma_S^2 + 2}{(3\gamma_1 - 1) Ma_S^2 - 2(\gamma_1 - 1)} \tag{4.13}$$

式中，P_2、P_3 和 P_5 分别为②区、③区和⑤区的气体压力；γ_1 为被驱动段①区气体的比热比；Ma_S 为入射激波马赫数。对于左行透射激波来说：

$$\frac{P_7}{P_3} = 1 + \frac{2\gamma_4}{\gamma_4 + 1}(Ma_{St}^2 - 1) \tag{4.14}$$

式中，Ma_{St} 为透射激波的马赫数；P_7 为⑦区气体的压力；γ_4 为驱动段④区气体的比热比。根据激波后气流伴随速度关系式（波前参数下标为 a，波后为 b）：

$$\frac{u_b - u_a}{a_a} = \pm \frac{2}{\gamma + 1}\left(Ma - \frac{1}{Ma}\right) \tag{4.15}$$

式中，u 为气流速度；a 为声速；γ 为气体的比热比；Ma 为运动激波的马赫数。将 Ma 换成 Ma_{St}，且⑦区气流速度 $u_7 = 0$，则有

$$\frac{u_3}{a_3} = \frac{2}{\gamma_4 + 1}\left(\frac{Ma_{St}^2 - 1}{Ma_{St}}\right) \tag{4.16}$$

③区气流马赫数 $Ma_3 = \dfrac{u_3}{a_3}$，则有

$$Ma_{St} = \frac{\gamma_4 + 1}{4} Ma_3 + \left[\left(\frac{\gamma_4 + 1}{4} \right)^2 Ma_3^2 + 1 \right]^{0.5} \tag{4.17}$$

③区气流的马赫数与入射激波马赫数的关系如下：

$$Ma_3 = \left[\frac{a_{41}(\gamma_1 + 1) Ma_S}{2(Ma_S^2 - 1)} - \frac{\gamma_4 - 1}{2} \right]^{-1} \tag{4.18}$$

若给定高低压段初始参数，则对于每一个 Ma_S，由式(4.11)~式(4.18)可以计算出 $\dfrac{P_e}{P_5}$，代入式(4.7)计算得到的 P_5 即可得到近似的平衡压力 P_e。

典型的平衡接触面运行的风洞总压曲线如图 4.8 所示。根据压力随时间的变化量可以判读达到平衡状态的时间。从开始时刻一直到所确定的实验时间，如压力变化小于 5%，便可以认为在 Δt 时间内达到了平衡压力 P_e。

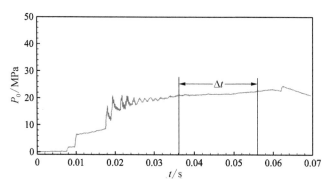

图 4.8   平衡接触面运行典型总压曲线

4.1.3   入射激波马赫数提高后对流动的影响

当入射激波马赫数大于 4 时，波后气体开始呈现高温气体效应，从而影响气流的密度、马赫数和比热比等参数。当入射激波马赫数达到 8 以上时，高温气体效应必须考虑，因其严重影响缝合马赫数。在强激波条件下，激波前后的密度比差异对激波后总压和总焓影响较弱，波后气体速度对波后温度影响较大[22]。在高焓激波风洞中，一般采用平衡气体假设计算激波后的参数，入射激波后的气体状态可以通过如下守恒方程迭代求得[23]：

$$\rho_1 W_S = \rho_2 (W_S - u_2) \tag{4.19}$$

$$\rho_1 W_S^2 + P_1 = \rho_2 (W_S - u_2)^2 + P_2 \tag{4.20}$$

$$h_1 + \frac{1}{2} W_S^2 = h_2 + \frac{1}{2} (W_S - u_2)^2 \tag{4.21}$$

式中, ρ_1、P_1 和 h_1 为被驱动段①区气体的密度、压力和比焓; ρ_2、P_2 和 h_2 为入射激波后②区气体的密度、压力和比焓; W_S 为入射激波的速度; u_2 为②区气流的速度。入射激波反射后, 反射激波对应的连续方程、动量方程和能量方程分别为

$$\rho_2 (W_R + u_2) = \rho_5 W_R \tag{4.22}$$

$$\rho_2 (W_R + u_2)^2 + P_2 = \rho_5 W_R^2 + P_5 \tag{4.23}$$

$$h_2 + \frac{1}{2} (W_R + u_2)^2 = h_5 + \frac{1}{2} W_R^2 \tag{4.24}$$

式中, ρ_5、P_5 和 h_5 为反射激波后⑤区气体的密度、压力和比焓; W_R 为反射激波的速度。对于激波风洞而言, ①区气体温度和压力已知, 入射激波速度 W_S 可以通过压电传感器测得, 总压 P_5 通过总压传感器测得, 联立式(4.19)~式(4.24)可以求得 6 个未知量 ρ_2、u_2、P_2、W_R、h_2 和 h_5, 其中 ρ_5 可由相应的状态方程得到, 下标对应相应区域的参数, 与图 4.1 保持一致。利用这 6 个方程可以消去所有的中间变量, 推导得到⑤区气体的比焓 h_5 的单一方程的表达式:

$$h_5 = h_1 + \left(W_S^2 + \frac{P_5 - P_1}{\rho_5 - \rho_1} \right) \left(\frac{P_5 - P_1}{\rho_1 W_S^2 + \rho_5 \dfrac{P_5 - P_1}{\rho_5 - \rho_1}} \right) \tag{4.25}$$

式(4.25)非常直观, 但是所选择的状态方程需要深思熟虑。驻室条件密度非常大(有时甚至超过 100 kg/m³), 理想气体状态方程不能直接应用, 利用排除体积修正(excluded volume correction)方法计算密度, 如下:

$$P = \frac{\rho \tilde{R} T}{1 - b_{0M} \rho} \tag{4.26}$$

式中, $\tilde{R}$ 为化学反应混合物的气体常数; b_{0M} 为协体积(co-volume), 是关于有效气体分子直径的常数。当实验气体为空气和氮气时, $b_{0M} = 0.001\,119\,96$ m³/kg。对于驻室密度较小或者适中条件, 理想气体状态方程仍旧可以直接利用。

在理想的激波管流动中,激波和接触面以恒定速度向下游运动,②区和③区为均匀状态。但是,大量实验发现,在实际的激波管流动中,随着激波向下游运动,激波的速度发生衰减,接触面加速,激波后面的气流出现非均匀性,激波管的有效实验时间比理论计算值要小很多,导致上述现象的一个主要原因是激波管中边界层的存在[24],如图 4.9 所示。在激波形成之前,可以认为边界层厚度为0,随后逐渐增长,在接触面附近边界层的厚度到达最大值,之后又逐渐变薄[2,24,25]。

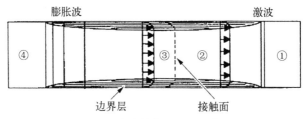

图 4.9 激波管中边界层示意图

激波管壁面边界层厚度和流态会影响有效实验时间。对于给定的入射激波马赫数,如果激波管壁面边界层流动为层流,最大实验时间与 $d^2 P_1$(d 为激波管直径,P_1 为被驱动段内气体的初始压力)正相关;如果激波管壁面边界层流动为湍流,最大实验时间与 $d^{5/4} P_1^{1/4}$ 正相关[24]。对于高焓激波风洞,②区气体的雷诺数较大,可以认为边界层是湍流状态。入射激波在激波管末端反射后,在激波管近壁面形成分叉区域,会对实验气体形成早期污染。在高焓条件下(大于10 MJ/kg),反射激波与边界层干扰变得异常严重。为了保证风洞定常流场所需的最小实验时间,必须减缓早期驱动气体的污染。可在激波管末端增加一个抽吸套筒,在喷射的驱动气体和实验气体混合之前对驱动气体进行捕捉,对边界层进行抽吸[6,9,26]。

4.1.4 炮风洞

为了进一步提高激波风洞的参数,又提出了炮风洞(gun tunnel)的概念。其基本概念非常简单,就是在激波管中安置一个质量很小的活塞,活塞在两侧压差作用下会很快达到相当于激波风洞中接触面的运动速度,大多数情况下可以将活塞认为是接触面(这也是将炮风洞放在这一节的原因),在其下游迅速形成强激波压缩实验气体达到高温高压状态。

在各种类型的高超声速风洞设备中,炮风洞的经济性是非常好的,具有较激

波风洞更优的性能,且结构简单,操作方便,容易控制。活塞的存在导致在实验
气体流尽前,会被活塞和喷管喉道之间不断反射的激波多次压缩(如果是反射
型激波风洞,这种压缩过程仅有两次),从而获得更高的总温和总压,同时活塞
还阻断了上游膨胀波系反射后的干扰,风洞运行时间较长,一般可达几十毫秒,
可以开展非定常流动的实验研究。另外,活塞隔开了上下游的驱动和被驱动气
体,不容易发生两边气体的混合,因此可以开展多种气体介质的实验研究,也便
于回收[3,27]。炮风洞的活塞轨迹及波系演化过程如图 4.10 所示。

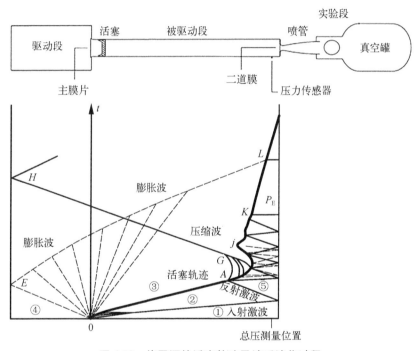

图 4.10　炮风洞的活塞轨迹及波系演化过程

炮风洞最核心的装置即为活塞,因此炮风洞最关键的技术也围绕活塞展开。
首先,活塞质量与两侧压力差的匹配问题,如果不匹配,将使活塞在不断激波反
射中产生大的振荡,导致风洞稳定运行时间缩短;其次,由于活塞质量较轻,就存
在一个活塞结构是否能承受高峰值压力的问题,如果活塞使用较少次数就被破
坏,会降低实验成功率,并存在活塞碎片破坏模型的风险。

平衡活塞运行技术可以解决第一个问题,该技术通过确定适当的活塞质量
m_p,使其与驱动段气体压力 P_4 和被驱动段内实验气体初始压力 P_1 匹配。根据
激波关系式,质量及能量守恒方程,可以计算活塞在对应 P_4 和 P_1 条件下的质量

m_p。假定驱动段和被驱动段内的气体均为空气,则比热比 $\gamma_1 = \gamma_4 = \gamma = 1.4$,$T_1 = T_4 =$ 常温,$a_1 = a_4 = \sqrt{\gamma R T_1}$。活塞在加速至匀速运动时的速度 u_p 为

$$u_p = \frac{2a_1}{\gamma + 1} \cdot \frac{Ma_S^2 - 1}{Ma_S} = \frac{2\sqrt{\gamma R T_1}}{\gamma + 1} \cdot \frac{Ma_S^2 - 1}{Ma_S} \tag{4.27}$$

入射激波马赫数 Ma_S 的计算与激波管情形相同,见式(4.1)与式(4.2)。反射激波后⑤区气体的压力 P_5 和温度 T_5 可以使用式(4.7)、式(4.9)计算。当反射激波与活塞第一次相遇时,激波与喉道上游膜片的距离 X_1 与被驱动段总长 L 的关系为

$$X_1 = L \cdot \frac{P_1}{P_5} \cdot \frac{T_5}{T_1} = L \cdot \frac{[2(\gamma - 1) Ma_S^2 + (3 - \gamma)][(\gamma - 1) Ma_S^2 + 2]}{(\gamma + 1)[2\gamma Ma_S^2 - (\gamma - 1)] Ma_S^2} \tag{4.28}$$

平衡活塞技术使得活塞先达到匀速运动状态并最终尽可能无振荡地减速至静止。因此,通常考虑令活塞上游气体的压力 $P_3 = P_2$,然后根据式(4.18)可求③区气体马赫数 Ma_3。根据激波关系式可以计算活塞处于平衡状态时的活塞下游压力 P_e:

$$P_{e4} = P_{e3} \cdot P_{34} = P_{e3}\left[1 - \frac{(\gamma - 1)(Ma_S^2 - 1)}{(\gamma + 1) Ma_S}\right]^{\frac{2\gamma}{\gamma - 1}} = P_{e3}\left(\frac{1 + 6 Ma_S - Ma_S^2}{6 Ma_S}\right)^7 \tag{4.29}$$

式中,$P_{e4} = P_e/P_4$;$P_{e3} = P_e/P_3$;$P_{34} = P_3/P_4$。

$$P_{e3} = \frac{1}{2}\left[2 + \frac{\gamma(\gamma + 1) Ma_3^2}{2} + \sqrt{\frac{\gamma^2 (\gamma + 1)^2 Ma_3^4}{4} + 4\gamma^2 Ma_3^2}\right] \tag{4.30}$$

最后,根据能量守恒方程可求出理想情况下活塞的质量 m_{pi}:

$$m_{pi} = P_1 A_1 \frac{2 X_1 g P_{51}}{(\gamma - 1) u_p^2}\left[\left(\frac{P_{e4} P_{41}}{P_{51}}\right)^{\frac{\gamma - 1}{\gamma}} - 1 - (\gamma - 1) P_{35}\right] \tag{4.31}$$

式中,A_1 为被驱动段的截面积;$P_{35} = P_3/P_5$;i 表示理想情况。

从上述计算可以看出,其中的各过程量均以入射激波马赫数 Ma_S 的计算为前提,这反证了激波关系是平衡活塞技术原理的重要基础。同时,这种统一的函数关系也使编程变得更容易些。活塞质量的计算过程是在假定为理想状态下进

行的,其中忽略了两个因素。

（1）活塞在整个运行过程中受到管壁的摩擦,其速度将会比理论值低。因此,实际的激波马赫数将减小,于是所有的过程量均将与理论计算值有所不同,但也正是因为所有过程量均可以表述为激波马赫数的函数,故也就不必针对每个量进行修正,只需要对活塞质量最终的计算表达式进行修正即可。

（2）在活塞开始减速到停止的过程中,由于活塞上游气体膨胀相对减小,使其压力有所升高。但是在这一减速过程中,想要准确计算每时刻的 P_3 是困难的,至今采取的办法仍然是视活塞两侧压力 P_3 和 P_2 相等[28,29]。

综合这两个因素,对于活塞质量的修正仍然可通过对式（4.31）的修正来实现,修正的关键在于对入射激波马赫数的修正。通常,实际的入射激波马赫数一般比式（4.1）计算的结果要小一些,需要进行校测实验确定其减小的比例。

关于活塞结构强度与质量匹配的问题,需要对各种形状的活塞结构进行优化,通常可以考虑的活塞结构有锥型结构、曲面结构并附带有各种加强筋。如果被驱动段截面积较小,活塞面临的峰值压力问题较弱,可以考虑的结构形式较多,一般可以按照最简单的锥型结构进行设计加工。如果被驱动段截面积较大,则压力峰值问题严重,活塞极易破坏,寿命最低时仅能维持 1 次实验,此时对活塞结构的优化范围很窄,需要精细化的结构设计才行。考虑活塞质量、结构强度和经济性,典型的炮风洞活塞为旋成体构型,由外侧的圆筒与封堵住圆筒开口的圆锥组成,剖面呈"∑"形,如图 4.11 所示。

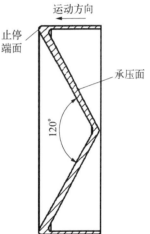

图 4.11　典型活塞结构（质量为 220 g、硬铝经固溶热处理后自然时效）

风洞运行时,圆筒外壁与激波管内壁契合,保证活塞以固定的姿态沿激波管轴线运动,真正起到分隔两侧气体作用的是中间的圆锥,锥的外侧承受驱动气体的高压,从而使整个活塞向下游运动,直到止停端面撞上激波管末端的止停机构。在理想状态下,活塞在离激波管末端一定距离处停止或撞上末端时的速度很小,对活塞结构的损害可以忽略,这需要从风洞驱动参数的选取及活塞结构质量的匹配去做工作。

活塞性能是影响炮风洞运行的重要因素,因此如何在保证活塞质量满足运行需要的前提下通过结构设计增加强度也是研究者一直致力的方向。图 4.12

图 4.12　新型活塞结构

所示活塞结构在不增加质量的前提下可以提升活塞的抗冲击性能。

中国航天空气动力技术研究院的 FD‐20 风洞是一座典型的炮风洞,如图 4.13 所示。风洞的驱动段长 10 m,内径 ϕ 为 160 mm,被驱动段长 20 m,内径 ϕ 为 130 mm,喷管出口直径为 0.5 m,使用的活塞质量为 100～350 g。风洞能够模拟的流场马赫数为 5～14,总压可达 30 MPa,总温为 2 000 K,有效实验时间最长为 50 ms。

图 4.13　FD‐20 炮风洞

总的来说,炮风洞能够模拟高马赫数流场,比常规高超声速风洞的马赫数模拟范围大,又较单纯的激波风洞具有更长的有效实验时间,对于开展高马赫数的风洞实验研究具有直接的支撑作用。

4.2　提高激波风洞驱动能力的方法

在脉冲设备中,首先需要考虑的问题是产生驱动激波的方法,因为这决定了在实验段所能达到的总焓和总压水平[30]。激波风洞的发展除了追求更大尺寸、更长的实验时间和高效而精准的测试手段,追求更高的总焓、总压一直是此类风洞发展的重点方向,或者说对真实飞行环境最大限度的模拟引领了激波风洞的发展。在超高速条件下,激波风洞获得的实验气流总焓 h_0 与入射激波速度 W_s 的平方呈正比[25,30]:

$$h_0 \sim W_s^2 \tag{4.32}$$

激波风洞驱动段和被驱动段内气体初始条件 P_{41}、a_{41}、γ_4 和 γ_1 与获得的入射激波马赫数 Ma_s 的关系由式(4.1)、式(4.2)决定,如图 4.14 所示。通过提高驱动压力(相应 P_{41} 增大)的同时提高驱动气体声速(相应 a_{41} 增大)来增强入射激波进而获得更高总焓、总压的实验气流是国内外众多激波风洞运行时采取的主要手段,也是激波风洞研究领域长期以来的重点研究方向。

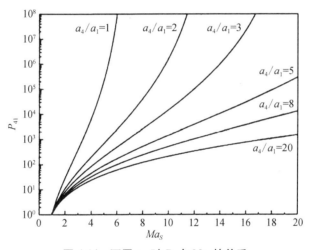

图 4.14　不同 a_{41} 时 P_{41} 与 Ma_s 的关系

一般来讲,提高驱动压力是激波风洞获得高温、高压滞止气流的常规手段,为此风洞在建设时通常需要配备大增压比的气体压缩机。为了增强效果,可以选择驱动段截面积大于被驱动段截面积的变截面驱动方式来获得驱动压力的一个增益系数 G,从而提高风洞的驱动能力,这也是许多激波风洞在最初设计时常常采用的方案。变截面驱动会对激波管中的波系产生影响。这种变截面激波管产生的波系和等截面激波管所产生的波系相比,主要的不同体现在变截面段附近的波系,它比等截面激波管多了一次非定常膨胀[2,31],如图 4.15 所示。

图 4.15 中 3a 截面为变截面前的驱动段截面,3b 截面为变截面后的被驱动段截面,在 3a 截面和 3b 截面之间存在着定常流动,其他地方则存在着非定常流动。根据一维等熵流关系式,在亚声速情况下定常加速(截面变化)比非定常加

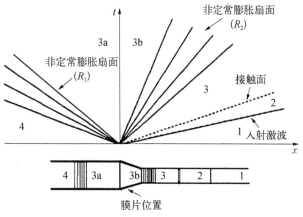

图 4.15　变截面段波系图

速(非定常膨胀波)更为有效[2]。通常,③区的流动可以分为三种情况:亚声速、声速或超声速,即 $Ma_3 \leq 1$ 或 $Ma_3 > 1$,其中 Ma_3 为③区的气流马赫数。下面将给出③区气体不同流动情况所对应的驱动压力增益系数 G 的计算方法。其中,压力增益系数 G 为假设等截面激波管与变截面激波管均将静止的驱动气体加速至 3b 截面的同一参数值时驱动压力值之比:

$$G = (P_4)_{\text{等}} / (P_4)_{\text{变}} \tag{4.33}$$

对于 $Ma_3 > 1$, G 与 P_{41}(或者 Ma_3)无关,仅是 $\dfrac{A_4}{A_1}$ 的函数。其中, A_4、A_1 分别为驱动段和被驱动段的截面积。G 与 $\dfrac{A_4}{A_1}$ 的函数关系可由式(4.34)、式(4.35)直接求出,其中 Ma_{3a}(3a 截面的气流马赫数)作为计算过程中的参变量,而 $Ma_{3b} = 1$(3b 截面的气流马赫数)。

$$(G)_{Ma_3 > 1} = \left[\left(\frac{\dfrac{\gamma_4 + 1}{2}}{1 + \dfrac{\gamma_4 - 1}{2} Ma_{3a}} \right) \left(\frac{1 + \dfrac{\gamma_4 - 1}{2} Ma_{3a}^2}{\dfrac{\gamma_4 + 1}{2}} \right)^{0.5} \right]^{\frac{2\gamma_4}{\gamma_4 - 1}} \tag{4.34}$$

$$\left(\frac{A_4}{A_1} \right)_{Ma_3 > 1} = \frac{1}{Ma_{3a}} \left(\frac{1 + \dfrac{\gamma_4 - 1}{2} Ma_{3a}^2}{\dfrac{\gamma_4 + 1}{2}} \right)^{\frac{\gamma_4 + 1}{2(\gamma_4 - 1)}} \tag{4.35}$$

对于 $Ma_3 < 1$，④区气体通过非定常膨胀波 R_1 加速至 3a 区，然后从 3a 区定常加速至 3b 区，3b 截面上的气流在既没有扩散喷管也没有非定常膨胀波加速的情况下与③区气流相匹配，此时 $Ma_{3b} = Ma_3$。在 $Ma_3 < 1$ 的情况下，G 不但与 $\dfrac{A_4}{A_1}$ 有关，而且与初始压力比 P_{41} 有关。此时求解 G 必须由式（4.36）~ 式（4.38）反复迭代得出。

$$(G)_{Ma_3 < 1} = \left[\left(\frac{1 + \dfrac{\gamma_4 - 1}{2} Ma_3}{1 + \dfrac{\gamma_4 - 1}{2} Ma_{3a}}\right)\left(\frac{1 + \dfrac{\gamma_4 - 1}{2} Ma_{3a}^2}{1 + \dfrac{\gamma_4 - 1}{2} Ma_3^2}\right)^{0.5}\right]^{\frac{2\gamma_4}{\gamma_4 - 1}} \tag{4.36}$$

$$\left(\frac{A_4}{A_1}\right)_{Ma_3 < 1} = \frac{Ma_3}{Ma_{3a}}\left(\frac{1 + \dfrac{\gamma_4 - 1}{2} Ma_{3a}^2}{1 + \dfrac{\gamma_4 - 1}{2} Ma_3^2}\right)^{\frac{\gamma_4 + 1}{2(\gamma_4 - 1)}} \tag{4.37}$$

$$Ma_3 = \left(\frac{a_{41}}{u_2/a_1} G^{\frac{\gamma_4 - 1}{2\gamma_4}} - \frac{\gamma_4 - 1}{2}\right)^{-1} \tag{4.38}$$

式中，u_2 为入射激波波后气体的伴随速度；因子 $\dfrac{u_2}{a_1}$ 可以反映高温气体效应的影响。在完全气体条件下，

$$\frac{u_2}{a_1} = \frac{2}{\gamma_1 + 1}\left(Ma_S - \frac{1}{Ma_S}\right) \tag{4.39}$$

仅仅依靠增加驱动压力的方法对入射激波强度的增强有一定的极限，此时的入射激波马赫数有一个最大值[2,31]，如室温下空气驱动空气 $(Ma_S)_{max} \approx 6.16$，若想进一步增强入射激波需要增大 a_{41}。由式（4.2）可知 $a_{41} = \sqrt{\dfrac{\gamma_4 \, w_1 T_4}{\gamma_1 \, w_4 T_1}}$，驱动气体的比热比越大，温度越高，分子量越小，则 a_{41} 越大。由于各种气体的比热比差不多，在一个大气压的室温下空气 $\gamma = 1.403$、氮气 $\gamma = 1.408$、氧气 $\gamma = 1.398$、氢气 $\gamma = 1.414$、氦气 $\gamma = 1.659$，对增大 a_{41} 的作用有限，所以一般选择加热驱动气体这一途径，同时选择分子量小的氢气、氦气等轻气体作为驱动介质，让驱动

气体的分子量 w_4 尽量小。如前面所述,在过去几十年里对激波风洞大量的研究工作和不断的尝试重点就是针对高性能指标、安全且操作性强、低技术风险和低费用的驱动技术,从而在地面实现对高超声速飞行器气动环境更为真实的模拟。目前发展较为成熟的能够实现强入射激波的驱动方式主要有三种: 直接加热轻气体、爆轰驱动和自由活塞驱动[3,32-34]。不同的驱动方式目的是一致的,就是大幅提高驱动气体的温度和压力,从而实现对激波管内气体的强驱动。这里的驱动气体既可以是氢气、氦气等低分子量的轻质气体,也可以是空气或是一些混合气体。4.3~4.5 节将进行详细介绍。

4.3 直接加热轻气体驱动激波风洞

直接加热轻气体驱动是一种用各种加热器加热驱动段中轻气体从而提高声速增强入射激波强度的驱动技术。加热器的布置既可以设置在外部也可以设置在驱动段的内部,较为成熟的方式是采用外式电阻加热器加热[35],如图 4.16 所示。外式电阻通过管壁传热,加热效率会受到影响,但管内没有加热元件,故对气流没有干扰。电加热驱动方式具有良好的重复性且实验时间相对较长,但运行成本高。在实际应用中,大量轻质气体存储、运输、加热和排放等方面存在诸多不安全因素。通过电加热器可以把驱动气体加热到 500 K 以上,相比室温驱动,加热后实验压力可以增加 2~5 倍。如果驱动气体为氢气,采用直接加热方式能够获得的入射激波马赫数 Ma_S 可以达到 12 以上[2,6,30],如图 4.17 所示。

图 4.16 电加热风洞示意图

目前比较有代表性的电加热轻气体驱动激波风洞主要有美国 Calspan 大学的 LENS 系列风洞,如图 4.18 所示。其中,LENS Ⅰ 采用外式电阻加热器加热氢气或氦气,可将驱动气体加热到 672 K,驱动气体充气和加热的过程约为 1 h,能够实现最高总温 8 000 K、总压 150 MPa 的流场参数,而有效实验时间可达 25 ms。在 LENS 系列风洞中,针对全尺寸的高速拦截器模型,

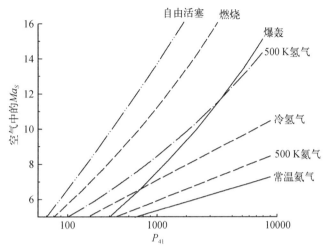

图 4.17 不同驱动方式产生的入射激波马赫数对比图

(a) LENS Ⅰ

(b) LENS Ⅱ

图 4.18 LENS Ⅰ、Ⅱ激波风洞

可以在飞行包线内开展气动热力学、气动光学、喷流干扰效应等一系列实验研究。近年来,利用 LENS 风洞实验和数值模拟开展的确认、验证和分析工作主要集中在高超声速边界层转捩、壁面催化、超燃冲压发动机点火和级间分离等方面[35-37]。

国内类似的风洞有中国空气动力研究与发展中心的 FD‑14A 激波风洞,采用压缩氢气或氢氮混合气体的方式,最高驱动压力为 80 MPa,能够实现最高总温 4 000 K、总压 60 MPa 的流场参数,有效实验时间可达 18 ms[38-40]。图 4.19 为 FD‑14A ϕ2 m 激波风洞。

图 4.19   FD‐14A ϕ2 m 激波风洞

4.4   爆轰驱动激波风洞

爆轰是激波在可燃气体中传播诱导的强烈燃烧反应过程,由 Berthelot 和 Vieille[41] 在 19 世纪末研究火焰传播时发现,是一种含有迅速且剧烈化学反应的热力学过程。爆轰与普通燃烧存在本质区别:爆轰能量释放速率比普通燃烧高几个数量级;爆轰波传播速度可达数公里每秒,而燃烧火焰速度则在 1 ~ 10 m/s 的量级。爆轰驱动(detonation driver)是一种应用可燃混合气爆轰产生的化学能来压缩实验气体的驱动技术,具有驱动能力强和费用低的特点。

4.4.1   爆轰过程的基本原理

Chapman[42] 和 Jouguet[43] 分别于 1899 年和 1905 年独立地对爆轰现象进行了理论解释,简称 C‐J 理论。假设未燃混合气经爆轰波(类似激波的强间断)瞬间转变成已燃气体,爆轰波前后物理量满足质量、动量、能量守恒:

$$\rho_1 u_1 = \rho_2 u_2 = \dot{m} \tag{4.40}$$

$$P_1 + \rho_1 u_1^2 = P_2 + \rho_2 u_2^2 \tag{4.41}$$

$$h_1 + \frac{u_1^2}{2} + q = h_2 + \frac{u_2^2}{2} \tag{4.42}$$

式中,下标 1 表示未燃混合气体(即波前气体);下标 2 表示爆轰波后的已燃气体；ρ、P、h 分别为气体的密度、压力及比焓；u 为气体相对爆轰波的速度；q 为单位质量燃料可燃气体化学反应释放的能量；$\dot{m}$ 为质量流量。联立式（4.40）～式（4.42）并消除速度项，可得 Hugoniot 方程：

$$h_2 - h_1 - q = \frac{1}{2}\left(\frac{1}{\rho_2} - \frac{1}{\rho_1}\right)(P_2 + P_1) \tag{4.43}$$

由质量、动量守恒方程可得 Rayleigh 方程：

$$\frac{P_2 - P_1}{\dfrac{1}{\rho_2} - \dfrac{1}{\rho_1}} = -(\rho_1 u_1)^2 = -(\rho_2 u_2)^2 = -\dot{m}^2 \tag{4.44}$$

对于给定的预混可燃气体（即已知 ρ_1、P_1 及化学反应释热量 q），由 Hugoniot 方程、Rayleigh 方程分别给出 Hugoniot 曲线、Rayleigh 直线，如图 4.20 所示。当 Rayleigh 直线与 Hugoniot 曲线相切或相交时，即可得满足三个守恒关系的解，但由于爆轰波速度未知（即 u_1 未知），使得解不唯一。Rayleigh 直线与 Hugoniot 曲线相切时可得唯一解，而相交时有两个解，分别对应强爆轰和弱爆轰。C‑J 理论认为，强爆轰和弱爆轰都不是稳定的状态，只有 Rayleigh 直线与 Hugoniot 曲线相切时爆轰过程才是自维持的稳定状态（见图 4.20 的 B 点），这一结论称为 C‑J 条件。由于爆轰波波后的气体密度、压力均升高，即 $P_2/P_1 > 1$，

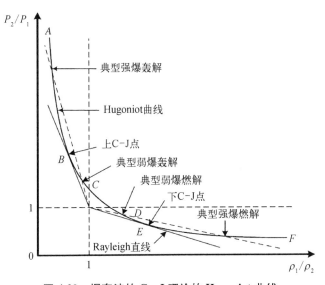

图 4.20 爆轰波的 C‑J 理论的 Hugoniot 曲线

$\rho_2/\rho_1 > 1$，故图 4.20 中 $\rho_1/\rho_2 = 1$ 虚线左侧部分才是爆轰波解区域。在 B 点，燃气相对于爆轰波的速度 u_2 等于燃气的声速 a_2（即 $u_2 = a_2$），相应可得燃气的状态，用于表征驱动段的性能。

由于爆轰波后燃气的压力 P_2 远大于波前的压力 P_1，即 $P_2 \gg P_1$，式（4.41）中的 P_1 忽略不计，再由 $u_2 = a_2$ 及声速定义（即 $a_2 = \sqrt{\gamma_2 R_2 T_2}$），可得

$$\frac{\rho_1 u_1^2}{\rho_2 a_2^2} - \frac{P_2}{\rho_2 a_2^2} = 1 \tag{4.45}$$

进一步结合式（4.40），将式（4.45）转化为

$$\frac{\rho_2}{\rho_1} = 1 + \frac{P_2}{\rho_2 a_2^2} \tag{4.46}$$

对于完全气体，式（4.45）可简化为

$$\frac{\rho_2}{\rho_1} = 1 + \frac{1}{\gamma_2} \tag{4.47}$$

再根据单位质量燃料可燃混合气的放热量 q 的定义，并联立式（4.42），可得燃气温度 T_2 和爆轰波速度 W_D：

$$T_2 = \frac{2\gamma_2^2}{\gamma_2 + 1}\left(\frac{c_{p,1}}{c_{p,2}} T_1 + \frac{q}{c_{p,2}} \right) \tag{4.48}$$

$$W_D = u_1 = \sqrt{2(\gamma_2 + 1)\gamma_2 R_2 \left(\frac{c_{p,1}}{c_{p,2}} T_1 + \frac{q}{c_{p,2}} \right)} \tag{4.49}$$

式中，$c_{p,1}$、γ_2、$c_{p,2}$、R_2 分别为爆轰波前气体的比定压热容与爆轰波后燃气的比热比、比定压热容、气体常数，爆轰波前气体的绝对速度为零。

C-J 理论表述的是平衡态条件下宏观稳定传播爆轰波的特征，精确地给出了已燃气体的状态和爆轰波传播速度，但由于其忽略了爆轰波的复杂结构及化学反应区尺度与反应过程，在指导爆轰起爆、发展与传播机理研究方面有其局限性。20 世纪 40 年代，Zeldovich[44]、Neumann[45] 和 Döring[46] 推广了经典的 C-J 理论，建立了爆轰波内部结构模型，后来称为 ZND 模型。ZND 模型认为爆轰波由一个以爆轰波速度运动的激波及紧随其后的比激波厚得多

的有限速率化学反应区组成,如图 4.21 所示。激波将未燃的油气混合物
(图 4.21 中的①)加热加压,达到起爆所需的温度、压力等条件(图 4.21 中
的⑤),激波前后(图 4.21 中的①与⑤)物理量变化满足正激波关系式,但受
点火延迟影响,反应物经过激波压缩后仍需一定距离才能开始化学反应,该
区域通常称为诱导区或点火延时区。激波厚度一般只有几个分子自由程的
量级,分子穿越激波发生的碰撞次数非常少,所以爆轰过程中的释热主要发
生在激波后的化学反应区(图 4.21 中的⑤②段),爆轰产物的物理性质满足
C-J 理论即状态②的马赫数为 1。为满足封闭端速度为零的条件,在封闭
端与释热区之间存在膨胀区,通过泰勒波(Taylor wave)将爆轰产物减速到
静止、热力学参数不变的状态(图 4.21 中的③区),任何时刻处于静止状态
的燃气长度约为爆轰波传播距离的 1/2。利用简单波关系,可得③区的声速
和压力分别为 $a_3 = \dfrac{1}{2}|W_D|$ 和 $P_3 = P_2\left(\dfrac{a_3}{a_2}\right)^{\frac{2\gamma_2}{\gamma_2-1}}$。ZND 模型的提出为爆轰
驱动设备的发展奠定了理论基础。

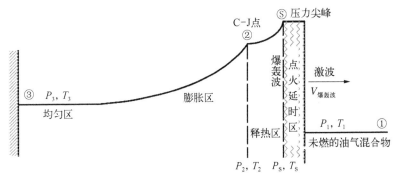

图 4.21　ZND 模型爆轰波物理结构示意图

4.4.2　爆轰驱动的运行方式

爆轰驱动有两种运行模式,反向爆轰模式(backward detonation mode)和正
向爆轰模式(forward detonation mode)。反向爆轰驱动是在爆轰段与被驱动段之
间的膜片上游实现爆轰,点火位置位于膜片驱动段侧。爆轰段初始充入可爆轰
的混合气体,被驱动段充入实验气体,两段之间采用膜片隔开。爆轰段初始点火
起爆后,形成向上游传播的爆轰波,爆轰波后是一个相对均匀的高压区,由此驱
动入射激波,如图 4.22 所示。由于入射激波与爆轰波运动方向相反,因此称为

反向爆轰驱动。爆轰波后伴随的泰勒波往上游传播,泰勒波波尾平行于主膜破裂产生的中心膨胀波波头。由于泰勒波波后④区的已燃气体是静止且热力学参数恒定的状态,直到驱动段末端反射回来的爆轰波破坏流场。因此,反向爆轰的优点在于驱动条件稳定时间较长。但是爆轰波沿着管道往上游传播,最终在驱动段端壁撞击反射后会产生初始充气压力200倍的压力,会造成设备损坏。1988年,俞鸿儒提出了在驱动段上游端部接卸爆段方案后(图4.23),反向爆轰

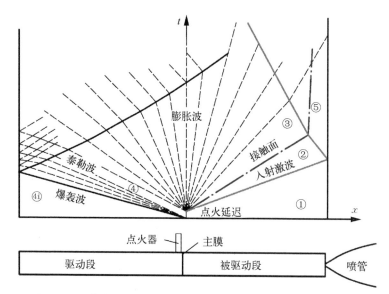

图4.22 无卸爆段的反向爆轰驱动激波风洞结构示意图及波系图

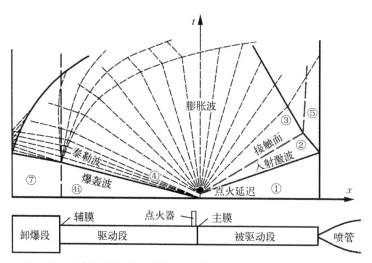

图4.23 带卸爆段的反向爆轰驱动激波风洞结构示意图及波系图

技术才得到应用[47]。在卸爆段内,爆轰波熄灭并以激波的形式向末端传播,该激波后面的压力比爆轰波的小得多,因此可以避免爆轰波在驱动段端部反射形成的超高压对设备造成的损坏,同时也缓解了反射波对实验流场的干扰。在受卸爆段端部反射激波及辅膜(卸爆段与驱动段之间的膜片)破裂产生的膨胀波干扰之前,反向爆轰驱动的品质与常规激波风洞的品质一致,但爆轰加热后的④区已燃气体具有很高的声速,因而反向爆轰的驱动能力强得多。中国科学院力学研究所的 JF-12 风洞(图 4.24)采用卸爆段与反向爆轰驱动技术成功获得了130 ms 的实验时间[48-50]。

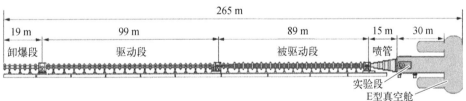

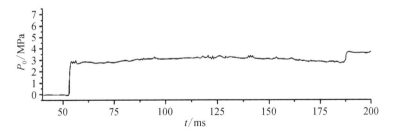

图 4.24　JF-12 反向爆轰驱动激波风洞及其典型总压曲线

　　正向爆轰驱动激波风洞与无卸爆段的反向爆轰驱动激波风洞主体结构一致,区别是点火位置位于驱动段上游末端,如图 4.25 所示。爆轰段初始点火起爆后,爆轰波沿着管道往下游(被驱动段方向)传播,最终撞击到主膜片上,反射产生一个有效的、非定常状态,即图 4.25 中的 4″。爆轰波反射瞬间,主膜破裂,在状态 4″的高温高压爆轰产物驱动下,形成一个往下游传播的入射激波,由于爆轰波的传播方向与入射激波相同,因此称为正向爆轰驱动。由于已燃驱动气体运动方向与入射激波相同,与反向爆轰驱动相比,在相同的爆轰波强度下,正向爆轰驱动产生的激波强度更强。由于泰勒膨胀波赶上入射激波后,入射激波强度发生明显的衰减,所以实测激波速度比预想的慢得多。

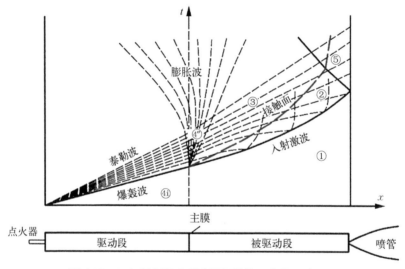

图 4.25   正向爆轰驱动激波风洞结构示意图及波系图

缓解泰勒膨胀波有害影响的途径有几种:增加驱动段长度可有效地降低爆轰产物物理参数衰减率;大截面驱动段驱动小截面被驱动段能够较好地抑制泰勒膨胀波的不利影响;在变截面驱动的基础上,驱动段中间增加环型扩容腔可以获得更加均匀的驱动气流。图 4.26 为在 JF-10 风洞改造后应用扩容腔技术得到的驻室压力平台超过 6 ms 的高品质实验气流[51]。

美国国家航空航天局的 GASL(General Applied Science Laboratory)的 HYPULSE 设备采用激波诱导爆轰(shock-induced detonation, SID)技术,实现了正向爆轰驱动技术的工程应用[30]。HYPULSE 风洞在爆轰驱动段上游增加了轻气体驱动段,在轻气体驱动段与爆轰驱动段之间通过辅膜分隔开,形成常规激波风洞运行模式;爆轰驱动段与激波管之间通过主膜分隔开,形成正向爆轰驱动设备,如图 4.27 所示。辅膜破裂后,产生一道向爆轰驱动段运动的激波,该激波扫过爆轰驱动段内的可燃驱动气体,迅速转变为爆轰波,继续向下游运动,形成正

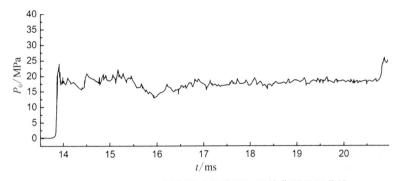

图 4.26 JF-10 正向爆轰驱动激波风洞及其典型总压曲线

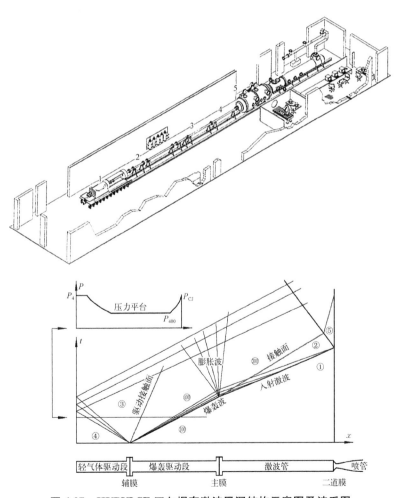

图 4.27 HYPULSE 正向爆轰激波风洞结构示意图及波系图

1-轻气体驱动段;2-爆轰驱动段;3-激波管;4-加速管;5-实验段

向爆轰驱动运行模式。这种轻气体驱动段与爆轰驱动段之间形成的常规激波风洞运行模式,利用激波诱导爆轰降低驱动气体的起爆难度,且轻气体驱动段内的气体不断涌入爆轰驱动段内,实现了类似活塞一样推着爆轰驱动段内的气体整体向下游运动,可降低膨胀区的压力衰减、减弱激波管中流动的非均匀性,从而获得较高品质实验流场。HYPULSE 风洞在马赫数 7~10 的反射激波风洞运行模式下实验时间达 3~7 ms,在马赫数 12~19 的膨胀管运行模式下实验时间达 0.5~2 ms,如图 4.28 所示。

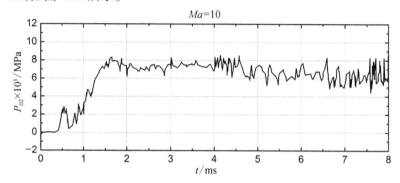

图 4.28   HYPULSE 爆轰激波风洞流场波后总压曲线

4.5   自由活塞激波风洞

自由活塞激波风洞最初是由 Stalker 发展起来的,自由活塞驱动的反射激波风洞也称为 Stalker 管,如图 4.29 所示。1959 年,Stalker 在加拿大渥太华国家研究理事会(National Research Council, NRC)的报告中给出了自由活塞驱动设备的基本原理与验证[52]。这一装置犹如一个巨大的"打气筒",利用活塞快速近似等熵压缩,实现对驱动气体的加热、加压,可以获得很高的性能和运行灵活性,被世界各国借鉴和采用。自由活塞激波风洞在短暂的数毫秒有效实验时间内,运

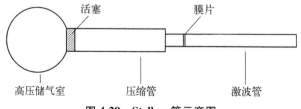

图 4.29   Stalker 管示意图

用大量先进测试仪器,已经能够开展超高速条件下的气动热力学和气动光学等问题的实验研究。另外,在高焓激波设备上还能开展自由飞、超燃冲压发动机点火燃烧和电磁辐射等实验研究[6,8,9,53]。

4.5.1　活塞运动

活塞压缩器是自由活塞激波风洞的核心部件之一,活塞压缩器的效能直接影响着风洞的驱动能力和模拟能力。活塞压缩器主要包括高压储气室、活塞发射机构、压缩管、重活塞和活塞止停机构[54]。在压缩管中,由于重活塞两侧存在巨大的压差,一旦释放活塞,活塞将在压缩管中加速运行,速度峰值可达 300 m/s 或者更高。在如此高的速度下,既要满足加热加压需要,又不对压缩管末端产生撞击。因此,活塞压缩器的核心问题是通过合理安排参数,实现对驱动气体的加热加压,并完成对活塞运行的有效控制[55,56]。

1. 膜片破膜之前的活塞运动

研究活塞运动首先得有几个假设,活塞两侧流动是拟一维的,高压储气室容积无穷大,驱动气体和高压气体均是绝热的[54,57]。高压储气室中空气的初始压力为 $P_{R,0}$,初始声速为 $a_{R,0}$,而作为驱动气体的氦气或氦氩混合气体的初始压力为 $P_{C,0}$,L 与 D 是压缩管的长度和内径。图 4.30 为主膜片破膜之前活塞运动示意图。

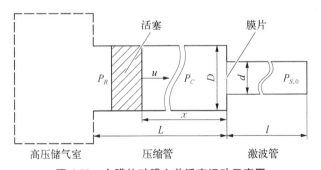

图 4.30　主膜片破膜之前活塞运动示意图

活塞在运动过程中任意时刻的受力 F 为

$$F = \frac{\pi D^2}{4}(P_R - P_C) - f \tag{4.50}$$

式中,f 为活塞受到的摩擦力;P_R 为活塞上游的压力;P_C 为活塞下游的压力。

基于简单波理论,空气发生等熵膨胀,在任意时刻,活塞上游压力 P_R 由式 (4.51)计算得出。

$$\frac{P_R}{P_{R,0}} = \left(1 - \frac{\gamma_R - 1}{2}\frac{u_p}{a_{R,0}}\right)^{\frac{2\gamma_R}{\gamma_R - 1}} \tag{4.51}$$

式中, u_p 是活塞的瞬时速度; γ_R 是高压储气室中空气的比热比; 0 代表初始时刻。

任意时刻,活塞下游压力 P_C 为

$$\frac{P_C}{P_{C,0}} = \left(\frac{L}{x}\right)^{\gamma_C} \tag{4.52}$$

式中, γ_C 为压缩管中气体的比热比; x 是活塞下游端面距离压缩管末端的距离。

综合式(4.50)~式(4.52)可以得到活塞在破膜前的运动方程:

$$m_p\frac{\mathrm{d}^2 x}{\mathrm{d}t^2} = \left\{P_{C,0}\left(\frac{L}{x}\right)^{\gamma_C} - P_{R,0}\left(1 - \frac{\gamma_R - 1}{2}\frac{u_p}{a_{R,0}}\right)^{\frac{2\gamma_R}{\gamma_R - 1}}\right\}\left(\frac{\pi D^2}{4}\right) + f \tag{4.53}$$

式中, m_p 为活塞的质量;时间 t 以活塞释放为开始。

2. 膜片破膜之后的活塞运动

当驱动气体(氢气或氢氦混合气体)被压缩至预设压力时,膜片发生破裂。此时,活塞距离压缩管的末端仍然有一段距离,在惯性作用下,活塞仍然向下游继续运动,推动驱动气体使其扩张进入激波管并形成强入射激波[54,55,57,58],如图 4.31 所示。

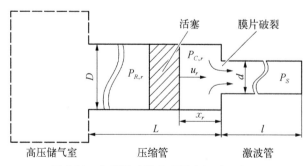

图 4.31   主膜片破膜之后活塞运动示意图

膜片破裂之后,活塞运动方程[式(4.53)]可写成

$$m_p \frac{\mathrm{d}^2 x}{\mathrm{d}t^2} = \left\{ P_{C,r} \left(\mu \frac{x_r}{x} \right)^{\gamma_C} - P_{R,0} \left(1 - \frac{\gamma_R - 1}{2} \frac{u_p}{a_{R,0}} \right)^{\frac{2\gamma_R}{\gamma_R - 1}} \right\} \left(\frac{\pi D^2}{4} \right) + f \quad (4.54)$$

式中,$\mu = \dfrac{m}{m_{C,r}}$,$m_{C,r}$ 为破膜时刻压缩管中气体的质量,m 为破膜后压缩管中气体的质量;x_r 是破膜后活塞下游端面距离压缩管末端的距离,r 代表破膜时刻。假定破膜后压缩管中驱动气体以声速流入激波管,那么相应的临界参数为 ρ^* 和 a^*,则压缩管中气体的质量 m 随时间的变化率为

$$\frac{\mathrm{d}m}{\mathrm{d}t} = -\rho^* a^* \frac{\pi d^2}{4} \quad (4.55)$$

根据等熵关系式,临界参数 ρ^* 与 a^* 与压缩管中气体的参数 ρ_C 和 a_C 的关系为

$$\frac{\rho^*}{\rho_C} = \left(\frac{2}{\gamma_C + 1} \right)^{\frac{1}{\gamma_C - 1}}, \quad \frac{a^*}{a_C} = \left(\frac{2}{\gamma_C + 1} \right)^{\frac{1}{2}} \quad (4.56)$$

4.5.2 调谐操作

在主膜片破裂之后,活塞可能发生的运动有三种[3,59,60]。

(1)回弹。活塞在到达压缩管末端壁面之前,发生回弹(rebound impact)。

(2)软着陆。压缩管末端"柔软地"停下来。

(3)正碰。和压缩管末端壁面发生正碰。

这三种类型的活塞运动示意图如图4.32所示,u_m 为活塞速度曲线拐点处的速度。可以看出,在运动1情况下,当活塞在到达压缩管末端发生回弹之后,由于活塞两侧压差的存在,活塞仍然可能出现再次加速,并和压缩管末端发生正碰,可能会发生较为严重的破坏,因此这种情况需要避免。运动2是风洞调试的目标,但受到发射机构效率、膜片破裂压力等因素的影响,运动2在实际运行过程中很难达到。如果正碰的速度较小,运动3这种情况也是许可的。从驱动效果上看,活塞的滞止位置越是靠近压缩管末端壁面越好。

Stalker首先提出了活塞软着陆的思想[53]。通过巧妙布置运行参数,可以使活塞在压缩管末端,并且紧贴压缩管末端壁面的位置能够"柔软地"停下来,而

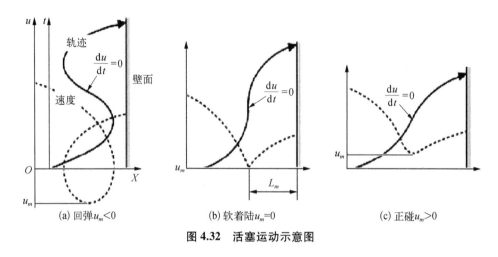

图 4.32 活塞运动示意图

不碰到压缩管末端壁面,称为调谐操作(tuned operation)。调谐操作建立在活塞"软着陆"的基础之上,其要义是活塞在着陆时活塞前脸紧贴压缩管末端壁面,且速度与加速度均为零。实际运行过程中,活塞撞击压缩管末端速度很小,对活塞和压缩管末端没有损坏,也可以认为是调谐操作。此外,一种经常出现的情形是活塞未到达压缩管末端时,来自激波管中的反射激波已抵达活塞前脸,会显著地降低活塞速度,有利于活塞的安全着陆。活塞调谐运行参数的选择参照文献[22]、[61]与[62],这里不再赘述。

4.5.3 压缩比和定压驱动时间

对于给定组分、初始温度和压力的驱动气体,破膜时刻相应的值依赖于体积压缩比 λ,即驱动气体的初始体积与破膜时刻体积的比值[54]。体积压缩比越大,获得的驱动压力放大倍数也越大。图 4.33 为 T4 风洞压缩比 λ 与入射激波马赫数 Ma_S 之间的关系,可以看出,在体积压缩比大于 40 的条件下,氦气的驱动性能要强于氢气,而当压缩比小于 40 时,结论刚好相反。值得注意的是,不同风洞的压缩比 λ 对应不同的入射激波马赫数 Ma_S,但图 4.33 仍能作为参考。只是高压缩比带来的负面影响是实验时间明显减少。

定压驱动时间(constant pressure time)τ_{cp} 是考量活塞压缩器性能的重要指标,其定义是破膜后驱动压力峰值下浮 10% 所形成的时间间隔,如图 4.34 所示。一般而言,定压驱动时间越长,激波管中实验气体的流动越稳定。

对定压驱动时间 τ_{cp} 和压缩比 λ 关系进行的研究表明,在给定的设备尺寸

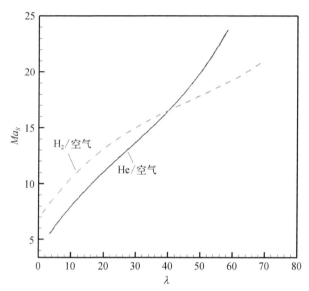

图 4.33　不同轻质气体的体积压缩比和入射激波马赫数的关系

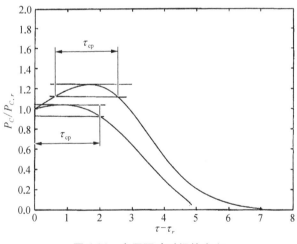

图 4.34　定压驱动时间的定义

下,定压驱动时间 τ_{cp} 随着压缩比 λ 增加而增加,当到达极大值后,定压驱动时间 τ_{cp} 随着压缩比 λ 增加而减小。在其他条件相同时,压缩管长度 L 与内径 D 的比值越大,对定压驱动时间 τ_{cp} 越有利。当压缩管内径 D 较大时,选择的压缩比 λ 会比较小,如 FD-21、HIEST(High Enthalpy Shock Tunnel)和 HEG(High Enthalpy Shock Tunnel Göttingen)的压缩比为 40~55,而 T4 和 T5 的压缩比为 55~75,上述

风洞压缩管长度 L 和内径 D 如表 4.1 所示[57,60,63,64]。大量的数值结果表明,当压缩比满足 $40 \leqslant \lambda \leqslant 60$ 时,定压驱动时间 τ_{cp} 一般可以保持可用水平。目前,绝大多数自由活塞激波风洞的压缩比为 40~60。

表 4.1　不同风洞压缩管长度 L 和内径 D

风　洞	FD-21	HIEST	HEG	T5	T4
L/m	75	42	33	30.0	25
D/m	0.668	0.600	0.550	0.300	0.228
L/D	112.3	70.0	60.0	100	109.6

4.5.4　自由活塞激波风洞的结构

自由活塞激波风洞主要由风洞主体结构(高压储气室、压缩管、配重段、夹膜机构、激波管、喷管、实验段和攻角机构),高压空气及特殊气体供气系统,真空抽吸系统,轨道系统,运行监控系统,数据采集系统和控制系统等组成。图 4.35 为中国航天空气动力技术研究院于 2017 年建成的 FD-21 自由活塞激波风洞的系统简图,风洞总长约为 160 m,采用全钢卧式结构,整体采用全浮动设置,能够实现总焓 25 MJ/kg、总压 40 MPa 的流场模拟,有效实验时间为 2~10 ms。图 4.36 为 FD-21 风洞的实物照片。

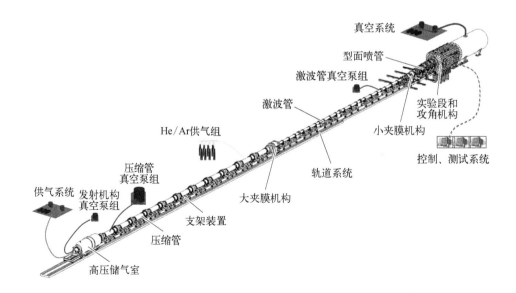

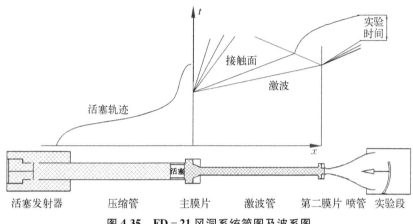

图 4.35　FD-21 风洞系统简图及波系图

图 4.36　FD-21 风洞的实物照片

　　风洞主体结构中较为复杂的部件有高压储气室、活塞缓冲装置等,关系到风洞的气动和安全性能。高压储气室包含了活塞发射机构,是自由活塞激波风洞的第一级驱动系统,为驱动段压缩管提供高压气体作为驱动力,用于推动活塞压缩驱动气体(通常是氢气或氢氩混合气体)。高效而可靠的发射是重活塞压缩的动力源头和性能保证。为有效地推动活塞达到设计需要的运动速度,保证活塞发射器的驱动效率,减少膨胀波的影响,高压储气室容积一般选择为压缩管容积的 80% ~ 120%。高压储气室及活塞发射机构的设计需要满足如下要求。

　　(1) 作为高压气体的储存空间满足风洞气动设计要求的容积和承压能力。

　　(2) 能快速、大开度地连通储气空间和发射腔体,保证活塞的发射性能。

（3）活塞的重量和结构不影响发射动作。

（4）发射动作操控简单、安全可靠,活塞装填方便。

为满足上述要求,FD‒21 风洞的活塞发射机构采用后装活塞,高压自驱动发射形式,其结构简图如图 4.37 所示,FD‒21 风洞高压储气室实物照片如图4.38所示。高压储气室用于储存需要的高压空气。发射管用于连接风洞的压缩管段。活塞阀体前部壁面上设置了腰形通气孔,在内部可容纳活塞阀芯在其中顺畅地滑动,实现快速连通,充气准备时可以隔开高压储气室和发射管腔。活塞阀底盖上分别设置了充气、放气控制阀,分别连接高压供气系统和大气环境,实现对活塞阀芯的控制。活塞阀芯上的单向阀用于在充气时形成通气管路,并起

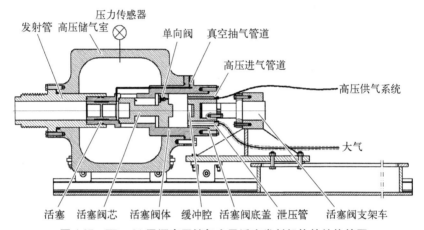

图 4.37　FD‒21 风洞高压储气室及活塞发射机构的结构简图

图 4.38　FD‒21 风洞高压储气室实物照片

到密封阀芯和稳定活塞的作用。真空抽气管道的作用是在压缩管充填特殊气体时平衡活塞前后的压力。

活塞的发射过程有如下几个步骤。

（1）将活塞装入活塞阀体。

（2）利用活塞阀支架车将活塞阀体装入高压储气室,并完成密封连接,然后关闭放气阀,打开充气阀,向活塞阀芯后部充入高压空气。

（3）当高压储气室中的空气达到设定压力值后关闭充气阀。

（4）发射时,打开放气阀,活塞阀芯后部的高压空气被放出,前部的高压空气驱动活塞阀芯快速向后运动。

（5）活塞阀芯向后运动即打开了活塞阀,使得高压储气室内的高压空气进入待发射活塞的后部,活塞即在后部高压空气的驱动下被发射出去。

为了保证活塞和风洞的安全,自由活塞激波风洞运行时希望活塞"软着陆"并尽可能实现调谐操作。但是,在风洞调试阶段或者风洞运行时出现偏差,活塞在压缩管末端没有实现"软着陆",这时必须有高效的缓冲装置来吸收活塞巨大的动能。另外,活塞回弹之后一般会形成二次加速从而造成更大的冲击。因此,为防止活塞回弹对设备造成撞击,有些活塞上也会设计止退装置。

压缩管末端的活塞缓冲装置可以选择耐高温的橡胶材料吸收活塞剩余的动能。此类装置结构较为简单,图 4.39 为 FD-21 风洞的橡胶缓冲装置。选择特殊的阻燃硅橡胶可以一定程度避免压缩管末端的高温引起橡胶"冒烟"而改变驱动气体部分性质的现象。这种材料以阻燃硅橡胶为基底,内部添加增强高分子支撑材料,表面喷涂的耐烧蚀涂层能够耐受 10 000 K 的高温。活塞在运动到压缩管末端时的残余动能不一定能够完全被橡胶吸收,尤其是在风洞调试过程中无法准确掌控活塞撞击缓冲装置上的速度,需要有足够的设计裕度来保证风洞设备的安全。另外,橡胶受活塞的挤压径向尺寸变大,因此橡胶与内嵌筒、压缩管之间应留有足够的空间,而安装橡胶的内嵌筒必须保证足够高的强度。

另外,薄壁金属管、泡沫填充结构和蜂窝材料也可以作为有效的能量吸收结构。此类结构受活塞的撞击通常发生不可逆的塑性变形吸收耗散掉大量的冲击能量,而且能够有效地控制碰撞反作用力和冲击速度的变化。图 4.40 为以薄壁金属管为主要吸能结构的活塞缓冲装置。此装置设计了两级吸能环,一级吸能环材质为硅橡胶,具有一定的弹性,当活塞撞击到一级吸能环上时,通过弹性变形延长活塞作用时间从而减少撞击力;二级吸能环为薄壁金属管吸能结构,通过塑性变形吸收活塞的残余动能,材料为工业纯铝。

图 4.39 多次使用过后的 FD-21
风洞活塞缓冲装置

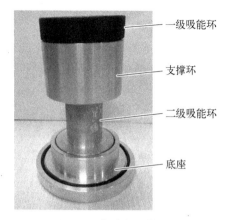

一级吸能环

支撑环

二级吸能环

底座

图 4.40 薄壁金属管结构
活塞缓冲装置

为了限制活塞回弹可以在活塞上设计止退装置,一般采用在活塞上加工环形斜面配合耐磨楔块的组合形式,如图 4.41 所示。当活塞沿压缩管向下游运动时,楔块位于斜面下方,楔块和压缩管内壁不接触。因此,楔块不会影响活塞正常的前向运动。当活塞运动到达压缩终点出现回弹时,惯性力使楔块沿斜面上行和压缩管内壁接触,所产生摩擦力将阻止活塞后退。其中,楔块通常位于活塞前端,为了增大摩擦力,楔块表面为耐磨材料。活塞止退效果主要取决于摩擦材料和摩擦力大小。澳大利亚昆士兰大学的 X 系列重活塞驱动膨胀风洞选择的楔块材料为一种制作汽车刹车片的耐磨材料。

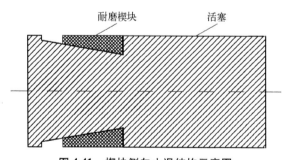

耐磨楔块   活塞

图 4.41 楔块侧向止退结构示意图

4.6 膨胀管与膨胀风洞

膨胀管这一概念最早由 Resler 和 Bloxsom 在 1952 年提出[3]。与反射型激波风洞的激波加热模式不同,膨胀管利用一个非定常膨胀过程增加实验气流总焓,可以产生更高流动速度和雷诺数的实验气流。Trimpi[65] 在 1962 年对膨胀管进行了深入的理论研究,指出改变膨胀管各段的压力,能够得到大范围不同速度和总焓条件的实验气流。20 世纪 60~70 年代,流体力学发达国家掀起膨胀管研究的高潮,但在这一阶段,获得稳定的实验气流依然非常困难[66,67]。70 年代末,美国国家航空航天局提出了一系列实验和理论研究的差异化分析,实现了某些特定条件下可以接受的实验气流[68]。直到 80 年代末,Stalker 等[69] 将自由活塞驱动与膨胀管相结合,对膨胀管内实验气流出现扰动的原因开展实验研究,改善了膨胀管的性能,从而获得良好品质的实验气流。相比于反射型激波风洞,实验气流在膨胀管和膨胀风洞中并不停滞,其宏观动能来自其在加速管中的非定常膨胀,避免了长时间处于驻室的高温环境下,气体离解程度相对较低,也没有喉道熔化导致实验气流污染的问题。实验气体成分更接近飞行条件,能够开展气动热实验、壁面催化效应、电磁散射、光电效应等高焓气体物理特性的研究,适合近/超轨道速度下的超高速流动实验模拟[70-72]。

4.6.1　膨胀管的基本原理

膨胀管是在激波管下游串联一个等截面的加速管,通过入射激波和非定常膨胀波作用使实验气体的气流速度和总焓增加而静温降低,图 4.42 为膨胀管运行波系图。从结构上来看,膨胀管被两道膜片分为三部分,分别是驱动段、激波管和加速管。驱动段气体为高温高压的④区气体,激波管中充入①区实验气体,加速管中为⑦区的加速气体。当主膜片破裂后,在激波管中产生第一道入射激波(主激波),同时形成一道中心膨胀波(③区/④区之间)。主激波压缩并加热激波管中实验气体,由初始压力 P_1 和温度 T_1(①区)上升为高压高温状态 P_2 和 T_2(②区)。主激波继续在激波管中向下游传播到达二道膜并将其冲破,之后在加速管形成第二道入射激波,并形成第二道中心膨胀波。第二道入射激波压缩并加热加速管中加速气体(⑦区)至高温高压状态(⑥区)。由于②区实验气体以超声速状态向下游运动,第二道中心膨胀波以声速向上游传播,则在实验室坐标系下,膨胀波仍向下游运动。经过该非定常膨胀作用,实验气流由②区状态进一步加速并降低静温到达⑤区,气体速度、总焓和总压迅速增加而静温降低,实验气体(⑤区)/加速气体(⑥区)由第二接触界面分开,最终获得品质良好的高速、高焓、低静温的⑤区实验气流。

膨胀管的特点就在于利用较低的初始驱动压力就可以得到高焓实验状态。

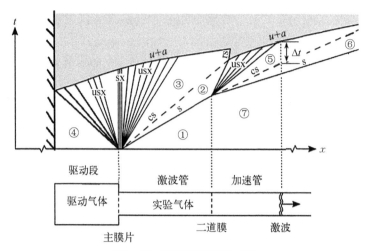

图 4.42　膨胀管运行波系图

s -激波;cs -接触面;usx -非定常膨胀;rs -反射激波;sx -定常膨胀;u+a -反射特征线

实验气流经过非定常膨胀过程,上游气体对下游气体做功,使得实验气体总焓成倍增加。膨胀管主激波的强度直接影响激波管内②区实验气流比焓的高低,而②区实验气流在加速管内的膨胀程度同样会影响最终⑤区实验气流的状态,加速管的真空度越高,实验气流膨胀程度越大,效果越好。下面将以理论推导的方式对这一过程进行阐述。

假定膨胀管中的非定常膨胀过程为等熵膨胀,由非定常膨胀相容关系及理想气体声速方程可知:

$$u + \frac{2}{\gamma - 1}a = \mathrm{const} \tag{4.57}$$

$$a = \sqrt{\gamma RT} \tag{4.58}$$

将式(4.57)与式(4.58)联立,进行微分,消去 $\mathrm{d}a$,得到

$$\mathrm{d}u = -\left(\frac{\mathrm{d}h}{a}\right)_S \tag{4.59}$$

式中, u、h、a 分别为气流速度、比焓及声速; γ 为气体的比热比; S 代表等熵过程。

非定常膨胀流动中总焓 h_0 的变化满足以下关系:

$$\mathrm{d}h_0 = \mathrm{d}h + u\mathrm{d}u = -(Ma - 1)\mathrm{d}h \tag{4.60}$$

比较式(4.59)及式(4.60)可知,比焓减少会导致速度增加。不同的是,在相

同比焓减少量的情况下,非定常膨胀中速度的增量为定常膨胀的 Ma 倍,对于超高速流动有 $Ma > 1$,则式(4.60)中有 $\mathrm{d}h_0 > 0$,即非定常膨胀中总焓增加,因此膨胀管非定常膨胀过程得到的实验气流具有更高的速度及总焓。

对于膨胀管流动的基本方程,基于完全气体假设和强激波条件,②区气体的压力远大于①区 $P_2 \gg P_1$,⑥区气体的压力远大于⑦区 $P_6 \gg P_7$,满足以下关系:

$$\frac{u_2}{a_1} \approx \sqrt{\frac{2}{\gamma(\gamma+1)}\frac{P_2}{P_1}} \tag{4.61}$$

$$\frac{a_2}{a_1} \approx \sqrt{\frac{\gamma-1}{\gamma+1}\frac{P_2}{P_1}} \approx \sqrt{\frac{\gamma(\gamma-1)}{2}}\frac{u_2}{a_1} \tag{4.62}$$

$$Ma_2 \approx \sqrt{\frac{2}{\gamma(\gamma-1)}} \tag{4.63}$$

$$Ma_{S1} = \frac{W_{S1}}{a_1} \approx \sqrt{\frac{\gamma+1}{2\gamma}\frac{P_2}{P_1}} \approx \frac{\gamma+1}{2}\frac{u_2}{a_1} \tag{4.64}$$

式中,Ma_2 为②区气流的马赫数;Ma_{S1} 为第一道入射激波的马赫数;W_{S1} 为第一道入射激波的速度;γ 为激波下游气体的比热比(这里认为①区、⑦区气体的比热比相同);下标 1、2 分别代表①区、②区气体参数,具体可参考图 4.43。以上关系式同样适用于第二道入射激波,即⑦区、⑥区气体的关系式。

由式(4.57)可得

$$\frac{2}{\gamma-1}a_2 + u_2 = \frac{2}{\gamma-1}a_5 + u_5 \tag{4.65}$$

方程两边同除以 a_2,可得

$$\frac{a_5}{a_2} = \frac{1+\dfrac{\gamma-1}{2}Ma_2}{1+\dfrac{\gamma-1}{2}Ma_5} \approx \frac{1+\sqrt{\dfrac{\gamma-1}{2\gamma}}}{1+\dfrac{\gamma-1}{2}Ma_5} \tag{4.66}$$

则有

$$\frac{a_5}{a_1} = \frac{a_5}{a_2}\frac{a_2}{a_1} = \frac{1+\dfrac{\gamma-1}{2}Ma_2}{1+\dfrac{\gamma-1}{2}Ma_5}\sqrt{\frac{\gamma-1}{\gamma+1}\frac{P_2}{P_1}} \approx \frac{1+\sqrt{\dfrac{\gamma-1}{2\gamma}}}{1+\dfrac{\gamma-1}{2}Ma_5}\sqrt{\frac{\gamma-1}{\gamma+1}\frac{P_2}{P_1}}$$

$$\tag{4.67}$$

非定常膨胀前后,实验气流总焓变化为

$$\frac{h_{05}}{h_{02}} \approx \frac{\gamma - 1}{2(\gamma + 1)} \left(1 + \sqrt{\frac{2\gamma}{\gamma - 1}} \right)^2 \frac{1 + \frac{\gamma - 1}{\gamma} Ma_5^2}{\left(1 + \frac{\gamma - 1}{2} Ma_5 \right)^2} \tag{4.68}$$

将式(4.68)以 Ma_5 为自变量,实验气体总焓 h_0 为因变量,$\gamma = 1.4$、1.67 时的变化曲线,如图 4.43 所示。在 $\gamma = 1.4$,$Ma_5 \to \infty$ 时,总焓比 $h_{05}/h_{02} = 5.54$。可以看出,膨胀管实验气流总焓通过非定常膨胀过程得到了成倍增加,远大于反射型激波风洞,这种现象称为焓的倍增,体现出膨胀管在模拟高焓流动方面巨大的优势[73]。

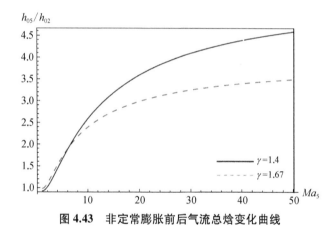

图4.43   非定常膨胀前后气流总焓变化曲线

非定常膨胀前后,实验气流总压 P_0 的变化满足以下关系:

$$\frac{P_{05}}{P_{02}} = \left(1 + \frac{1}{\gamma} \right)^{\frac{\gamma}{1-\gamma}} \left(1 + \frac{\gamma - 1}{2} Ma_5^2 \right)^{\frac{\gamma}{1-\gamma}} \left(\frac{1 + \sqrt{\frac{\gamma - 1}{2\gamma}}}{1 + \frac{\gamma - 1}{2} Ma_5} \right)^{\frac{2\gamma}{\gamma - 1}} \tag{4.69}$$

由图 4.44 可以看出,经过非定常膨胀过程,实验气流的总压比随马赫数 Ma_5 增加而增加,当 γ 较小时,该效应更为显著,总压有数十倍的增加。总压的成倍增加同样属于膨胀管的重要特征之一,更能胜任马赫数更高的流动模拟需求[73]。

以上分析都是在量热完全气体假设前提下进行的,如果考虑气体的高温气

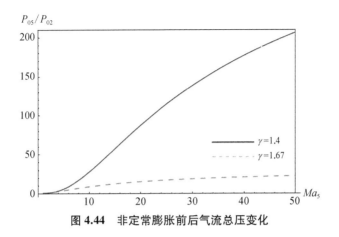

图 4.44　非定常膨胀前后气流总压变化

体效应,膨胀管也能保证良好性能。

4.6.2　膨胀风洞

　　膨胀风洞是在加速管下游再安装一个没有收缩段与喉道的直接膨胀的喷管,再一次对实验气流进行膨胀加速,同时可以将实验气流的均匀区尺寸扩大。由于进入膨胀喷管之前的气流本身就是高超声速气流,此类喷管的设计存在较大难度。经历了 60 多年,膨胀管发展为膨胀风洞只能说取得有限的成功,主要是因为连接喷管后较难获得定常实验气流。膨胀风洞喷管设计的过程中需要解决喷管入口流动的均匀性及如何避免流场中出现压缩波或激波等关键问题。HYPULSE 风洞采用无激波喷管策略设计了型面渐进过渡为锥形的双曲构型喷管。喷管近似为锥形喷管,具有光滑的喷管入口,膨胀段型面不存在拐点,避免了压缩波的生成,CFD 模拟结果表明即使入口流动不均匀,喷管也可以保持无激波状态且拥有较大的均匀区。实验结果证实了这种状况。当然,膨胀喷管的设计还得进一步研究,以便能够适应更加复杂的流动条件并获得均匀的流场[9,27,30]。

　　膨胀管、膨胀风洞入射激波的产生方式由驱动段结构决定,主要有轻气体驱动、加热轻气体驱动、爆轰驱动、自由活塞驱动等。采用爆轰驱动的典型膨胀风洞有 HYPULSE 风洞,采用自由活塞驱动的典型膨胀风洞有澳大利亚昆士兰大学的 X 系列风洞。美国 Calspan 大学建造的膨胀风洞 LENS XX[74],采用电加热轻气体驱动(图 4.45 和图 4.46),是世界上最大的膨胀风洞设备,总长超过 70 m,内径为 0.61 m,喷管出口直径达 2.44 m,采用双级驱动技术最高可以实现总焓为

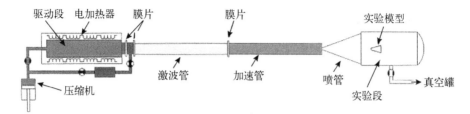

图 4.45　LENS XX 膨胀风洞结构示意图

图 4.46　LENS XX 膨胀风洞照片

120 MJ/kg,气流速度最高可至 13 km/s,有效实验时间达到 4 ms。

参考文献

［1］Fomin N A. 110 years of experiments on shock tubes［J］. Journal of Engineering Physics and Thermophysics, 2010, 83(6): 1118－1135.

［2］陈强.激波管流动的理论和实验技术［M］.合肥:中国科学技术大学,1979.

［3］Igra O, Seiler F. Experimental methods of shock wave research［M］. Switzerland: Springer International Publishing, 2016.

［4］Erdos J, Calleja J, Tamagno J. Increase in the hypervelocity test envelope of the HYPULSE shock expansion tube［R］. AIAA Paper 1994－2524, 1994.

［5］姜宗林.高超声速高焓风洞试验技术研究进展［J］.空气动力学学报,2019,37(3): 347－355.

［6］谌君谋,陈星,毕志献,等.高焓激波风洞试验技术综述［J］.空气动力学学报,2018,36 (4): 543－554.

［7］Bushnell D M. Scaling: Wind tunnel to flight［J］. Annual Review of Fluid Mechanics, 2006, 38: 111－128.

［8］Stalker R J. Hypervelocity aerodynamics with chemical nonequilibrium［J］. Annual Review of Fluid Mechanics, 1989, 21(1): 37－60.

［9］陈星,谌君谋,毕志献,等.自由活塞高焓脉冲风洞的发展历程及其试验能力综述［J］.实验流体力学,2019,33(4):65-88.

［10］Han S G, Wen S, Wu C H. Global heat-flux measurements using phosphor thermography technique in gun tunnel［R］. AIAA Paper 2015-3517, 2015.

［11］Han S G, Jia G, Bi Z X. Heat-flux measurement of flat delta plate using phosphor thermography technique in gun tunnel［C］. The 31st International Symposium on Shock Waves, Nagoya, 2017.

［12］Liu J H, Chen X, Liu C F, et al. A six-component cartridge strain-gauge balance for shock tunnel［C］. The 10th International Balance Symposium, Mianyang, 2016.

［13］王惠伦,毕志献.脉冲风洞大轴向力天平设计［C］.中国空气动力学会测控专业委员会第七届一次全国学术交流会,萧山,2016.

［14］Hertzberg A. A shock tube method of generating hypersonic flows［J］. Journal of the Aeronautical Science, 1951, 18(12):803-804.

［15］Glick H S, Wurster W H. Shock tube study of dissociation relaxation in oxygen［J］. Chemical Physics, 1957, 27(5):1224-1226.

［16］姜宗林,俞鸿儒.高超声速气动热力学重要基础问题研究进展［J］.气体物理—理论与应用,2011,6(4):12-17.

［17］Hornung H G. Experimental hypervelocity flow simulation, needs, achievements and limitations［C］. 1st Pacific International Conference on Aerospace Science and Technology, Tainan, 1993.

［18］马宏祥.大型风洞设备减震技术研究［D］.重庆:重庆大学,2015.

［19］罗义成,马宏祥,钟涌.2 米激波风洞浮动运行技术研究［C］.第十三届全国激波与激波管学术会议,长沙,2008.

［20］李进平,冯珩,姜宗林,等.爆轰驱动激波管缝合激波马赫数计算［J］.空气动力学报,2008,26(9):291-296.

［21］Loubsky W J, Reller J O. Analysis of tailored Interface operation of shock tubes with Helium driven planetary gases［R］. NASA TN D-3495, Washington:National Aeronautics and Space Administration. 1966.

［22］谌君谋.FD-21 高焓激波风洞流动环境的建立与诊断［D］.北京:中国航天空气动力技术研究院,2021.

［23］MacLean M, Candler G, Holden M. Numerical evaluation of flow conditions in the LENS reflected shock tunnel facilities［R］. AIAA Paper 2005-0903, 2005.

［24］Mirels H. Shock tube test time limitation due to turbulent wall boundary layer［J］. AIAA Journal, 1963, 2(1):84-93.

［25］Anderson J D. Hypersonic and high temperature gas dynamics［M］. Reston:American Institute of Aeronautics and Astronautics, Inc., 2006.

［26］Sudani N, Valiferdowsi B. Test time increase by delaying driver gas contamination for reflected shock tunnels［J］. AIAA Journal, 2000, 38(9):1497-1503.

［27］卢卡西维茨 J.高超音速实验方法［M］.董兴德,庄逢甘,译.北京:国防工业出版社,1980.

［28］王增和.FD-20 炮风洞的运行和校测［R］.北京:北京空气动力研究所,BG10-10,1978.

[29] 许小金.FD－20炮风洞参数测量和流场校对以及估计平衡活塞重量的讨论[R].北京：北京空气动力研究所,BG10－0032,1981.

[30] 陆 F K, 马伦 D E.先进高超声速试验设备[M].柳森,黄训铭,译.北京：航空工业出版社,2015.

[31] Alpher R A, White D R. Flow in shock tubes with area change at the diaphragm section [J]. Journal of Fluid Mechanics, 1958, 3(5): 457－470.

[32] Holden M S, Wadhams T P, MacLean, M, et al. Experimental studies in LENS I and X to evaluate real gas effects on hypervelocity vehicle performance [R]. AIAA Paper 2007－0204, 2007.

[33] 俞鸿儒.氢氧燃烧及爆轰驱动激波管[J].力学学报,1999,31(4): 389－396.

[34] 姜宗林,俞鸿儒.高超声速激波风洞研究进展[J].力学进展,2009,39(6): 766－776.

[35] Holden M S. Large energy national shock tunnel (LENS) description and capabilities brochure [R]. New York: Calspan-UB Reaearch Center, 1990.

[36] Holden M S, Wadhams T P, MacLean M, et al. A review of basic research and development programs conducted in the LENS facilities in hypervelocity flows [R]. AIAA Paper 2012－0469, 2012.

[37] Holden M S, Wadhams T P, MacLean M, et al. Experimental studies in hypersonic flows for facility and code validation [R]. AIAA Paper 2007－1304, 2007.

[38] 李强,张扣立,庄羽,等.激波风洞边界层强制转捩试验研究[J].宇航学报.2017,38(7): 758－765.

[39] 曾磊.测热试验数据后处理方法及误差机理分析[D].绵阳：中国空气动力研究与发展中心,2012.

[40] 曾磊,桂业伟,王安龄,等.激波风洞驻点热流测量误差机理及其不确定度研究[J].实验流体力学,2015,29(5): 15－25.

[41] Berthelot M, Vieille P. On the velocity of propagation of explosive processes in gases [J]. CR Hebd. Sceances Acad. Sci., 1881, 93(2): 18－21.

[42] Chapman D L. On the rate of explosion in gases [J]. The London, Edinburgh, and Dublin Philosophical Magazine and Journal of Science, 1899, 47(284): 90－104.

[43] Jouguet E. On the propagation of chemical reactions in gases [J]. J. De Mathematiques Pures et Appliqquees, 1905, 1: 347－425.

[44] Zeldovich Y B. On the theory of the propagation of detonation in gaseous systems [R]. NACA TM 1261,1950.

[45] von Neumann J. Theory of detonation waves [R]. Princeton: Institute for Advanced Study Princeton NJ, 1942.

[46] Döring W. On detonation processes in gases [J]. Annals of Physics, 1943, 435(6/7): 421－436.

[47] 俞鸿儒.爆轰驱动现象的发现和应用[M].北京：宇航出版社,2005.

[48] 姜宗林,李进平,赵伟,等.长试验时间爆轰驱动激波风洞技术研究[J].力学学报,2012, 44(5): 824－831.

[49] Jiang Z L, Yu H R. Experiments and development of the long-test-duration hypervelocity

detonation-driven shock tunnel（LHDst）［R］. AIAA Paper 2014 - 1012，2014.

［50］ Jiang Z L, Zhao W, Wang C. Forward-running detonation drivers for high-enthalpy shock tunnels［J］. AIAA Journal, 2002, 40(10)：2009 - 2016.

［51］ 赵伟,姜宗林,俞鸿儒.高焓激波风洞爆轰驱动技术研究［J］.空气动力学学报,2009,27 (12)：63 - 68.

［52］ Stalker R J, Besant R W. A method for production of strong shocks in a gas driven shock tube ［R］. Ottawa：National Research Council Report GD - 81, 1959.

［53］ Takahashi M, Komuro T, Sato K, et al. Development of a new force measurement method for scramjet testing in a high enthalpy shock tunnel［R］. AIAA 1999 - 4961, 1999.

［54］ Gai S L. Free piston shock tunnels：Developments and capabilities ［J］. Progress in Aerospace Sciences, 1992, 29：1 - 41.

［55］ 刘烜.自由活塞激波风洞气动参数计算及活塞发射器性能验证试验［D］.北京：中国航 天空气动力技术研究院,2016.

［56］ Stalker C, Morgan R G, Tanner R T. Raymond John Stalker 1930 - 2014 ［J］. Historical Records of Australian Science, 2016, 27：70 - 80.

［57］ Hannemann K. High enthalpy flows in the HEG shock tunnel：Experiment and numerical rebuilding ［R］. AIAA Paper 2003 - 0978, 2003.

［58］ Schramm M J, Sunami T, Itoh K, et al. Experimental investigation of supersonic combustion in the HIEST and HEG free piston driven shock tunnels ［R］. AIAA Paper 2010 - 7122, 2010.

［59］ Hannemann K, Schramm J M, Wagner A. A closely coupled experimental and numerical approach for hypersonic and high enthalpy flow investigations utilizing the HEG shock tunnel and the DLR TAU code［R］. RTO - EN - AVT - 186, Brussels：North Atlantic Treaty Orgnization, 2010.

［60］ Itoh K, Takahashi M, Komuro T. Effect of throat melting on nozzle flow characteristic in high enthalpy shock tunnel ［C］. Proceedings of the 22nd International Symposium on Shock Waves, London, 1999：459 - 464.

［61］ Hornung H G. The piston motion in a free piston driver for shock tubes and tunnels ［R］. Pasadena：Graduate Aeronautical Laboratories, California Institute of Technology, 1988.

［62］ Tanno H, Itoh K, Komuro T, et al. Experimental study on the tuned operation of a free piston driver［J］. Shock Waves, 2000, 10(1)：1 - 7.

［63］ Shen J M, Ma H D, Li C. Initial measurements of a 2 m mach-10 free-piston shock tunnel at CAAA ［C］. The 31st International Symposium on Shock Waves, Nagoya, 2017.

［64］ Chen X, Bi Z X, Ma H D, et al. Development of a new large-scale free-piston shock tunnel ［C］. 21st International Space Plane and Hypersonic Systems and Technology Conference, Xiamen, 2017.

［65］ Trimpi R L. A preliminary theoretical study of the expansion tube, a new device for producing high-enthalpy short-duration hypersonic gas flows ［R］. Tech Rep R - 133, NASA, Washington：National Aeronautics and Space Administration. 1962.

［66］ Miller C G. Flow properties in expansion tube with helium, argon, air and CO_2［J］. AIAA

Journal, 1974, 12(4): 564 – 566.

[67] Miller C G, Jones J J. Development and performance of the NASA langley research center expansion tube/tunnel, a hypersonic-hypervelocity real gas facility[C]. Proceedings of the 14th International Symposium on Shock Tubes and Waves, Sydney, 1983.

[68] Miller C G. Operational experience in the langley expansion tube with various test gases[R]. NASA – TM – X – 74945, Washington: National Aeronautics and Space Administration, 1977.

[69] Stalker R J, Paull A, Stringer I. Experiments on an expansion tube with a free piston driver-Phase1 [R]. Brisbane: University of Queensland, 1987.

[70] MacLean M, Dufrene A, Wadham T, et al. Numerical and experimental characterization of high enthalpy flow in an expansion tunnel flow [R]. AIAA Paper 2010 – 1562, 2010.

[71] Holden M S, Wadhams T P, Candler G V. Experimental studies in the LENS shock tunnel and expansion tunnel to examine real-gas effects in hypervelocity flows [R]. AIAA Paper 2004 – 0916, 2004.

[72] Dufrene A, Sharma M, Austin J M. Design and characterization of a hypervelocity expansion tube facility [R]. AIAA Paper 2007 – 1327, 2007.

[73] 周凯.膨胀风洞技术与超高速流动实验研究[D].北京: 中国科学院大学,2017.

[74] Parker R, MacLean M, Dufrene A, et al. Emission measurements from high enthalpy flow on a cylinder in the LENS-XX hypervelocity expansion tunnel [R]. AIAA Paper 2013 – 1058, 2013.

第 5 章

高超声速特种风洞和设施

在高超声速气动实验发展过程中,还发展了许多在高超声速气动实验模拟方面有特点的高超声速特种风洞和地面实验设施[1]。这些设备提高和扩展了高超声速实验的模拟能力和范围,在高超声速飞行器的气动实验中,也发挥着重要作用。

本章对高超声速特种风洞及地面实验设施的工作原理作进一步介绍,并给出具体示例。

5.1 重活塞压缩类高超声速风洞

重活塞压缩类高超声速风洞是利用一个较重质量的活塞压缩等直管道中的气体来获得高温高压实验气体的风洞。与第 4 章介绍的激波风洞和轻活塞炮风洞通过激波来压缩气体相比较,重活塞压缩更有利于模拟高雷诺数流场。通过重活塞压缩所获得的气体总压可以比驱动气体压力增加数倍,在高马赫数状态的单位雷诺数可达 $10^8/\mathrm{m}$ 量级[2]。

下面介绍两种利用重活塞压缩的高超声速风洞。

5.1.1 长射型重活塞炮风洞

长射型重活塞炮风洞也称重活塞炮风洞,在风洞结构和运行原理上与激波风洞和轻活塞炮风洞有相似之处,都有驱动段和被驱动段,不同的是重活塞炮风洞在驱动段和被驱动段之间放置一个较大质量的活塞。与轻活塞炮风洞相比,重活塞炮风洞的压缩过程更接近等熵压缩,必须要考虑重活塞质量的影响。重活塞启动加速慢,加速时间长,随着活塞速度增加和前行,驱动重活塞运动的驱动气体压力下降,重活塞前面的气体压力和温度升高。由于重活塞的惯性作用,即使驱动气体压力低于活塞前面的气体压力,重活塞仍然会继续前行压缩前面的气体,直到活塞减速并逐步到速度为零。此时经过重活塞压缩的气体压力和温度都达到最大值,压力可以比驱动气体初始压力高数倍。如果这时能够使重活塞运动停止后不回弹,压缩后的被驱动气体就可以作为实验气体,因此,重活塞炮风洞在被驱动段末端增加了一个单向阀机构,利用单向阀机构将被驱动段和储气室(前室)隔开,保证被重活塞压缩得到的高压气体只能从被驱动段进入储气室,而不能从储气室反向运动回到被驱动段。储气室(前室)和喷管之间通过一道膜片隔开,喷管与实验段连接。当高压气体进入储气室(前室)后,会冲破这道膜片,通过喷管形成实验需要的高超声速流场。图 5.1 给出了重活塞炮风洞运行原理示意图。

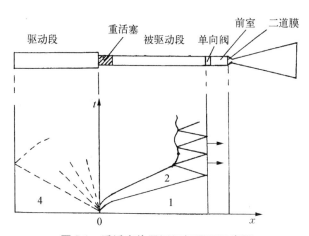

图 5.1　重活塞炮风洞运行原理示意图

　　长射型重活塞炮风洞与轻活塞炮风洞有两个重要的不同。第一,长射型炮风洞采用重活塞压缩实验气体,压缩过程中由于重活塞运动速度相对较低,活塞前即使有激波,激波的强度也比较弱,压缩通常近似为等熵过程,采用重活塞等熵压缩非常有利于提升实验气体的压力,利用重活塞的运动惯性可获得的总压会超过驱动重活塞运动驱动压力的数倍,非常有利于提高风洞实验的雷诺数,而轻活塞炮风洞获得的总压小于驱动压力,一般为驱动压力的 70% 左右。第二,轻活塞炮风洞采用平衡活塞运行技术,保持前室总压基本稳定,获得一个总压平台,但是长射型重活塞炮风洞是个固定容积前室,总压会随着时间呈指数衰减,导致喷管出口流场的来流参数也随之呈指数衰减[3,4]。图 5.2 为重活塞炮风洞

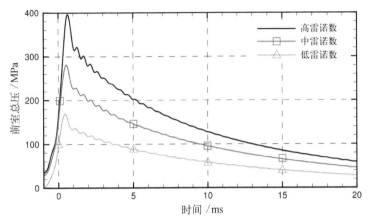

图 5.2　重活塞炮风洞三个压力状态的总压曲线

三个压力状态的总压曲线。

　　单向阀技术很好地解决了重活塞回弹造成前室压力的快速泄压问题。单向阀技术并不是在重活塞运动到极限位置后把重活塞按住不让反弹,其原理是被驱动段末端的单向阀允许被驱动段高压气体通过单向阀进入连接喷管的储气室(前室),活塞在接近单向阀的位置停止并回弹时,单向阀会关闭,阻止储气室气体回流到被驱动段,图 5.3 为单向阀结构示意图。一般来说单向阀通径越小,单向阀关闭速度越快,因此单向阀机构通常采用多通道的单向阀组,保证一旦重活塞运动停止就快速关闭,使封闭在储气室(前室)的高压气体不受活塞回弹的影响。比利时 VKI 长射重活塞炮风洞在 20 世纪 70 年代采用了具有 19 个单向阀的泄压系统。到了 80 年代,经过优化,采用由 48 个单向阀组成的泄压系统进行替代。中国航天空气动力技术研究院的 FD-22 重活塞炮风洞采用的是 24 孔单向阀和 36 孔单向阀。

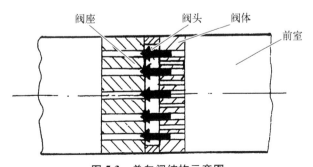

图 5.3　单向阀结构示意图

重活塞炮风洞储气室(前室)容积选择必须要根据活塞的停止位置确定,这与风洞的初始压力及活塞质量密切相关。如果储气室容积太大,可能造成活塞撞击单向阀;如果储气室容积太小,会造成过多压缩气体不能流入储气室,实验时间会减少。

比利时 VKI 长射重活塞风洞(图 5.4)的驱动段长 6 m,被驱动段长 27 m,活塞重 1.9~9 kg。风洞总压为 150~400 MPa,总温为 2 000~2 500K,模拟的马赫数最高达到 27,在马赫数为 15 时来流单位雷诺数可达 $2.6 \times 10^8 / m$,实验时间为 10~15 ms。该风洞为早期的返回舱再入提供了实验研究能力,包括气动力、气动热测试实验,还开展了边界层、分离、激波/边界层干扰、钝体流动、真实气体效应等机理方面的研究[5,6]。

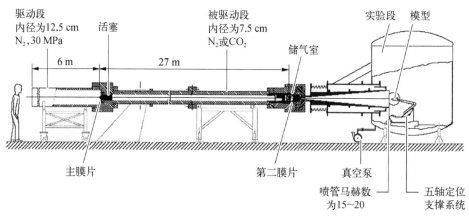

图 5.4 比利时 VKI 长射风洞结构示意图[5]

中国航天空气动力技术研究院在 20 世纪 90 年代建成了 FD-22 重活塞炮风洞。和 VKI 长射风洞类似,设计总压为 120~400 MPa,总温为 1 900~2 500 K,马赫数为 15~20,喷管口径为 $\phi 0.5$ m,实验时间约为 20 ms[7]。FD-22 风洞在储气室设计上采用了容积可调的设计方案,根据风洞运行状态优化储气室的容积使设备的综合运行性能达到最佳状态。

5.1.2 多级压缩重活塞风洞

通过重活塞直接压缩实验气体的风洞虽然雷诺数高,但有效运行时间较短,为十几毫秒,也不能模拟更高的总温(一般不超过 3 000 K)。俄罗斯中央机械制造研究所(TsNIIMASH)利用在重活塞等熵压缩基础上进一步对实验气体进行多级压缩的方法来提升风洞运行时间和总温,在其采用活塞气动单元(piston

gasdynamic units，PGU)设备的 U‐7 风洞、U‐11 风洞中增加了多级压缩装置
(multi‐cascade compression，MCC)来提高风洞的实验性能。

在多级压缩重活塞风洞中采用多级压缩装置方法运行时,首先用重活塞将
驱动段(压缩管)中气体进行等熵压缩提高气体的温度和压力,这和长射式重活
塞炮风洞运行方式是相同的。然后推动实验气体通过脉冲截止阀进入设备的高
压段和多级压缩装置,使用多级压缩方法(具体的设备中包括多个腔室,对应多
个驱动段和一个被驱动段)获得高温高压实验气体。气体经过多级压缩装置
后,再流过喷管形成高超声速流场。图 5.5 为 PGU 设备的多级压缩装置结构示
意图[1,8]。

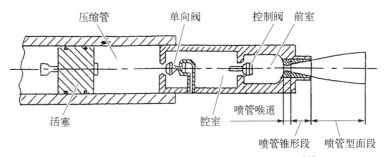

图 5.5　PGU 设备的多级压缩装置结构示意图[9]

多级压缩方法是一种在激波管内通过依级次进行的非等熵过程将储存的部
分机械能转化为实验气体内能的方法,这种能量转化过程本质上是一个非平衡
过程,在按顺序进行压缩的每个阶段,实验气体的总焓转化为内能的过程都伴随
着熵的增加。储气腔内实验气体部分初始机械能向热能的转化伴随着单个或连
续腔内气体温度的提高,这些空腔与储气室通过特殊的脉冲阀、膜片或者阀门相
连接,图 5.6 为多个腔室的多级压缩装置结构。空腔的数量及形状和阀门参数
需要根据实验目的、实验状态等因素确定。为得到较长的实验时间会使用几个
腔室来获得准定常的实验流场,相反要获得高温气体可以用一个加长的腔,这种
情况下从腔的后端面反射回来的不同强度的激波会使气流产生非等熵压缩,使
喷管喉道附近的气体温度最高[1,8]。

设备内采用多级压缩装置最大的优点是提升了驱动气体和实验气体之间能
量转换的效率,使实验气体在总温不降低的情况下获得更高的总压和更长的实
验时间。TsNIIMASH 的 PGU 风洞设备采用这种方法,得到了总压达 250 MPa,
总温达 4 000 K,有效运行时间达 50~1 000 ms 的流场,为很多苏联高超声速飞行

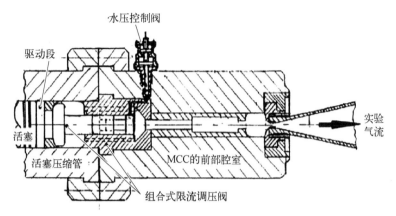

图 5.6　多级压缩装置使用的多级腔室及阀门[9]

器的气动研究,包括"暴风雪"号航天飞机和火星探测器,提供了实验支撑,并进一步针对单级入轨和两级入轨飞行器及超燃冲压发动机喷流与主流干扰、尾喷流对飞行器后体影响等开展实验研究。

5.2　压力平衡驱动的高雷诺数高超声速风洞

为提高高超声速风洞模拟战略弹道导弹再入弹头高雷诺数状态的能力,如果像常规高超声速风洞把大流量数百兆帕的气体加热到上千摄氏度,无论从加热技术、设备安全、能源供给等方面都存在很大困难;重活塞炮风洞、激波风洞等虽然提高了风洞的总温、总压和雷诺数,但是脉冲风洞运行时间短,流动平稳性相对较弱。

1. 常温高压力平衡驱动

在提高高超声速风洞雷诺数模拟能力方面,阿诺德工程发展中心(Arnold Engineering Development Center, AEDC)的 9 号风洞在其驱动方式上采用了一种非常新的构想(图 5.7),主要体现在使用低温高压的气体以一种类似于活塞的方式来推动高温实验气体形成高超声速流场的模式上[10,11],不仅降低了超高压力气体的加热难度,也保证了等容前室在实验过程压力的平稳,保证了稳定的实验时间。

AEDC 的 9 号风洞从整体结构上和常规高超声速风洞比较接近,包括高压气体驱动容器、竖直的气体加热器、喷管、实验段、扩压段和真空球罐等主要部

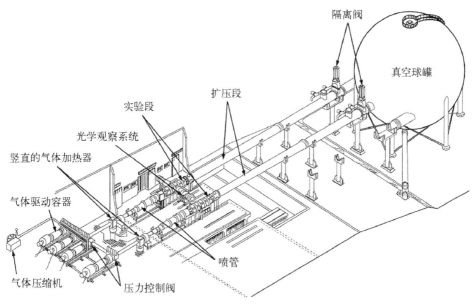

图 5.7　美国 AEDC 的 9 号风洞示意图[11]

件。与常规高超声速风洞不同之处在于风洞采用了特殊的实验气体供给模式。常规高超声速风洞的实验气体加热完成后打开阀门,直接输入驻室和喷管,形成高超声速气流,但是 AEDC 的 9 号风洞在实验气体加热完成后,是通过加热器上游的气体驱动容器中的冷高压气体推动高温高压实验气体进入喷管的。

风洞的核心装置是石墨电阻加热器,该加热器能够将实验气体加热到2 100 K 以上,同时实验气体的压力可以达到 186 MPa。具体的运行过程为实验气体首先在竖直的气体加热器容器中通过加热达到预定压力和温度,然后高温高压实验气体会冲破加热器顶端和喷管入口之间的金属隔膜,同时温度较低的高压驱动气流从气体驱动容器进入加热器底部,来推动加热器容器中的高温实验气体向加热器顶部运动,使其不断地从加热器容器流入喷管,在喷管出口形成高超声速流场。在高压驱动气流推动实验气体的过程中,形成类似活塞压缩过程的景象,即低温气体依靠初始的高压推动活塞,压缩推动高温实验气体,在喷管收缩段入口形成定常来流条件直至高温实验气体流尽。

AEDC 的 9 号风洞高压供气加热设备使其具备了开展宽范围流场参数实验的能力,特别是高马赫数,高雷诺数的模拟能力。该风洞使用的是石墨电阻加热器,实验气体为氮气,马赫数为 7 ~ 16.5,总温为 866 ~ 1 922 K,总压为 0.69 ~ 144.8 MPa,单位雷诺数为 2.4×10^5 ~ 1.64×10^8/m,运行时间为 0.23 ~ 15 s[1]。

2. 带有增压器的压力平衡驱动

俄罗斯新西伯利亚理论与应用力学研究所利用倍增压力系统和压力平衡驱动方式提高了风洞前室总压和总温,建造了 AT－303 高超声速风洞[1](图 5.8)。风洞前室总压最高可达 300 MPa,总温达到 2 500 K,运行时间为 40~200 ms,喷管出口为 0.3~0.6 m,马赫数为 8~20,实验气体可以为氮气、空气、氩气、二氧化碳。

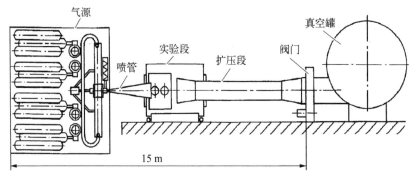

气源　喷管　实验段　扩压段　阀门　真空罐

15 m

图 5.8　AT－303 风洞结构

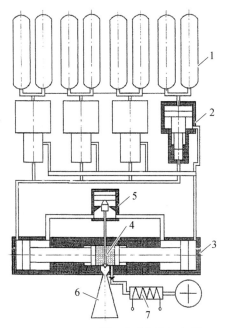

图 5.9　AT－303 风洞实验气体运行原理

1-驱动气体;2-气动-液压驱动装置;3-高压段;4-前室;5-控制设备;6-喷管;7-蓄热式加热器

风洞除采用压力平衡驱动前室气体保持风洞运行过程中的压力稳定外,还采用变截面的活塞倍增压技术进一步提高了风洞实验气体的压力和温度。AT－303 风洞实验气体运行原理如图 5.9 所示。

风洞设备运行前,前室中的阀门处于关闭状态,高压增压器位于开启位置。前室充满来自蓄热式加热器的实验气体,气体压力为 17 MPa,温度为 900 ~ 950 K。在开启时刻,压力为 22 MPa 的气体从储气罐进入气动-液压驱动器。液体中的压力增加到 150 MPa 并作用于主增压器。主增压器相向运动,绝热压缩实验气体到预定的参数。当前室的压力到达预定参数时,在 1 ms 时间内打开喉道上游的阀门,气流通过喷管建立起高超声速流场[1]。风洞利用两级变截面活塞压力平衡增压器,利用 22 MPa 常温气体驱动可得到总压为 300 MPa、总温为 2 500 K 的实验气体,并保持平稳的风洞运行流场。

采用这种增压器的风洞,面临的一个重要问题是增压器活塞与活塞腔的密封,在风洞运行的高压力作用下,活塞和活塞腔都会发生应变与变形。AT-303风洞采用变外径支座的腔体,并在接触面涂一层薄薄的铟涂层作为防摩擦层,有效地解决了增压器活塞与活塞腔的密封。增压器活塞的惯性作用和振动,也是风洞运行中必须考虑的问题,AT-303 通过气源阻尼系统来保证增压器活塞的速度得到控制,抑制其振动。

5.3　路德维希管(Ludwig tube)高超声速风洞

路德维希管风洞是路德维希于 1955 年根据激波管提出的一类获得高速气流的地面风洞实验设备。将路德维希管与喷管相连,形成高超声速风洞,其结构在喷管上游比常规高超声速风洞简单,运行原理与常规高超声速风洞相同,也是打开喷管上游的阀门,利用压力势能和内能(即总压和总温)建立高超声速流场。与常规高超声速风洞一样,路德维希管风洞也存在实验气体在喷管出口冷凝的问题,因此采用实验气体预先加热的方式获得高温实验气体,在实验中将高温实验气体充入储气管中,并在储气管外安装保温装置,打开阀门后,实验气体进入喷管形成高超声速流场。

路德维希管高超声速风洞的关键技术是快速启动阀门技术,阀门快速开启后,在阀门上游形成了简单膨胀波系,分析激波管内波系运行过程(图 5.10),可以计算其运行时间为

$$t = \frac{L}{a_0} \frac{2}{1 + Ma_1} \left(1 + \frac{\gamma - 1}{2} Ma_1\right)^{\frac{\gamma+1}{2(\gamma-1)}} \tag{5.1}$$

式中,t 为运行时间;L 为阀门上游储气段长度;a_0 为储气段内声速;Ma_1 为储气段内气流马赫数。

路德维希管高超声速风洞结构简单,建设、运行和维护成本低,模拟范围一般是马赫数 5~10,单位雷诺数为 $10^5 \sim 10^7/\text{m}$,口径一般不大,主要是一些大学或气动研究实验室在使用,开展一些气动机理性实验。

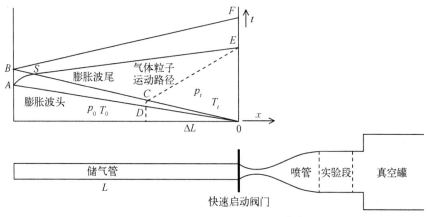

图 5.10 路德维希管运行原理图[12]

  图 5.11 为荷兰 Delft 大学的路德维希管风洞[12],其中包含两个独特的设计:一是采用了串联喷管设计(图 5.12),在锥形喷管上游,设计了一个节流喷管,其马赫数较高,如马赫 9,主要解决的是上游活塞直径较小的问题,这是由于在出口尺寸一定的情况下,马赫数越小,喉道直径越大,当实验喷管马赫数小于 9 时,其喉道直径已经大于活塞直径,因此,采取高马赫数节流喷管进行过渡;另一个是储气室(类似于激波风洞的被驱动段)设计,和常规理解的笔直的路德维希管设计不同,Delft 大学将储气室的形状设计成弯曲管道,可以看到两根水平管路

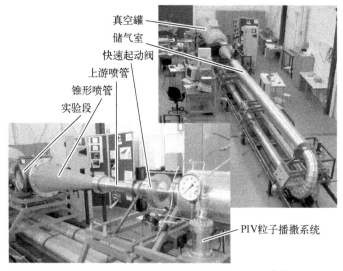

图 5.11 荷兰 Delft 大学的路德维希管风洞[12]

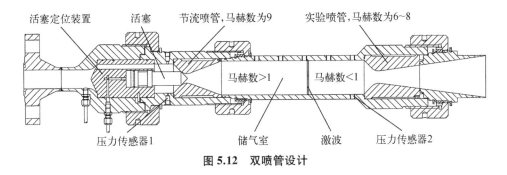

图 5.12　双喷管设计

的连接是通过曲率不大的波纹管进行连接的,在增加储气室容积的同时,最大限度地利用了空间。

5.4　静风洞

　　静风洞是一类特殊的模拟高空大气低背景噪声环境的风洞,它最核心的目标就是定量地解决转捩雷诺数测量的问题,这个影响高超声速飞行器精细化设计的卡脖子问题在常规高超声速风洞和激波风洞中无法解决,必须依靠静风洞[13,14]。

　　对于这类模拟低背景噪声的风洞,在超声速和高超声速情况下称为静风洞,在亚声速情况下,通常称为低湍流度风洞或低噪声风洞。这是因为亚声速情况下,湍流度和噪声测量相对来说比较容易,而在超/高超声速情况下,空气可压缩性变得显著,使湍流度测量变得非常困难,因此才使用噪声级(noise level, NL)作为衡量静风洞流场是否安静的标准。从已有的飞行试验数据中确定实际飞行状态下高空背景噪声约为 0.1% 以下,因此静风洞流场需要达到的噪声级指标应达到 0.1% 以下,其中,噪声级定义为

$$\mathrm{NL} = \frac{P_{t,\mathrm{rms}}}{\overline{P}_t} \times 100\% \tag{5.2}$$

式中,P_t 是喷管出口流场的皮托压力,使用脉动压力传感器测量,rms 指均方根;$\overline{P}_t$ 为皮托压力的平均值。在一些实验中,也可以通过测量平板表面静压脉动来代替皮托压力脉动。

　　静风洞模拟大气环境的低背景噪声,主要是为了解决与高超声速转捩有关

的基础和应用问题,在研制方面难点是如何降低风洞中各类噪声的问题。

从需求角度看,分为理论研究需求和工程应用需求。在理论研究需求方面,转捩受背景噪声影响很大,体现为感受性问题,这是流体力学中一个极难解决的问题,在地面实验模拟设备方面,常规高超声速风洞和激波/活塞类风洞的流场噪声都比大气环境背景噪声高 1 个量级以上,因此,在地面通过实验解决上述转捩问题只能依靠静风洞。在工程应用需求方面,现代化的高超声速飞行器设计已经脱离了早期的冗余设计阶段,进入到精细化设计阶段,这一阶段的标志就是解决转捩及其控制问题,同样亟须研制静风洞来解决。

研制静风洞要解决的最关键问题就是如何降低流场中各类噪声的问题。如图 5.13 所示,超/高超声速喷管流场中的噪声源种类众多,而且相互关联,如喷管喉道上游的涡和波会相互作用,喉道下游壁面边界层的转捩会导致边界辐射出的波系更加复杂,这些因素给消除或削弱风洞噪声带来很大困难。

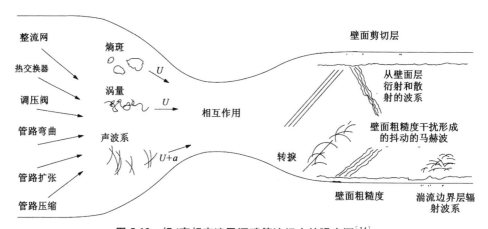

图 5.13　超/高超声速风洞喷管流场中的噪声源[14]

人们开展静风洞探索和研制以来,已经逐渐建立起一套解决该问题的办法[14-20],主要包括针对来流噪声的风洞结构设计方法;针对喉道上游亚声速扰动的边界层抽吸方法;针对喷管膨胀段壁面边界层转捩的慢速膨胀设计方法;针对喷管壁面粗糙度的高光洁度加工技术。

1. 针对来流噪声问题的风洞结构设计方法

从风洞的大体结构上来看,高超声速静风洞现有两种结构形式:一种是常规高超声速暂冲式风洞结构,另一种是路德维希管。

图 5.14 给出了常规高超声速暂冲式静风洞的结构示意图,图 5.15 给出了路德维希管式静风洞的结构示意图。从两种类型的静风洞的结构形式对比可以看

到两者之间的差别。两种风洞结构在喷管上游的复杂性差异很大,常规高超声速暂冲式静风洞结构噪声源的数量明显多于路德维希管式结构,在风洞运行过程中,将给喷管流动带来大量噪声,与之相反,路德维希管式结构则最大限度地消除了这些噪声源。因此,在静风洞结构形式上路德维希管具有明显优势。

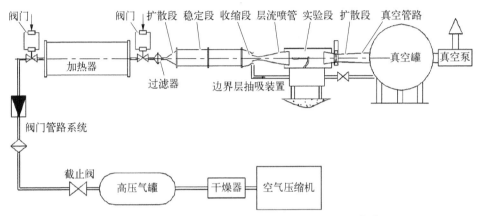

图 5.14　常规高超声速暂冲式静风洞的结构示意图[18]

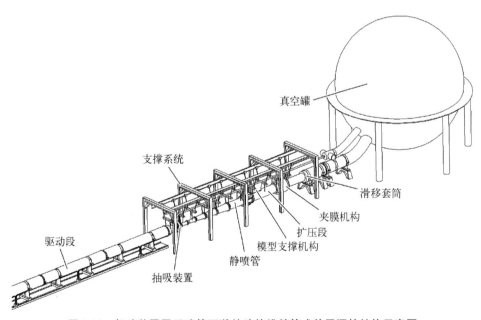

图 5.15　起动装置置于喷管下游的路德维希管式静风洞的结构示意图

　　在实际应用中,对于风洞口径较小的情况,也可以采用常规暂冲式结构设计静风洞,但是在稳定段的整流就要非常小心,既要保证稳定段上游的来流扰动尽可能被滤掉,又要保证来流压力不会下降太多,解决这一矛盾需要具体情况具体分析。

另外,即使是采用路德维希管,仍然存在起动装置设置在哪里的问题。从结构上看,起动装置可以设置在喷管喉道上游,也可以设置在喷管实验段下游,但是基于上述分析可知,将起动装置置于喷管下游可以消除喷管上游引入的噪声。因此,起动装置置于喷管下游的路德维希管静风洞是一种较优方案。

相比常规的路德维希管风洞,起动装置置于下游,风洞的启动时间被延后,其中多了一段膨胀波系向上游传播的过程。具体的运行原理见图5.16。

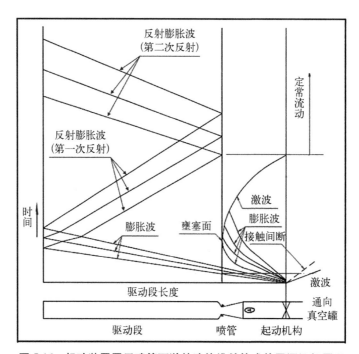

图 5.16 起动装置置于喷管下游的路德维希管式静风洞运行原理

风洞起动后,在起动机构处产生一道激波,直接向下游传播,不会干扰到喷管内的流场,而向上游传播的膨胀波系将在穿越喉道后在驱动段中反射,对喷管内的流场干扰也很小。也就是说,这样处理可以减少实验段内的扰动源。另外,向上游传播的膨胀波系在喷管膨胀段内也会反射,形成第二道向下游传播的激波,待这道激波完全通过喷管和模型后,流场即可建立。这导致从膜片破碎到流场建立需要一定时间,即风洞需要一定的起动时间。具体的起动时间和静流时间取决于设备的长度与结构形式。

采用路德维希管式结构建设静风洞,还面临一个驱动段气体加热的问题,一般有两种方案:一种是采用电涡流加热,即将驱动段作为一个大电阻,通电加热并做好电绝缘;另一种是采用电热带加热,将电热带缠绕在驱动段外围,通过接触导热加热驱动段金属壁然后利用对流换热加热驱动段内实验气体。

2. 针对喉道上游亚声速扰动的边界层抽吸方法

喷管上游流动具有速度较低(一般接近零速度),压力很高的特点。在进入喷管收缩段以后,流动存在一个明显的加速过程,从接近零的流速增长到喉道的声速,即数百米每秒。在这个加速过程中,边界层厚度和内部的扰动迅速增长,但同时由于收缩段截面收缩的径向压缩效应使整个流动在垂直壁面方向受到了挤压,对扰动的增长形成了抑制作用。因此,这两种作用的综合效果在收缩段壁面的亚声速边界层内形成复杂的互相干扰,这种干扰一旦通过喉道的声速区域,将会导致膨胀段内出现更多更强的扰动,不利于甚至无法获得需要的静流(噪声小的安静流动)。

边界层抽吸是通过在喉道上游一定位置设计的抽吸装置来吸除亚声速边界层的技术。如图 5.17 所示,对边界层的抽吸是通过一道环形的狭缝实现的,这道狭缝称为抽吸槽,抽吸槽的主要设计参数包括唇口形状、唇口距离喉道的距离(唇喉距)及狭缝内的最小距离(缝宽)。一般选择半圆或半椭圆曲线来设计唇口形状;唇口位置(唇喉距)一般在收缩段主流流速达到 70% 声速的附近区域内确定;缝宽则由抽吸流量占总流量的比例关系确定,一般流量比例的经验值为 30%~40%。

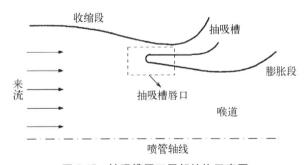

图 5.17 抽吸槽唇口局部结构示意图

抽吸装置设计是否满足目标,主要反映在抽吸流量是否适当。图 5.18 给出了抽吸槽流量从弱到强的变化对流场的影响。当抽吸槽流量不足时,称为弱抽吸,此时易在抽吸槽外壁面形成分离泡,反之在抽吸流量过大的强抽吸情况下则

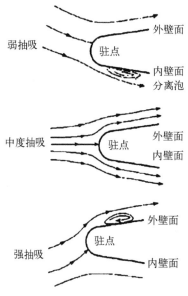

图 5.18 抽吸槽流量变化影响

会在抽吸槽内壁面形成分离泡,而在抽吸流量适当的中度抽吸情况下,在抽吸槽唇口两侧不会发生分离[21]。

由于分离泡在气流中是不稳定的,若分离泡出现在抽吸槽的外壁面也就是邻近喉道的上游,则不仅不能消除收缩段边界层,反而会引入新的扰动,使下游边界层流场更容易失稳。也就是说,弱抽吸达不到抽吸掉收缩段边界层的目的。另外,流量过高的强抽吸则会使流入喉道下游的实验气体流量减少,使风洞的运行时间减少,而且运行中的模拟参数也会相应地发生变化,因此强抽吸也不可取。所以如何选择抽吸槽的几何参数,使抽吸强度适度,是抽吸槽设计的目标和主要内容,具体的优化设计可以根据局部流场计算结果中驻点位置进行判断。

抽吸装置的气路一般布置在喷管收缩段和喉道段之间,然后通过管道与真空罐连接,图 5.19 给出了普渡大学静风洞抽吸装置的外观。

3. 针对喷管膨胀段壁面边界层转捩的慢速膨胀设计方法

喷管膨胀段型线是静喷管设计的核心部分,直接决定了喷管壁面的流动状态[22]。喷管膨胀段型线设计从流动特点上讲,分为快速膨胀设计和慢速膨胀设计两类。快速、慢速膨胀分别是指膨胀段型线的最大膨胀角偏大或者偏小的情况。一般来说,最大膨胀角在 10° 以下的为慢速膨胀,其喷管壁面的压力梯度较小,对应的局部雷诺数较低,流动不容

**图 5.19 普渡大学静风洞
抽吸装置的外观**

易发生转捩;反之,若最大膨胀角超过 10°,则流动较容易发生转捩。

采用慢速膨胀设计的喷管相对较长,如普渡大学采用 4° 最大膨胀角设计静喷管膨胀段,其静喷管出口直径为 240 mm,总长却达到了 2.5 m,如果静喷管出

口直径增大到 600 mm,其总长可达近 10 m。这么长的喷管,一般在工艺上采用分段设计、加工和安装来实现。在理论上可以假定喷管壁面是光滑的,但实际上,喷管壁面一定有粗糙度的和接缝台阶,也就是说,喷管越长,实际的边界层就越容易发生转捩,这与理论假设壁面光滑的情况产生矛盾,因此,膨胀段型线设计也存在根据实际情况进行优化的情况,即静喷管膨胀段型线设计要求最大膨胀角为 4°~10°。

4. 针对喷管壁面粗糙度的高光洁度加工技术

要在喷管出口获得静流场,除了上述结构和气动设计优化,还需要考虑实际的喷管加工能力,尤其是针对喷管关键部位的加工工艺水平。喷管抽吸槽唇口到喉道的部分及膨胀段是至关重要的部分,研究表明其表面粗糙度需要达到 Ra 值 0.05 才能够有把握实现高雷诺数条件下的静流。膨胀段要分成多段,相邻两段之间的接缝首先要求不能产生逆气流台阶,其次,要求阶差也要低于 0.05 mm。要想达到这种镜面级的加工水平,需要高精度车床或者依靠高水平的电镀工艺及精细研磨的工艺,其加工和安装所需时间及风险往往比常规喷管大数倍。

5.5　低密度风洞

低密度风洞是一种模拟高空稀薄气体环境下密度极低状态的风洞设备,目的是通过地面实验研究在 70~80 km 以上高空稀薄大气中高超声速飞行器的气动问题[12,23]。低密度风洞的结构与常规高超声速风洞相似,包括加热器、驻室、喷管、实验段、扩压段和真空罐。但在低密度风洞要求模拟的实际高空环境中,飞行器的速度很高,一般达到 4 500 m/s 以上,对应马赫数超过 15,所以,在低密度风洞研制中,需要考虑低密度和高马赫数带来的挑战,主要表现在如何降低真空罐的真空度问题和喷管壁面边界层厚度问题。

真空罐真空度问题是低密度风洞必须解决的根本问题。一般的高超声速风洞都需要足够的压比才能启动,其中估算真空压力值上限的公式即为喷管入口总压和出口静压的等熵关系式。从该等熵关系式可以看到,如果总压 P_0 一定,则在实验气体为双原子分子时,比热比为 1.4,喷管出口静压 P 与 Ma 的 7 次方呈反比。对于低密度风洞而言,马赫数很大,意味着 P 非常低,对应要求真空罐初始压力极低,一般需要达到几帕甚至 1 Pa 以下。从实际的高空气体压力环境来看,海拔 80 km 处的大气压力约为 1.05 Pa,也要求低密度风洞的真空罐压力能够达到 1 Pa 以下。这就需要建设一套真空能力非常强大的真空泵组和一个容积很大的真空罐。真空罐的低压环境需要对其内壁进行特殊处理,不能使用低压条件下易挥发气体的材料,否则无法达到低密度风洞要求的真空度水平。

喷管壁面边界层厚度问题是指流场马赫数过高时(一般大于马赫数 15),在同样出口直径的条件下,喷管显然会更长,其壁面边界层厚度随之大幅增加,导致出口流场马赫数均匀区减小,如马赫数为 25 的喷管,其喷管出口流场的均匀区尺寸仅有出口直径的 30%,而在马赫数较低时,这个比例可以达到 60% 以上甚至接近 90%。针对这一问题,采用锥型喷管是一种有效的方法,因为在相同的膨胀比(出口截面积与喉道截面积之比)条件下,锥型喷管比型面喷管短,也就相当于抑制了喷管内壁面边界层的发展。

低密度高超声速风洞的加热器根据设备使用的气源采用不同的加热器。如果风洞采用空气运行,就要考虑空气中氧气对加热器的影响。采用氮气作为实验气体就可以采用石墨电加热器或者电弧加热器。

从 20 世纪 40 年代至今,世界各国建设了多座低密度风洞,包括美国、俄罗斯、德国、英国、法国和日本等[24-29],早期的低密度风洞口径都较小,一般不超过 400 mm,随着高超声速飞行器的发展,低密度风洞的口径也达到 1 m 及以上。

法国国家科学研究中心(Centre National de la Recherche Scientifique, CNRS)的 SR3 高超声速风洞位于 Meudon,是一座连续式低密度风洞(图 5.20),有自由射流实验段,总温可达 1 500 K,单位雷诺数范围为 $2 \times 10^3 \sim 2 \times 10^6/m$,马赫数为 0.6~22。该风洞实验段直径为 2 m,马赫数 12 以下使用型面喷管,马赫数

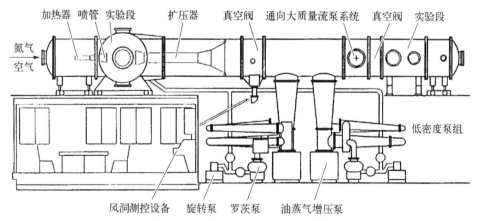

图 5.20　法国的 SR3 风洞示意图[28]

12 以上使用锥形喷管。马赫数不同,喷管出口尺寸不同,喷管出口直径为 150~400 mm。该风洞可开展高空空气动力学问题研究、高空羽流撞击实验、高超声速再入空气动力学问题和航天飞机的相关实验研究。

中国空气动力研究与发展中心的 $\phi0.3$ m 高超声速低密度风洞是一座连续式自由射流型风洞,具有卫星、飞船、弹头等在 30~90 km 高空时低密度、低雷诺数条件下的地面实验模拟能力,主要由大功率加热器、前室、喷管、实验段、扩压器、真空系统、测控系统等构成,其工作介质为氮气,马赫数为 5~24,其中马赫数 5~12 为型面喷管,马赫数 16 和 24 为锥型喷管,马赫数 12 以上时用石墨电阻加热器对气流进行加热,前室总温在 300~1 700 K 内可调,单位雷诺数为 $0.44\times10^5 \sim 2.8\times10^7$/m。

综上所述,在高超声速低密度风洞中可以开展高空空气动力学、高空羽流撞击、高超声速再入、激波/边界层干扰、喷流、湍流等大量实验研究。目前,世界主要航天国家包括中国都在积极研发临近空间飞行器、天地往返飞行器和开展深空领域的探测活动(如月球和火星探测),必然会遇到低密度低雷诺数条件下的大量空气动力学问题,高超声速低密度风洞是重要和必要的地面实验研究手段。

5.6　燃烧加热风洞

5.6.1　燃气流设备

燃烧加热设备也称燃气流设备,早期规模较小,主要用于高超声速飞行器的热防护材料筛选。随着高超声速飞行器的发展,热应力、热匹配和热结构问题成为飞行器防热设计中不可回避的课题。对这些问题开展研究需要实验气流具有足够的总焓、总压、马赫数,还特别要求实验设备有足够大的尺度,以容纳各种形状和一定大小的实验模型或全尺寸部件实物。由于当时的电弧风洞受到功率和承压限制难以满足这一要求,20 世纪 60 年代燃气流设备因为功率大得到广泛的应用和发展,各国相继建造了许多专门用作气动热实验研究的燃气流装置。20 世纪 70 年代,美国洛克希德马丁公司燃气流设备(CONFLOW HPL)的燃烧室压力已经达到 30 MPa,总流量大于 100 kg/s,总功率达到 1 000 MW 以上。美国兰利中心的 8 ft(1 ft = 0.304 8 m)热结构风洞喷管出口达到 2.44 m,总温接近 2 000 K。国内在这个时期也建设了类似的燃气流设备。这类设备燃烧系统的燃料是各种碳氢燃料(煤油、甲烷、酒精、氢气等),氧化剂为液氧、空气、氧气。这些设备与电弧加热器相互配合,成为高超声速飞行器热防护研究的主要手段,开展各种高超声速飞行器的烧蚀实验,热应力、热匹配、热结构实验,粒子侵蚀实验和通信中断实验[30]。

燃气流设备有两种结构形式:一种是实验段开放的自由射流平台;另一种是实验段封闭的自由射流平台(或称热结构风洞),后面连接气流引射装置。

实验段开放式自由射流平台(图 5.21)主要包括:推进剂供应系统、燃烧室、喷管、模型支撑系统及测试系统。其中燃烧室是把推进剂(燃料和氧化剂)通过喷射混合进行燃烧,从而产生高温高压气体的场所,燃烧室末端连接喷管入口。燃料的喷注压力、流量、比例等都要根据实验目的所要求的流场参数而定。燃烧室和喷管一般需要采用冷却的双层结构,有些高压燃气流设备的喷管喉道还要采用烧蚀防热形式。

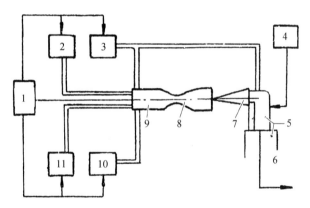

图 5.21 实验段开放式自由射流平台

1 -控制台;2 -燃料供应;3 -水冷;4 -支架控制;5 -模型支架;6 -测试管路;
7 -模型;8 -喷管;9 -燃烧室;10 -点火系统;11 -氧化剂供应

实验段封闭式自由射流平台(图 5.22)主要包括:燃料供应系统、燃烧室、喷管、实验段、模型安装系统、扩压器、引射器、测控系统等。除了实验气体采用燃烧加热相关设备外,该平台的结构和常规高超声速风洞是一致的。因为增加了封闭的实验段、扩压段和引射器,模拟范围更宽,总温、总压、马赫数相匹配,可以模拟真实飞行的马赫数、压力、雷诺数等,模拟高度为 25~40 km。

燃气流设备的主要不足是燃气气流成分不同于空气,对某些热化学反应占主导地位的烧蚀现象无法逼真模拟。另外,喷管产生的流场是污染流场,开展飞行器气动特性方面的实验也比较困难。

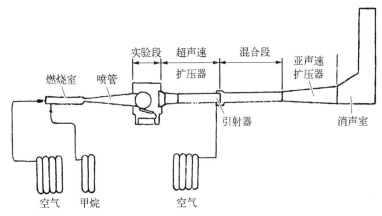

图 5.22　实验段封闭式自由射流平台

5.6.2　燃烧加热风洞

吸气式推进超燃流场特性和一体化地面实验研究不仅需要风洞流场气流有高的马赫数、焓值、动压,还需要满足超燃推进一体化的流场尺度、时间尺度及实验气体组分的要求。燃烧流设备具有高焓值、功率大、运行效率高、运行范围宽广等优势[31]。吸气式推进超燃流场特性和一体化地面实验研究利用了燃气流设备的这些特点,根据流场的温度和压力要求,通过控制喷注燃烧室燃料和氧化剂的比例,或者在燃烧后再次补氧,保证进入流场中氧气含量当量比和空气中氧气含量当量比相同,为超燃特性研究和一体化推进性能研究提供了实验条件。

美国兰利中心的 8 ft HTT 高温风洞[1,32,33]在 20 世纪 80 年代后期和 90 年代初,为了开展推进系统方面的实验,对风洞进行了升级改造。最主要的变化是增加了补氧系统,使燃烧加热后的气体中的氧含量与大气相同(图 5.23),具备了模拟超燃冲压发动机自由来流的能力。8 ft HTT 能够提供的总温与总压上限分别为 1 978 K 和 13 MPa。国内相关单位也先后建成此类设备[34]。这类设备通常称为燃烧加热风洞(或称超燃冲压实验台)。

燃烧加热风洞在结构上也可分为两类:一类是直连式设备,喷管出口直接和冲压发动机实验模型的燃烧室连接;另一类是带有封闭式实验段的自由射流设备,喷管出口连接封闭的实验段和低压真空系统。

直连式设备用于发动机纯内流实验,流量小、总压较低(仅需匹配经过前体激波后的发动机入口总压),投资和占地面积较小。

带有封闭式实验段自由射流设备用于发动机内外流一体化实验,流量大,总

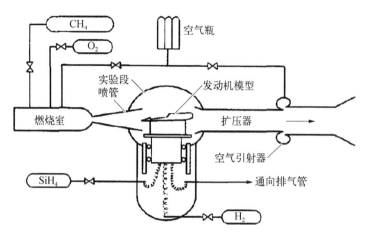

图 5.23 美国兰利中心 8 ft HTT 高温风洞系统

压高(需要匹配飞行来流总压或第一道斜激波后的总压),其实验时间相对较短。对于自由射流台而言,需要采用一定方式进行辅助排气,包括空气引射、蒸汽引射或燃气引射。

燃烧加热风洞主要设备部件及相关问题如下所述。

(1) 燃烧加热器作为燃烧加热风洞的核心装置,其燃烧过程是一个剧烈的、高度非线性的氧化还原反应,并且反应温度较高。

燃烧加热器的核心性能包括:稳定燃烧的温度、压力、当量比范围;加热器出口气流的温度和组分均匀度;点火容易程度,点火瞬时超压峰值;缓启动和变工况能力。

为实现上述性能,燃烧加热器需要根据燃料和氧化剂的燃烧特性、物态和流动特性等选择一定的流动组织方式,其中包含的流动组织样式大致包含以下要素:气气/气液/液液燃烧;预混/非预混;喷注器喷嘴个数和设置;点火方式;是否进行冷气掺混。

(2) 喷管设计。由于燃烧加热器出口的气流均匀性较差、温度偏高且组分与空气差异大,所以其喷管设计必须考虑以下要素。

按多工况变比热比设计:燃气的比热比在 1.3 左右且随温度变化,与空气差异较大,因此需要按照变比热比设计,同时为了兼顾不同总温对应的不同组分,需要在设计时考虑工质物性变化的影响。

喷管冷却,特别是喉道部分,通常采用水冷以实现长时间实验。

采用大收缩比以提高流场品质,但是这一点与尽量减少燃烧室容积以减少燃烧室点火前累积的可燃物相矛盾,因此需进行综合优化设计。

(3)排气装置。燃气流设备的排气装置在设计时考虑以下要素:① 对于非真空引射型的排气装置,除了降噪外,还要进行吸附、脱硝等操作以满足环保要求;② 大流量长时间高速高温来流需要冷却,因此排气装置(包括对应的超声速扩压器)往往需要喷水和一定程度的热防护,以保护壳体和降噪设备;③ 由于来流含有大量的水蒸气,而且在点火失败的情况下会含有燃料和氧化剂,所以排气装置应设有排水渠道,选用的材质应耐相关介质的腐蚀;④ 如果采用蒸汽引射或燃气引射,相关附属设施要与主设施协同设计。

(4)气源。燃烧加热风洞的气源不仅包括空气,还包括燃料和氧化剂,这些物料在储存时不仅有高压常温气态,还可能包含常压常温液态、常压低温液态甚至高压常温液态。由此带来诸多问题,需做好相关安全防护措施。

(5)测控装置和测试设备。由于物料多且分散、测点和控制点多、安全风险多,燃烧加热风洞的测控装置变得更加复杂,因此需要采用以下风险控制措施:① 设置充足的备用紧急电源、控制气源、吹除气源,保证任何情况下都可以实现紧急停机并关闭相关物料阀门;② 对于燃料、氧化剂等物料的阀门必须定期检查和维护,重点关注阀门开启过程中管道内流量随时间的响应曲线和延时长度,结合控制系统准确控制进入燃烧加热器的流量和当量比及点火时刻;③ 严谨操作流程和阀组时序,点火相关操作应执行失效分析,并按计划严格执行,杜绝安全隐患。

由于主要针对发动机内流实验,所以燃烧加热高超声速地面实验设备的测试设备除包含常规高超声速风洞同样具有的测力、测热、测压等传感器外,还必须包含一套化学采样分析测试设备。

5.6.3 燃烧加热方式对超燃流场特性的影响

采用燃烧加热方法的高超声速实验设备有其局限性。流场来流是燃烧产生的污染空气,这些污染组分包括 H_2O、CO_2、微量自由基等。污染组分将造成风洞实验气体物理化学属性与真实空气存在一定差异,对风洞流场与实验模型流动产生附加的物理化学影响,这些因素直接影响参数与实验的天地换算和一致性问题[35]。这些因素包括以下两种。

1. 参数匹配和天地换算一致性问题

(1)分子量、摩尔分数和质量分数匹配一致性问题。对于仅含碳氢氧元素的燃料而言,氢碳比>3.12 的燃料,完全燃烧产物中掺氧至 21%摩尔分数时,分子量会低于纯净空气,而氢碳比<3.12 的燃料,分子量会高于纯净空气。同样质量流量的气体,分子量不一致会导致摩尔流量不一样,从而指定当量比的超燃冲压发动机燃料流量不一样。

由于酒精和乙烷氢碳比非常接近 3,所以在常规燃料中,酒精和乙烷加热器如果能充分燃烧,生成的气体分子量最接近纯净空气,在可用范围内可以忽略这个不一致的效应。

（2）比热比、总温、总焓、总压匹配一致性问题。由于比热比不同且随温度变化,污染空气无法同时准确匹配总温、总焓和总压及其他净参数,只有其中部分参数的组合可以准确匹配,其他参数则只能近似匹配。

2. 模拟低空条件的冷凝问题

常用燃料产生的来流必然带 10%~20%的水蒸气,大量的水不仅导致上述分子量和比热比的失配问题,还会导致高马赫数条件下的冷凝问题。由于平流层静温对应的水饱和蒸汽压只有几十帕,因此在低空条件下必然导致部分凝结,可能会严重影响实验结果。

燃烧加热风洞实验中,准确同时再现飞行参数是不可能的,选择实验模拟的相似准则和确定天地一致性换算方法是重要的工作。

5.7　电弧加热气动实验设备

20 世纪 50 年代初,开始应用空气放电产生的等离子体射流模拟导弹或返回式飞行器的再入热环境(2 000~12 000 K)。电弧加热设备是目前唯——种模拟飞行马赫数为 8~20 的飞行器长时间所经历的气动热环境的地面实验设备,利用这种地面设备可以验证或考核高超声速飞行器材料防热特性或部件的热结构性能。经过几十年的发展,通过采取技术措施消除或减少弧室材料对气体的污染,电弧加热技术在高超声速气动力研究设备中也发挥出重要作用。

1. 电弧加热器原理

电弧加热器产生的高电压直流电弧通过辐射、热传导和对流换热方式对进入水冷加热器内部的气流进行热能传送,从而形成高温热气流,通过电弧加热后的气流再通过喷管膨胀进入实验段,图 5.24 是一个典型的气旋式稳弧电弧加热器结构。随着放电强度增大,电弧加热器内的实验气体温度升高,超过 4 000 K以后,电弧室材料产生化学、热力学和机械效应,影响实验气体的组分和热力学状态及混入固体粒子,使实验气流产生污染。为了提高电弧加热器的性能和稳定性,市场上推出了各种类型的电弧加热器。根据稳定弧室电弧方法可以分为气旋式电弧加热器、磁旋式电弧电热器、片式电弧加热器等。高性能片式电弧加热器结合了气旋模式和磁旋模式,采用了片段式组装结构,减少了电极烧蚀,能够产生一种相对干净的高温实验气体。电弧加热器设备必须做好热防护设计,结构上均采用夹层式,便于通入冷却水冷却。

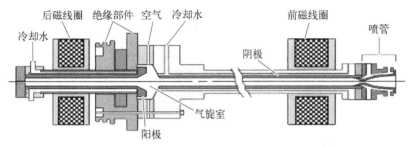

图 5.24　一个典型的气旋式稳弧电弧加热器结构[1]

电弧加热器在高功率运行中存在由电极、弧室材料和喷管喉道烧蚀等引起的气体污染是影响电弧加热器应用的主要因素,电弧引起的气体电离和离解也会引起实验气体的组分特性变化。但由于电弧加热设备能够产生高温高焓气流,因此电弧加热器主要用于再入飞行器的防热材料研究。早期的电弧加热器功率都很小,目前电弧加热器风洞的功率已经达到几十兆瓦甚至上百兆瓦。电弧加热器的运行时间可以从几秒到几分钟,或更长,通常由电网直接驱动,因此大功率的电弧加热器的电源配备也是一个重要的工作。

2. 电弧加热风洞

电弧加热风洞是利用电弧加热器作为风洞的加热器,通过电弧放电获得高总温实验气体的实验设备。电弧加热风洞在结构上和常规高超声速风洞相似,电弧加热风洞的总温高,因此可以匹配高马赫数的喷管,获得宽马赫数的实验条件。电弧加热风洞主要用于材料热考核实验和飞行器的部件结构热考核实验,也可开展一些高超声速飞行器气动力方面的实验,以及开展高超声速推进、高超声速气动力测量和飞行器模型测热等实验[2]。氮气运行的低密度风洞也有采用电弧加热的方式。图 5.25 是俄罗斯 TsAGI 的 T‑117 风洞结构示意图,该风洞除了加热器采用电弧加热,风洞的其他部分都和常规高超声速风洞一致。

俄罗斯 TsAGI 的 T‑117 风洞(图 5.26)是一座比较典型的大型高超声速电弧加热暂冲式风洞,低压引射采用了气流引射和真空引射两种引射方式,1979

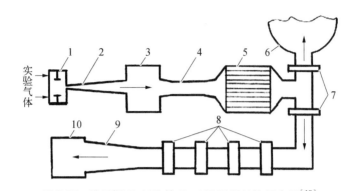

图 5.25 俄罗斯 TsAGI 的 T－117 风洞结构示意图[18]

1－电弧加热器;2－喷管;3－实验段;4－扩散段;5－热交换器;6－真空罐;
7－真空隔离阀;8－引射器;9－亚声速扩散器;10－排气装置

年建成运行[36-39]。该风洞具备先进的气动力和气动热实验能力,实验气体为氮气、空气等,可模拟马赫数为 7.5~18.6,总压为 0.8~20 MPa,总温为 600~3 400 K 的高超声速流场。

图 5.26 俄罗斯 T－117 风洞外观图

中国航天空气动力技术研究院的 FD－16 风洞高线设备(图 5.27)采用电弧加热器。在实验气体为空气,总压为 2.9 MPa、总温为 965 K、马赫数为 10 的状态下,喷管出口直径 ϕ1.2 m,流场均匀区可达 ϕ0.8 m。针对来流铜离子污染问题进行了实验评估,经过测定,驻室中铜离子含量在 40 ppm(1 ppm = 10^{-6})以下,可以忽略离子污染的影响,校测流场均匀稳定。FD－16 风洞高线设备具备马赫数为 10 的气动力实验能力。

图 5.27　FD‐16 风洞高线设备

3. 热射风洞

热射风洞(热冲风洞)也是通过电弧放电加热实验气体,但是在运行方式上和常规电弧加热风洞不同。热射风洞有个固定容积可作为电弧加热的驻室,驻室与喷管之间用膜片隔开,喷管下游与实验段和真空系统连接,图 5.28 是热射风洞结构图。热射风洞在启动前,先把实验气体(空气或者其他气体)充入高压驻室内,运行时储存的电能通过驻室内的电极瞬间(一般在毫秒量级)放电,将驻室内的实验气体加热到很高温度,同时压力也急速增加,压力达到一定值时膜片破裂,高压高温气体进入喷管膨胀,在实验段得到高超声速流场,然后通过扩压器排入真空箱。热射风洞的实验段流场是个准定常流动,工作时间在几十毫秒到上百毫秒,实验过程中驻室压力和温度在不断下降,考虑驻室容积、喷管喉道尺寸和实验状态等实际因素,会下降 10%~50%。热射风洞相比普通的电弧风洞是在更高的电压下瞬间放电的,在短时间内释放出大量能量,图 5.29 是热射风洞电弧室结构。

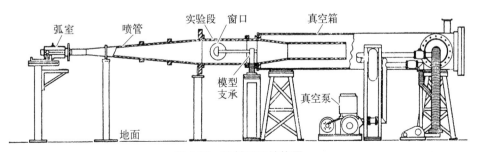

图 5.28　热射风洞结构图

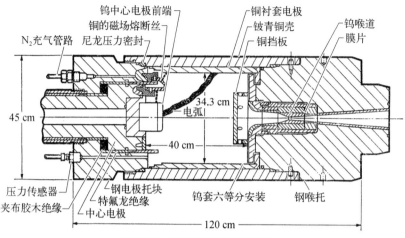

图 5.29　热射风洞电弧室结构

　　热射风洞和电弧风洞一样,开展气动力实验首先要解决气体污染问题。电极、弧室材料和喷管喉道烧蚀等影响实验气体的组分及热力学状态,使风洞很难获得稳定的纯净气流条件。在采用氮气作为实验气体情况下,在 4 000 K 以下运行,同时减少电弧室裸露在热气体中的绝缘材料,可以消除热化学效应,采用氮气也避免了喷管喉道氧化引起的侵蚀。对于空气作为实验气体的情况,考虑到氧气的离解温度,热射风洞合适的运行总温是 3 000 K 以下。

　　利用氮气作为实验气体,热射风洞马赫数可以达到 20,总压可以达到数百兆帕,可以模拟较高的雷诺数。通过增加电弧室压力、采用大的电弧室也可以扩大热射风洞的模拟能力,但是这也需要大的储能装置。

　　热射风洞的能源驱动方式既可以采用电网直接供电,也可以采用储能方式。储能方式有电容储能和电感储能。电网直接供电是最经济的方式,但是需要有大功率的电网,大功率的瞬间放电对电网的电压稳定也可能产生影响。

　　热射风洞与激波风洞在马赫数-雷诺数模拟方面相似,但是热射风洞有效运行时间比通常的激波风洞实验时间长,是一个明显的优点。不过也要注意到,运行时间长也意味着电弧室内对各种材料衬套的耐高温性能要求更高,这个矛盾需要针对具体需求进行总体衡量来解决。

5.8　高超声速弹道靶

　　高超声速弹道靶(hypersonic ballistic range)是一种直接将模型加速到预设

速度的气动实验设备,它可以在超高速范围内同时模拟再入飞行器马赫数、雷诺数和焓值。与风洞类设备相比,弹道靶洞壁干扰较小、无模型支承干扰、不存在流场品质好坏问题,在一个设备上仅通过对模型发射参数的调整就能实现很宽的马赫数模拟等优点。因此,在高超声速气体动力学和再入气动物理学研究中,能发挥特殊重要作用。

弹道靶包括两个部分:一个是将实验模型加速到规定速度的发射炮(或者称为发射器),另一个是提供可控制的模型飞行环境和在其中进行测量的实验靶场或靶室。

为提高高超声速弹道靶中的模型发射速度,发射器通常采用二级轻气炮,把实验模型完整无损地发射到 7~8 km/s 或更高的速度。普通火炮由于火药燃气分子量大、声速低,即使用特别加强的炮体,使用大量的火药和很轻的弹丸,弹丸的最大出口速度也只能达到大约 3.6 km/s。几十年来虽然许多化学家做出了很大的努力,迄今也还没有找到能产生低分子量燃气的火药,因此,可以说 3.6 km/s 是一级火药气体炮的极限速度。在自然界中氢和氦是分子量最低、声速很高的气体(称为轻气),但要想用轻气把弹丸(模型)推动到我们所要求的速度,还必须设法提高其压力和温度。二级轻气炮的设想(利用炮的第一级来提高轻气的压力和温度)就是在这种情况下产生的。

图 5.30 是火药驱动的活塞压缩型二级轻气炮示意图。它的运行原理是:点燃火药,当燃气压力达到预定值时,活塞后的膜片破裂,活塞向前运动(此即炮的第一级);发射前压缩管内已充入轻气(氢气或氦气),经活塞压缩,压力和温度迅速增高(压力可达 100~200 MPa,温度可达 3 000~4 000 K),当压力达到预定值时,模型后的膜片破裂,模型向前运动,直至从炮口射出(此即炮的第二级),发射管事先根据需要抽到相应低压状态,由于直接推动模型前进的气体是轻气,所以模型可以达到极高的出口速度。有的轻气炮在第一级采用瞬间充入高压气体来代替火药燃烧推进。图 5.31 为二级轻气炮运行原理波系图,二级轻气炮的运行过程和炮风洞(带有活塞的激波风洞)相似,为了提高二级轻气炮的

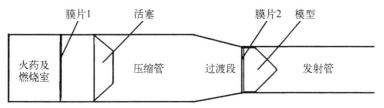

图 5.30　火药驱动的活塞压缩型二级轻气炮示意图

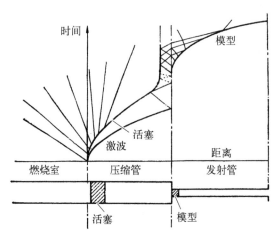

图 5.31 二级轻气炮运行原理波系图

性能所采用的方法和炮风洞(激波风洞)也是一样的,所以从火药室到压缩管、再到发射管的直径通常会一个比一个小。

弹道靶的实验靶场位于发射器下游,在靶场沿路上配置各种测试站点,在发射器出口和实验靶场之间通常会加装一个膨胀段(图 5.32)。

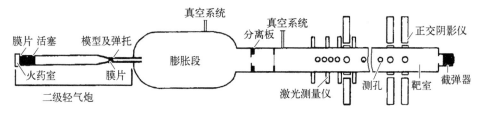

图 5.32 弹道靶结构组成

实验靶场是模拟飞行环境并进行测量的场所。在一般情况下,靶场需要抽真空以模拟不同的飞行高度,在模拟行星大气时也可以在其中更换其他气体。实验用各种测量仪器一般在中小型弹道靶会安装在靶筒外,并在靶筒上布置观测孔;在一些大型弹道靶中,为了减少观测孔密封和因光线折射对测量造成的误差,将测量仪器安装在靶筒内。为满足某些特殊实验需求,还必须建造特殊的靶场或者对靶场进行特殊处理,如模拟粒子云侵蚀的雨、雪环境等。

膨胀段的主要作用是吸收发射器气体、弹托瓣和膜片碎片,保证靶场中的气体成分和流场不受干扰;尽可能减少发射器出口火花对测试系统可能引起的光学干扰。为了达到此目的,许多弹道靶除了将膨胀段出入口设计得尽可能小,还在膨胀段进入靶场的入口处加装一道快速阀门,该阀门能在模型到达之前一瞬间迅速打开,待模型通过后又迅速关闭。此外膨胀段压力一般比实验靶场的压力低些。

弹道靶实验模型的设计与制造水平直接关系到实验是否成功。弹道靶实验模型和其他气动实验模型一样,必须与所模拟的飞行器几何相似。所不同的是,弹道靶模型要在发射过程中经历 $10^6 g$(g 为重力加速度)量级甚至更高的加速度仍能保持完整无损,为避免模型与灼热的推进气体直接接触并与发射管发生摩擦,同时为了密封、保证模型的发射姿态,模型在发射过程中必须用弹托包起来。模型与弹托分离一般采用气动分离法,即利用模型与不规则弹托瓣间的不同升阻比特性,使弹托瓣偏离模型飞行轨迹。

由于弹道靶中实验模型以极高速度飞行,这就要求弹道靶实验中的测量方法为非接触式,并能自动响应模型的到达、记录测量结果。最基本的测量系统用来确定模型飞行过程中的位置和姿态历程,由沿靶场方向的若干个测量站组成,每个测量站又由触发延时系统、闪光光源、计时器、正交照相系统及坐标参考系统等组成。弹道靶还要根据实验需求配备各种特殊测量系统。

目前弹道靶主要用于高超声速气动稳定性、气动阻力和再入气动物理学(如再入飞行器周围等离子鞘和尾迹中的流动及光电效应)等方面研究。弹道靶中没有风洞中的喷管噪声,所以是研究高超声速流动的基本现象(如高超边界层转捩、激波干扰、真实气体效应、湍流的压缩性效应、热辐射等)的有力工具。此外在粒子云侵蚀、高速撞击等方面研究发挥重要作用。

弹道靶设备从 20 世纪 50 年代开始应用。随着航天技术的发展,许多国家的科研机构和大学都建有弹道靶设备。美国 AEDC G 靶是目前世界上最大的弹道靶,设备总长 560 m,直径为 3 m、长 283 m 的实验靶场拥有 45 个正交光学观察站,最大发射器出口为 203 mm,可以发射 0.16~3.2 kg 的实验模型,模型最大发射速度为 7.3 km/s,模拟高度为 67 km[1]。中国空气动力研究与发展中心 200 m 弹道靶总长达 310 m,配备最大 203 mm 口径的二级轻气炮,发射器最大长度为 105 m;靶室直径为 3 m,长度为 197 m,能将 8 kg 模型发射到 4.5 km/s,模拟高度为 80 km[39]。

进一步提高弹道靶的模型发射速度是提高弹道靶实验能力的有力保证。AEDC 曾提出三种将发射速度提升到 10 km/s 的思路:超高压高压段技术、注入式技术和两级活塞技术。

超高压高压段技术使用了一个在足够时间内可承受超高压力(压力峰值达到 344 MPa)的高压段来为模型加速。可承受高压的高压段与火药室之间为压缩管,活塞在压缩管内受火药爆炸推动而快速压缩气体,在高压段内形成高压,推动模型在发射管内高速运动。注入式技术通过附加一个轻气炮组件提供引向气流来对已经飞行至某处的模型进行再加速,需要沿着发射管的某些点注入额外的推进气体。两级活塞技术基于原轻气炮的活塞作为第二能源来加速模型到期望速度,具体通过在活塞内部安装火药和点火装置推动一个更小的活塞来实现二次驱动。AEDC 经过论证选择超高压高压段方案开展验证工作。

与其他气动实验设备一样,弹道靶也存在局限性:实验模型小,难以模拟复杂外形的细节;实验时间短;模型以较高速度飞行,给测量带来难度;实验模型通常为一次性,会增加成本。其中,以实验技术为例,大量的接触式测量方法在弹道靶中均不适用,主要可使用的技术为光学或电磁学非接触测量技术,包括阴影照相、雷达测量、光辐射测量、电子密度测量及脉冲 X 射线测量等技术。

5.9 高速火箭橇

火箭橇(rocket sled)是另一种采用直接模拟飞行器速度的地面实验设备,火箭橇是采用火箭发动机作为动力,沿着专门建造的轨道运行的一种实验工具。火箭橇主要用于研究实验件在空中高速度、高加速度运行时所遇到的诸多技术问题。因此,在航空、航天、兵器及高科技领域的科学实验研究中具有极为广泛的应用,可承担救生设备研制、宇宙飞船、导弹弹头制导、冲压发动机等相关实验任务。随着火箭橇速度的提高,在高超声速实验领域将发挥越来越重要的作用。

火箭橇测试系统由滑车轨道、火箭滑车、制动系统、测试系统及实验件等组成。① 轨道:类似于直线铁路的路轨,有单轨、双轨和三轨几种,多采用双轨。轨道通常用经过预制加工的重型钢轨焊接而成,需要有很高的平直度,使用期间还需定期校正,弯曲或表面粗糙的轨道会使滑车产生不应有的过载和振动。采用水刹车方式的滑轨,轨道之间布置有水槽,按一定距离以隔板隔开。世界上最长的滑轨长 16 km(图 5.33)。② 火箭滑车:一般由车体、滑块、动力系统和制动系统组成(图 5.34)。滑车的前后滑块包住轨道的钢轨凸缘,用以支撑滑车在滑轨上滑行,图 5.35 为典型的轨道滑块。动力系统可用固体火箭或液体火箭,也可用固液混合推进剂火箭,也可以制成单独的推进车。③ 制动系统:有水刹车、沙刹车、反推火箭、阻力伞、拦阻索等几种方式。④ 测试设备:有速度测量系统、光学照相设备、遥测设备和数据处理系统、时间同步系统等。火箭橇实验场滑轨的方向通常采用南北走向,但与地球经线方向并不重合,而是略有偏斜,用于抑

图 5.33　美国 Holloman 高速火箭橇轨道俯瞰(从中下部向上延伸到天际)[40]

图 5.34　轨道上的 4 级火箭橇滑车和装置

制地球自旋引起的实验误差,具体的偏斜方向和角度与滑轨所在的南北半球及具体的纬度有关[38-42]。

　　火箭橇实验运行可分为 4 个阶段:轨道滑车加速、等速运行、减速滑行和制动。各个阶段的状态由滑车的重量、气动特性、推进火箭和制动装置的性能来决定。根据实验所要求的各种速度、加速度和加速度变化率,确定滑车的装备和运行方式。滑车的制动多采用水刹车方式,即利用动量转换原理将滑车动能转变为水的动能来实现制动。当进入制动段时,装在火箭滑车上的斗斗冲破轨道间

图 5.35　典型的轨道滑块

水槽的隔板,水进入戽斗,经过转向管道,向前进方向高速喷出产生制动力。制动快慢靠调节各个隔板间的水位高低来控制。实验时,实验件安置在滑车上,随同滑车一起运行,达到实验所要求的速度和加速度后实施具体实验。实验完成后回收实验件,对所测数据和图像资料进行分析[41,42]。

　　基于火箭橇开展和气动相关的项目包括:在气动载荷作用下结构的完整性实验;颤振实验和抖振实验;弹射和救生伞实验;火箭发动机喷气流实验;气动加热实验;激波干扰和爆炸波影响实验及升力、阻力、压力分布、铰链力矩等气动特性实验。此外,还可以进行跨声速高雷诺数实验,准确模拟高马赫数、高雷诺数、低飞行高度纯洁空气环境实验。实验速度的范围可以从低亚声速到高超声速,而实验件的重量可以从几克到几吨。

　　火箭橇实验的实现或重复、试件的观察、实验数据的采集都比飞行试验方便。试件可以投放或发射,也可通过刹车系统完好无损地回收,经调整再次利用。通过滑轨实验可以准确地、尽可能多地发现试件在设计制造上的缺陷,使实验室和全尺寸飞行试验得到衔接,填补航空、航天等武器装备系统地面实验的多项空白。滑轨实验已成为所有地面动态模拟实验中最能逼近真实飞行环境和置信度最大的一种实验手段。

　　火箭橇在水平方向上能够将模型加速到 2~3 km/s 的速度。2003 年 4 月 30 日,在霍勒曼空军基地一个四级火箭推动的火箭橇创造了马赫数为 8.5 (10 325 km/h)的世界纪录,所使用的设施是长度为 6 157 m 的高速火箭橇滑轨。推进系统使用四级火箭共 13 台发动机,每一个重 480 kg,火箭可以燃烧 1.4 s,产生 1 018.6 kN 的推力。火箭橇速度的提升会给设备带来一个严重的问题,即滑块和铁轨的撞击更为严重,导致滑块磨损、滑块/铁轨刨蚀及高幅值振动载荷,很容易导致实验失败。近年来磁悬浮技术不断发展,磁悬浮技术可有效地规避导轨和滑块的摩擦问题,因此未来可以考虑将磁悬浮技术应用于火箭橇实验中,使火箭橇能够开展更高效的高超声速实验[41,42]。

世界上仅有美国、俄罗斯、英国、法国和中国拥有火箭橇滑轨,美国的设备能力最为强大。目前各国都在通过各种技术手段不断提高火箭橇的运行稳定性、速度等实验能力。随着导轨与高速滑块之间的振动和撞击等一系列问题的解决,火箭橇在高超声速气动力特性实验及高超吸气式推进特性实验等方面将发挥更大作用。

参考文献

[1] 陆 F K, 马伦 D E.先进高超声速试验设备[M].柳森,黄训铭,译.北京: 航空工业出版社,2015.

[2] 卢卡西维茨 J.高超音速实验方法[M].董兴德,庄逢甘,译.北京: 国防工业出版社,1980.

[3] Richards B E, Enkenhus K R. Hypersonic testing in the VKI longshot free-piston tunnel[J]. AIAA Journal, 1970, 8(6): 1020 − 1025.

[4] 李明智.重活塞炮风洞考察报告[R].北京: 北京空气动力研究所,1996.

[5] Donelli R S, Schettino A, Perraud J, et al. Design of a laminar-turbulent transition flight experiment[R]. AIAA Paper 2005 − 3410, 2005.

[6] Planquart P H. 50 years of excellence in teaching and research at the von Karman institute for fluid dynamics[R]. AIAA Paper 2006 − 0134, 2006.

[7] 李明智.FD − 22 重活塞炮风洞实施论证报告[R].北京: 北京空气动力研究所,1995.

[8] Anfimov N. Capabilities of TSNIIMASH test facilities for experimental investigations of aerospace plane aerothermodynamics[R]. AIAA Paper 1993 − 5000, 1993.

[9] Orth R C, Kislykh V V. Data analysis from hypersonic combustion tests in the TSNIIMASH PGU − 11 facility[R]. AIAA Paper 1996 − 4584, 1996.

[10] Anderson A, Matthews R K, Mause J R, et al. Description and flow characterization of hypersonic facilities[R]. AEDC TR − 94 − 8, 1994.

[11] Lafferty J F, Coblish J J, Marineau E, et al. The hypersonic wind tunnel No. 9: Continued excellence through improvement and modernization[R]. AIAA Paper 2015 − 1340, 2015.

[12] Schrijer F J, Bannink W J. Description and flow assessment of the Delft Ludwieg tube[J]. Journal of Spacecraft and Rockets, 2010, 47(1): 125 − 133.

[13] Beckwith I E. Development of a high Reynolds number quiet tunnel for transition research[J]. AIAA Journal, 1975, 13(3): 300 − 306.

[14] Schneider S P. Development of hypersonic quiet tunnels[J]. Journal of Spacecraft and Rockets, 2008, 45(4): 641 − 664.

[15] Anders J B, Stainback P C, Beckwith I E. A new technique for reducing test section noise in supersonic wind tunnels[R]. AIAA Paper 1978－0817, 1978.

[16] Chen F J, Wilkinson S P, Beckwith I E. Görtler instability and hypersonic quiet nozzle design [R]. AIAA Paper 1991－1648, 1991.

[17] Schneider S P. Design and fabrication of a 9.5-inch Mach-6 quiet-flow Ludwieg tube[R]. AIAA Paper 1998－2511, 1998.

[18] Zhou Y W, Chang X Y, Yi S H, et al. The aerodynamic design of supersonic quiet wind tunnel[J]. Experiments and Measurements in Fluid Mechanics, 2002, 16(1): 61－66.

[19] 周勇为,易仕和. 高超声速静风洞特点和发展概述[J]. 实验力学, 2010, 25(2): 167－172.

[20] Li R Q, Shen J M, Gong J. Summary on development and structure of the hypersonic quiet tunnel [C]. The 4th International Conference on Experimental Fluid Mechanics, Beijing, 2014.

[21] Li R Q, Shen J M, Ji F. Aerodynamic design of the bleed slot in a hypersonic quiet nozzle [J]. Journal of Applied Mathmatics and Physics, 2014, 2(6): 437－442.

[22] Gong J, Yao D P, Liu X H. Aerodynamic optimization of the expansion section in a hypersonic quiet nozzle based on favorable pressure effect[J]. Journal of Applied Mathmatics and Physics, 2014, 2(6): 443－448.

[23] Potter J L, Kinslow M, Arney G D, et al. Description and preliminary calibration of a low-density, hypervelocity wind tunnel[R]. AEDC－TN－61－83 (AD262466), 1961.

[24] Abbott J M, Diedrich J H, Groeneweg J F, et al. Analytical and physical modeling program for the NASA Lewis research center's altitude wind tunnel (AWT) [R]. AIAA Paper 1985－0379, 1985.

[25] Holden M, Kolly J, Martin S. Shock/shock interaction heating in laminar and low-density hypersonic flows[R]. AIAA Paper 1996－1866, 1996.

[26] Wuest W, Koppenwallner G. The hypersonic low density wind-tunnel of the aerodynamische versuchsanstalt Goettingen operational behaviour and results on vibrational relaxation[R]. AIAA Paper 1968－0049, 1968.

[27] Westby M F. The royal aerospace establishment low density wind tunnel [R]. Defence Research Agency (Aerospace Division) Technical Memorandum Aero 2277, 1991.

[28] Allegre J. The SR3 low density wind-tunnel: Facility capabilities and research development [R]. AIAA Paper 1992－3972, 1992.

[29] Anyoji M, Ida S, Nose K, et al. Characteristics of the Mars wind tunnel at Tohoku university in CO_2 operation mode[R]. AIAA Paper 2010－1490, 2010.

[30] 任思根.实验空气动力学[M].北京：中国宇航出版社,1996.

[31] Erdos J I. Ground testing abilities,inabilities and options for scramjet development[R]. AIAA Paper 1997－3014, 1997.

[32] Huebner L, Rock K, Voland R, et al. Calibration of the langley 8－foot high temperature tunnel for hypersonic airbreathing propulsion testing[R]. AIAA Paper 1996－2197, 1996.

[33] Northam G B, Andrews E, Guy W, et al. An overview of hypersonic propulsion research at

NASA Langley Research Center[R]. Hampton：NASA Langley Research Center, 2006.

[34] 吴颖川,贺元元,张小庆,等.高超声速机体/推进一体化实验设备概述[J].科技导报,2020,38(12)：96-102.

[35] 谭宇,毛雄兵,焦伟,等.燃烧风洞不同模拟方式对超燃发动机性能影响实验研究[J].推进技术,2017,38(9)：2062-2068.

[36] Boldyrev S, Brazhko V, Vaganov A, et al. T-117 TsAGI hypersonic wind tunnel[C]. The 11th International Conference on Methods of Aerophysical Research, Novosibirsk, 2002.

[37] 国防科工委空气动力学专业组.俄罗斯中央通用机械研究院设备性能表[Z].1996.

[38] 魏叔如.超高速自由飞弹道靶和二级轻气炮[J].力学与实践,1982,3：74.

[39] 焦德志,黄洁,平新红,等.200 m 自由飞弹道靶升级改造[J].实验流体力学,2014,28(2)：95-98.

[40] Alban C J. Thermal and melt wear characterization of materials in sliding contact at high speed [D]. Ohio：Air Force Institute of Technology, Wright-Patterson Air Force Base, 2014.

[41] Ferguson S B. Staying on track. more than 50 years later high-speed track still provides vital testing[N]. Airman Magazine//the official magazine of the United States air force — accessibility/section 508, 2018-05-31.

[42] 王芸.现代火箭橇试验滑轨的发展[C].中国航空学会第十三届全国安全救生学术交流会论文集,威海,2009.

第6章

高超声速风洞气流参数测量

　　风洞气流参数的测量是风洞实验中一项重要的基础工作,风洞的运行调试、流场校测及在风洞中进行气动实验都需要对风洞的相关气流参数进行准确的测量[1-4]。通过气流参数测量,可以确定风洞的流场状态和流场品质。为了保证风洞的流场品质和状态,在风洞建成或重大改造后必须进行详细的气流参数测量和流场校测,给出稳定段(或驻室)内的总压、总温及流场的马赫数、压力、温度、组分等主要物理量的空间分布及气流噪声等动态特性,检验风洞性能是否达到设计指标,在风洞使用过程中也必须定期对风洞的流场进行校测。

　　由于高超声速风洞中的气流必须被加热且马赫数很高,高超声速风洞气流参数的测量有其特殊性,本章主要介绍高超声速风洞气流参数的测量方法,并就高超声速风洞流场品质对实验的影响进行讨论。

6.1　高超声速风洞气流参数测量理论与方法

　　风洞气流参数测量的目的是通过直接或间接手段,获得压力、温度、马赫数、组分等主要参数的时空分布,然而受限于高超声速流动特性,很难由直接手段测量气流静温、速度、密度等参数。庆幸的是,通过气体动力学理论及气体状态方程,可将这些参数关联起来,由测量的压力和温度换算得到。为更好地理解气流参数的测量方法及其理论依据,取风洞稳定段出口至喷管出口之间的空间为控制体,如图 6.1 所示,对该控制体内的气流进行分析,建立气流参数之间的关联关系。

　　假设壁面传热及摩擦损失等影响可忽略不计,流动是定常、等熵的,根据能量守恒可得

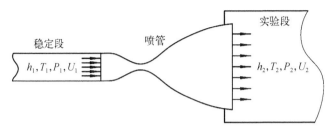

图 6.1 高超声速风洞稳定段入口至喷管出口之间的流动控制体

$$h_1 + \frac{1}{2}u_1^2 = h_2 + \frac{1}{2}u_2^2 \tag{6.1}$$

式中,h 为比焓;u 为气流速度;下标 1、2 分别表示稳定段出口和喷管出口。由于实验段内的气流速度是超声速的,任何侵入式测量都会产生扰动激波,难以测到未受干扰的气流参数;而稳定段的气流速度很低,一般在几十米每秒量级,很容易将其气流速度滞止下来,从而实现滞止参数的测量,故一般在稳定段测量气流的滞止压力 P_0、滞止温度 T_0,也称总压、总温,甚至可以直接采用稳定段的壁面压力来表征总压。

将式(6.1)转化为气流滞止参数与任一气流参数之间的关联关系:

$$h_0 = h + \frac{1}{2}u^2 \tag{6.2}$$

式中,下标 0 表示气流速度等熵地滞止到零时的气流状态。对于量热完全气体,比焓是温度 T 的单值函数,式(6.2)可简化为总静温关系:

$$\frac{T_0}{T} = 1 + \frac{\gamma - 1}{2}Ma^2 \tag{6.3}$$

式中,γ 为比热比;Ma 为马赫数,定义为速度 u 与当地声速 a 的比值,见式(6.4)。声速为小扰动在介质中的传播速度,对热完全气体而言,声速可表示为

$$Ma = \frac{u}{a} \tag{6.4}$$

$$a = \sqrt{\gamma RT} \tag{6.5}$$

式中,R 为气体常数。由等熵关系,可得总静压之间的关联关系:

$$\frac{P_0}{\rho_0^{\gamma}} = \frac{P}{\rho^{\gamma}} \tag{6.6}$$

式中,ρ 为密度;P 为压力。结合理想气体状态方程、声速方程[式(6.5)]和马赫数定义,整理可得

$$\frac{P_0}{P} = \left(1 + \frac{\gamma-1}{2}Ma^2\right)^{\frac{\gamma}{\gamma-1}} \tag{6.7}$$

对于高超声速流动,总压探针(也称皮托探针)测量的是正激波后的总压 P_{02},也称皮托压力。皮托探针入口正对部分的弓形激波强度与正激波一致,根据正激波关系,可得超声速流动正激波前后总压关系[5,6]:

$$\frac{P_{02}}{P_{01}} = \left(\frac{\frac{\gamma+1}{2}Ma^2}{1 + \frac{\gamma-1}{2}Ma^2}\right)^{\frac{\gamma}{\gamma-1}} \left(\frac{2\gamma}{\gamma+1}Ma^2 - \frac{\gamma-1}{\gamma+1}\right)^{\frac{-1}{\gamma-1}} \tag{6.8}$$

式中,P_{01} 为正激波前的总压。当温度较低时,实验气体处于量热完全气体状态,其热力学参数包括比热容、比定压热容为常数,只要测得实验气体在稳定段(或驻室)的压力、温度及待测部位的气流皮托压力,利用气动关系式(6.3)~式(6.8),即可确定马赫数、静压、静温、声速、速度。当常规高超声速风洞及激波风洞的模拟马赫数不超过 7 时,均可采用这种方式换算。单位雷诺数可根据其定义[式(6.9)]及 Sutherland 公式[式(6.10)]给定的黏性系数确定,L 为特征长度,μ_0 为 273 K 时气体的黏性系数,对于空气而言,$\mu_0 = 1.711 \times 10^{-5}$ N·s/m²,$C = 122$ K。

$$Re/L = \frac{\rho u}{\mu} \tag{6.9}$$

$$\frac{\mu}{\mu_0} = \left(\frac{T}{273}\right)^{1.5} \frac{273+C}{T+C} \tag{6.10}$$

对于常规高超声速风洞,一般情况下,热力学参数仍是温度单值函数,仅考虑温度效应进行修正即可。对于高焓高超声速风洞,实验气体温度非常高,会出现振动激发、离解、复合乃至电离等复杂物理化学现象,热力学参数变成温度、压力两者的函数,实验气体在喷管流动过程中甚至出现热化学非平衡效应,组分也发生变化,无法再通过上述气动关系,直接获取温度、速度等气流参数,需要考虑高温气体效应。

6.2　常规高超声速风洞气流参数测量

风洞中需要测量的参数很多,在高超声速风洞中压力和温度仍然是风洞实验中最主要的测量参数,通过对稳定段及实验段内气流压力、温度的测量,可换算得到其他参数。

6.2.1　压力测量

压力测量分为静压测量和总压测量两类。高超声速气流静压的测量非常困难,一般测得的都是喷管、装置或模型壁面的压力,根据高超声速壁面法向压力梯度近似等于 0 的理论,可知壁面压力就是气流压力,然而由于扰动激波的存在,实际测得的都是扰动激波波后气流压力,故静压测量主要用于了解被测表面周围的流动状况,将在 7.6 节进行详细的介绍。

本节主要介绍总压测量,包括稳定段低速气流的总压(也称驻室总压)测量和高超声速气流正激波后的总压测量。驻室总压是高超声速风洞实验中最重要的测量参数之一,也是风洞实验数据处理的最基本参考数据,而且在常规高超声速风洞中还需要通过驻室总压的监测来调节风洞流场状态,故只有得到准确的驻室总压数据,才能得到气动实验准确的实验数据。

1. 稳定段低速气流的总压测量

在常规高超声速风洞中通常使用安装在稳定段的总压管来测量风洞总压。最简单的总压管是一根正对着气流方向的开口管子(图 6.2),管子的另一端与传感器相连,进入开口端的气流被阻滞,因此总压管可以测量出管子前端开口处的局部总压。总压管头部可以是平齐的,也可以做成半球型。一般来说只要总压管轴线和气流流动方向之间的偏角小于 3°,就可以保证总压的测量精度。总压管头部测压孔径 d 与总压管外部直径 D 的比值要求不太严

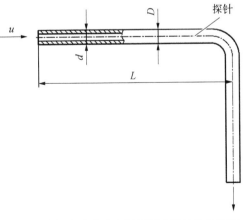

图 6.2　高超声速流动皮托探针流场结构示意图

格,内径 d 一般为 0.8～1.5 mm,外径 D 一般为 2～8 mm,总压探头头部和总压管弯曲位置的距离 L 要保证稳定段气流速度情况下弯曲管路不会对总压的测量产生影响。头部平头形状的总压管,在有更大气流偏角时也能在测量总压时不产生明显的误差,因此平头形状的总压管应用较为广泛。通常使用情况下不需要对总压管进行标定,但如果对测量精度要求很高,则需要对总压管进行校准。

为了保证在稳定段测量总压的准确性,可以测量多个位置的总压,采用把多根总压管安装在一字支架或者十字支架上,制作成总压梳状架,如图 6.3 所示,图 6.3(a)为中国航天空气动力技术研究院 FD－07 风洞稳定段总压排架,总压探头的材质为 1Cr18Ni9Ti,图 6.3(b)为 FD－07 风洞总压管路末端连接的总压传感器。在设计总压梳状架时,测点分布安排要注意相邻总压管之间的距离及支撑架宽度和安装在支撑架上总压管的长度,不要对测量数据产生干扰。梳状架上各总压管的长度应保持一致,使总压测量孔在同一截面上。总压管连接到高精度传感器,最终以测量总压的平均值为风洞驻室总压值。

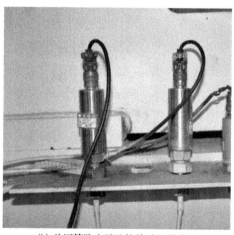

(a) 稳定段总压排架(从气流下游拍摄)　　　　(b) 总压管路末端连接的总压传感器

图 6.3　中国航天空气动力技术研究院 FD－07 风洞的总压测量

2. 高超声速气流正激波后的总压测量

高超声速气流正激波后的总压测量结构与驻室总压的一样,主要差异在于皮托管所处的气流速度,在超声速和高超声速气流中皮托探针头部会有脱体激波,皮托探针入口正对部分的脱体激波强度与正激波一致,因此用皮托探针测量的是正激波后的气流总压。在超声速风洞和高超声速风洞中,正激波后总压测量比较准确,通过测量风洞稳定段总压和喷管流场的波后总压,再结合式(6.8),

可得喷管流场的马赫数,这是超声速、高超声速风洞流场校测的最主要方法。

为了获得喷管流场的流向与横向品质空间分布,通常采用多根皮托探针安装在一字支架或者十字排架上,制作成总压梳状架,如图 6.4 所示,从前至后移动排架,依次完成喷管流场各流向截面正激波波后的总压横向分布测量,给出喷管流场的马赫数横纵向分布。

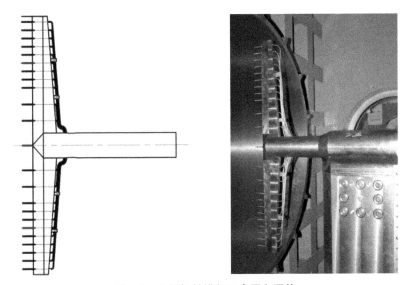

图 6.4　皮托探针排架示意图和照片

6.2.2　温度测量

温度测量包括气流温度测量和壁面温度测量。壁面温度测量主要用于高超声速气流对风洞壁面或模型表面的气动传热特性实验,获取气动热数据,目前已经发展了多种接触式、非接触式测量方法,将在第 8 章进行专门的阐述。本节主要介绍稳定段驻室气流总温测量和实验段高超声速风洞流场温度测量。

1. 稳定段驻室气流总温测量

高超声速风洞的实验气体需要进行加热,实验过程中必须保持稳定段气流总温稳定,才能保证实验数据的稳定。总温和总压一样是风洞实验数据处理的最基本参考数据,高超声速风洞实验中一方面需要实时检测总温,用来调整风洞来流,保证风洞流场状态稳定,另一方面总温数据是实验数据处理的重要依据,要保证总温数据的准确性。

常规高超声速风洞的总温测量通过测量风洞稳定段滞止温度作为气流的总

温,一般采用热电偶等接触式测量方法,结构如图 6.5 所示,是一种常用加防护套的总温探头,在温度敏感元件(热电偶)周围加装热屏蔽罩和隔热材料,气流进入防护套内部后,流速在测温节点达到驻点条件。防护套有效地减少了温度敏感元件的散热量,其内壁和测温点处的温度接近,减少了热损失,提高了测量精度,同时屏蔽罩必须开有排气孔,使气流以一定的内流速度通过测量端,确保测量端周围气体不断地更替。图 6.6 是 FD-07 风洞采用的高超声速风洞总温测量探针结构。

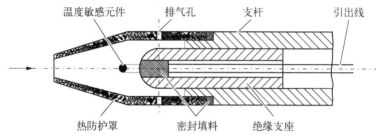

图 6.5　常用的带热防护罩型测温探头

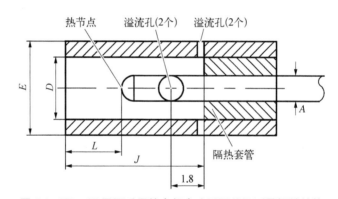

图 6.6　FD-07 风洞采用的高超声速风洞总温测量探针结构

　　根据经验测热探针结构设计的一般要求[4]: ① $L/D \approx 2$; ② 探测管气流进口面积与出口面积之比大于 2; ③ 裸露热电偶丝长度与偶丝直径之比大于 20; ④ 探测管头部壁厚尽量薄。

　　上述接触式测量方法中,气流速度并非绝热滞止到零,故热电偶的指示温度并不是总温 T_0,而是气流恢复温度 T_r[5]。由于气流速度未完全滞止到零,所以恢复温度 T_r 大于静温 T、小于总温 T_0,即 $T < T_r < T_0$。 在不考虑测温传感器的导热和辐射误差情况下,恢复温度与静温之差和总温与静温之差的比值称为恢复系数 r,即

$$r = (T_r - T)/(T_0 - T) \tag{6.11}$$

恢复系数可以作为表征测温探头性能的参数及其修正系数,恢复系数与气流的传热情况及温度计与周围环境的热交换情况有关,具体数值需要通过校测得到。当测量端气流马赫数小于 0.2 时,恢复系数非常接近于 1,误差可忽略不计,故在多数风洞实验测量中,用稳定段的气流恢复温度作为总温数据能够满足实验要求。

在常规高超声速风洞稳定段中,一般会存在轴向和横向温度梯度,稳定段的横向温度梯度反映气流加热的均匀性,横向温度梯度的存在会影响喷管流场实验区的温度场品质,可以通过调整前室气流混合机构提高均温效果。在实际应用中为保证测出的总温准确,和稳定段测量总压一样,通过一字或十字支架安装布置多个总温测点,利用多测点的平均值作为实验状态的总温数据。

2. 实验段高超声速风洞流场温度测量

由于风洞实验流场气流马赫数很高,测得的恢复温度与总温存在一定差异,故在实验段高超声速流场中进行温度场测量主要是为了确定实验段温度均匀区范围和温度场品质,也可以确定从稳定段到实验段的总温损失 ΔT_0。为减小气流速度和辐射对测温的影响,在高超风洞流场进行总温测量要采用带防护套的总温探头,可采用一字或十字支架布置多个总温探头在同一个截面测量出流场的温度分布。

6.2.3　流场马赫数校测

马赫数作为常规高超声速风洞实验相似准则的首要参数,是衡量流场品质的最关键指标,故高超声速风洞马赫数的测量极为重要。由于气流马赫数不能直接测量,一般通过压力测量求得流场马赫数。结合 6.1 节的理论与方法,可以通过测量稳定段总压和实验段流场静压求得流场马赫数,也可以通过测量实验段流场的正激波后总压和流场静压求得流场马赫数,还可以测量尖楔劈激波倾斜角的方法求得流场马赫数,但是由于在高超声速流场中用静压管测量静压存在比较大的误差,高超声速流场激波角也相对比较小,测量分辨率也会引起较大误差,所以上面三种方法在高超声速风洞校测流场马赫数中采用得比较少。高超声速风洞流场马赫数校测最常用的方法是测量稳定段总压和流场波后总压,通过等熵流公式计算得到马赫数。

高超声速风洞流场马赫数校测最常用方法的是用稳定段总压 P_{01} 和流场正激

波后总压 P_{02}[3,4,7]，由 P_{02}/P_{01} 的比值，根据式（6.8），通过迭代就可以得到流场测点的马赫数。因为总压测量相对比较容易，而测量精度也容易保证，马赫数能得到较高的精准度。实际数据处理时，稳定段总压 P_{01} 为所有测点的平均值 $\overline{P_{01}}$，即

$$\overline{P_{01}} = \frac{1}{n_\infty} \sum_{i=1}^{n_\infty} P_{01i} \tag{6.12}$$

式中，P_{01i} 为稳定段内的第 i 测点总压；n_∞ 为稳定段总压测点总数。实验段各测点的马赫数 Ma_{kj}，由波后总压与稳定段总压均值比值 $P_{02kj}/\overline{P_{01}}$，按式（6.8）计算得到，从而给出马赫数的横纵向分布。

考虑边界干扰，剔除处于射流混合层内的测点，即可划定以喷管出口为对称面的菱形区域作为可供模型实验使用的流场均匀区。根据式（6.13）～式（6.19），可以计算出流场马赫数分布的均匀性参数：截面平均马赫数 $\overline{Ma_k}$、截面马赫数最大偏差 $|\Delta Ma_k|_{max}$、截面马赫数均方根 σ_{Ma_k}、平均马赫数 $\overline{Ma}$、马赫数流向梯度 dMa/dX、马赫数最大偏差 $|\Delta Ma|_{max}$、马赫数均方根 σ_{Ma}。

$$\overline{Ma_k} = \frac{1}{n} \sum_{j=1}^{n} Ma_{kj} \tag{6.13}$$

$$|\Delta Ma_k|_{max} = |Ma_{kj} - \overline{Ma_k}|_{max} \tag{6.14}$$

$$\sigma_{Ma_k} = \sqrt{\frac{1}{n-1} \sum_{j=1}^{n} (Ma_{kj} - \overline{Ma_k})^2} \tag{6.15}$$

$$\overline{Ma} = \frac{1}{m} \sum_{k=1}^{m} \overline{Ma_k} \tag{6.16}$$

$$\frac{dMa}{dX} = \frac{m \sum_{k=1}^{m} X_k \cdot \overline{Ma_k} - \sum_{k=1}^{m} X_k \cdot \sum_{k=1}^{m} \overline{Ma_k}}{m \sum_{k=1}^{m} X_k^2 - \left(\sum_{k=1}^{m} X_k\right)^2} \tag{6.17}$$

$$|\Delta Ma|_{max} = |\overline{Ma_k} - \overline{Ma}|_{max} \tag{6.18}$$

$$\sigma_{Ma} = \sqrt{\frac{1}{m-1} \sum_{k=1}^{m} (\overline{Ma_k} - \overline{Ma})^2} \tag{6.19}$$

上述各式中,n 为均匀区 k 截面内的有效测点总数,m 为均匀区流向测量截面总数,X_k 为第 k 截面距实验段入口(或喷管出口)的距离。

高马赫数下,应当考虑高温真实气体效应。根据理论分析,当温度高于 556 K 时,空气分子的振动自由度激发,且激发程度与温度有关,比热比 γ 将随温度变化而变化,需要对比热比 γ 进行修正。修正公式见式(6.20)[8]。

$$\gamma = 1 + \frac{\gamma_p - 1}{1 + (\gamma_p - 1)(\theta/T)^2 e^{\theta/T}/(e^{\theta/T} - 1)^2} \tag{6.20}$$

式中,γ_p 为完全气体比热比,对空气为 1.4;T 为温度;θ 为修正比热比计算时的常值温度,对空气等于 3 055.6 K;e 为常数,自然对数的底数。

根据测得总压、总温及校测的马赫数,可计算出流场静压、静温、声速、速度、雷诺数、动压等参数。

实验段马赫数校测状态要覆盖风洞运行范围,总压一般包括常用总压、最高总压、最低总压,常规高超声速风洞中总温要保证相应总压条件下空气不发生凝结,高焓风洞校测中要考虑风洞运行的总温状态。

6.2.4　气流偏角测量

喷管气动型面设计和制造好坏的衡量标准,除了实验段主气流是否达到设计马赫数及实验段核心流区的马赫数分布是否均匀外,还要确认喷管出来的气流是否与风洞轴线平行,即需要对气流偏角进行测量,包括点气流偏角测量和平均气流偏角测量。

1. 点气流偏角测量

高超声速流场的点气流偏角测量一般采用方向探针结构,包括圆锥形方向探头或楔形方向探头。一个圆锥探头结构,如图 6.7 所示,半锥角为 15°,探针锥面均布有 4 个测量孔,用于测量流场某点位置的气流偏角,多个圆锥探头组成的

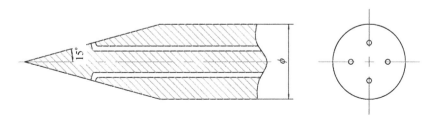

图 6.7　点气流偏角的单圆锥形方向探头测量结构

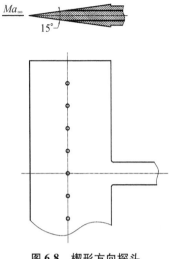

图 6.8　楔形方向探头

一字或十字形排架可实现测量多个点的气流偏角。楔角探头无须排架,即可实现垂直于流场的一条线上多个点的气流偏角测量,图 6.8 给出一种楔形方向探头示意图,该探头楔角为 15°。

当气流流向与探头方向一致时两侧压力相同,当两者方向有偏角时,两侧压力有差值,可以根据校测结果或者斜激波的关系式求解气流偏角,也可以通过探头正、反装测得的不同攻角下对称面两侧压力差拟合出对称面两侧压力差等于零时所对应的探头攻角,即正、反装零压差攻角,流向角等于正、反装零压差攻角之和的一半,方向相反。

2. 平均气流偏角测量

流场平均气流偏角可以采用测力标准模型进行正、反装测力实验得到。标准模型通常选用 AGARD – B 模型,如图 6.9 所示。

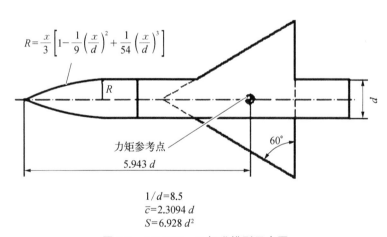

$$R = \frac{x}{3}\left[1 - \frac{1}{9}\left(\frac{x}{d}\right)^2 + \frac{1}{54}\left(\frac{x}{d}\right)^3\right]$$

力矩参考点

5.943 d

60°

$1/d = 8.5$
$\bar{c} = 2.3094\,d$
$S = 6.928\,d^2$

图 6.9　AGARD – B 标准模型示意图

模型正装和反装(即正装状态滚转 180°)时,天平安装保持不变,而且用尾支撑。对于 AGARD – B 标准模型,在攻角 $\alpha = -2° \sim 2°$ 内,升力线斜率几乎保持为常数。对于正装模型和反装模型分别测出 $\alpha = -2° \sim 2°$ 内升力 C_L 随 α 变化的升力线,用最小二乘法分别求出模型正装与反装时的零升力攻角,然后取两者差的算术平均值作为平均气流偏角。实际处理中,模型正装时的零升力攻角为

$\alpha_{(+)0}$；模型反装时的 α 和 C_L 值的符号与正装时相同，反装的零升力攻角为 $\alpha_{(-)0}$；纵向平均气流偏角 $\Delta\alpha_{av}$ 为

$$\Delta\alpha_{av} = \frac{1}{2}\big[\alpha_{(-)0} - \alpha_{(+)0}\big] \tag{6.21}$$

平均气流方向在水平面上与风洞中心轴线之间的夹角 $\Delta\beta_{av}$ 为横向气流偏角。$\Delta\beta_{av}$ 的正负与模型侧滑角 β 正负的定义一致。同样,模型水平正、反装 ($\alpha = 0°$),改变 $\beta=-2°\sim 2°$进行测力试验,用侧向力 $C_z\sim\beta$ 曲线求得 $\Delta\beta_{av}$。 正、反装侧向力为零时的侧滑角分别为 $\beta_{(+)0}$、$\beta_{(-)0}$,横向平均气流偏角为

$$\Delta\beta_{av} = \frac{1}{2}\big[\beta_{(-)0} - \beta_{(+)0}\big] \tag{6.22}$$

6.3　脉冲风洞气流参数测量

脉冲风洞(包括激波风洞、炮风洞)受其特殊的运行方式影响,某些参数的测量方式、方法有其特殊性。首先,需要考虑实验时间的限制;其次,在高熔运行状态下,高温气体效应凸显,实验气体不仅会发生振动激发物理变化,甚至会发生离解、电离等化学变化,还必须对实验气体的热力学参数进行测量。

6.3.1　总压测量

在激波风洞和炮风洞中,由于风洞的运行方式限制,压力传感器探头不能像常规高超声速风洞那样正对着来流方向安装,通常把压力传感器探头安装在风洞的固壁上。由于脉冲风洞运行时间通常只有几毫秒、几十毫秒,测量总压用的传感器要采用高频响压力传感器。

测量总压的传感器一般安装在喷管入口之前的被驱动段末端的侧壁上,如图 6.10 所示,测量的实际上是当地气流的静压。在反射型激波风洞运行中,这个部位的气流也是有流动的,不过一般从风洞被驱动段到喷管喉道的收缩比是比较大的,气流速度一般在几十米每秒,动压在总压中所占部分很小,一般不会超过1%,通常可以把测量出的静压作为总压处理,如果需要更精确的总压数据,可根据被驱动段截面积和喉道面积收缩比估算测点部位流动速度与实验气体特性,对总压数据进行修正。

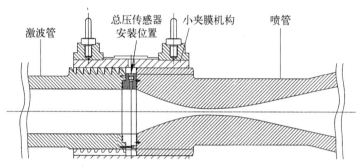

图 6.10　激波风洞总压测量结构示意图

6.3.2　激波管激波速度测量及总温测量

　　由于激波风洞实验时间只有毫秒量级,而且风洞喷管前的激波管末端也无法像常规高超声速风洞那样安装总温探头,激波风洞的总温通常根据风洞运行的初始条件和激波管中的入射激波速度通过激波关系式(见第 4 章)计算获得。

　　激波管的入射激波速度是衡量激波风洞实验气体被加热程度的关键参数。入射激波速度可以基于风洞运行的初始状态根据激波关系式取得;实际使用中为排除运行中的偏差,准确取得入射激波速度,也可以采用在激波管上安装一系列的高频压电传感器(图 6.11),快速捕捉入射激波扫过激波管上压力传感器的压力变化,根据传感器输出的压力变化时间差和传感器安装位置之间的距离,计算出入射激波速度,进而获得入射激波马赫数。

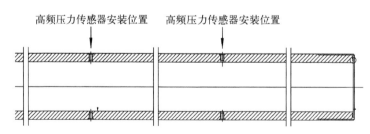

图 6.11　被驱动段压力传感器测量布置示意图

　　实践中为了验证激波风洞的总温,一般可以通过测量安装在实验段的特定半径的球头热流,将测得的热流数据代入球头驻点热流的经验公式求出流场的温度。

6.3.3　实验段参数测量

激波风洞和炮风洞实验段流场的压力测量(包括壁面压力测量和正激波波后总压测量)和常规高超风洞的测量方法基本相同,只是由于风洞运行时间短,测压传感器不能距离测点太远。通常测量模型表面压力时传感器安装在模型空腔内,用排架测量流场正激波后总压时压力传感器一般安装在支撑排架上。脉冲风洞流场马赫数校测也基本上和常规高超声速风洞相同。图 6.12 给出了一种激波风洞流场分布测量的排架结构。

图 6.12　激波风洞流场分布测量的排架结构

球头驻点热流测量一般根据风洞流场状态采用薄膜热电阻或同轴热电偶。具体热流测量方法和原理见第 8 章。球头直径 ϕ 一般为 20～60 mm,由于实验时间很短,温度传感器的温升一般从几开、几十开、到上百开,根据温升变化取得球头驻点的热流。通过测得的球头驻点热流、总压及校测得到的马赫数等参数,利用驻点热流公式,可以获得流场总温,对由激波速度和激波关系式计算出的总温进行验证。

给定流场条件下的球头驻点热流密度可以根据半理论半经验公式准确计算得到。典型的有 Fay － Riddell 公式、Lees 公式、Kemp － Riddell 公式、Scala 公式、Roming 公式等[9],它们分别适用于不同的条件。在这些驻点热流计算公式中,

Fay–Riddell 公式及其修正公式使用范围最广。Fay–Riddell 修正球头驻点热流公式为

$$\dot{q}_S = 0.763 \, Pr^{-0.6} \, (\rho_e \mu_e)^{0.4} \, (\rho_w \mu_w)^{0.1} (h_0 - h_w) K \sqrt{\left(\frac{\mathrm{d}u_e}{\mathrm{d}x}\right)_S} \tag{6.23}$$

式中,ρ 为密度;下标 w、e、S 分别表征壁面、边界层外缘、滞止;$\dot{q}_S$ 为通过单位面积的热流量,壁面焓 $h_w = c_p T_w$;总焓 $h_0 = c_p T_0$;K 为依赖于边界层和壁面催化的一个常数,定义为

$$\begin{cases} K = 1, & \text{冻结边界层,无催化壁面} \\ K = 1 + (Le^{0.63} - 1)\left(\dfrac{h_D}{h_0}\right), & \text{冻结边界层,催化壁面} \\ K = 1 + (Le^{0.52} - 1)\left(\dfrac{h_D}{h_0}\right), & \text{平衡边界层} \end{cases} \tag{6.24}$$

式中,空气的平均离解焓 $h_D = \sum C_{is} h_i^o$。

驻点处的速度梯度由牛顿理论获得

$$\left(\frac{\mathrm{d}u_e}{\mathrm{d}x}\right)_S = \frac{1}{R} \sqrt{\frac{2(P_e - P_\infty)}{\rho_e}} \tag{6.25}$$

式中,R 为球头半径;P_e、ρ_e 为球头驻点附近边界层外缘气流静压和密度,不过由于球头前的气流经过弓形激波滞止后,球头驻点附近边界层外缘气流速度很低,故实际计算时采用正激波后的总压和滞止密度代替;P_∞ 为自由流静压。

由得到的总压、总温及校测的马赫数,同样可以计算出流场其他参数,包括静压、静温、声速、速度、雷诺数、动压等参数。

在自由活塞激波风洞、爆轰激波风洞等高焓激波风洞中,气流总温达到数千 K、甚至上万 K,气体会发生很强的振动激发、离解甚至电离,出现高温真实气体效应[10,11]。离解或电离后的高压高温实验气体在喷管膨胀加速冷却过程中,由于驻留时间不足,来不及达到当地温度压力下的热化学平衡,在喉道下游不远处就趋于热化学冻结状态,使得实验段气流的振动温度和平动温度有很大差别,化学组成与同等温度、压力下自然气体有一定区别,导致基于总压、驻点压力、驻点热流的风洞流场校测方法无法获得真实风洞高焓流场状态下的自由流参数,流场气流参数计算时必须引入气体高温化学反应模型,相关

内容可参考第 4 章。近年来光谱诊断技术在高焓激波风洞高焓流场特性测量方面取得很好的应用,本书将在第 11 章介绍吸收光谱技术在高焓流场和燃烧流场中的应用。

6.4　高超声速风洞流场品质对实验数据质量的影响

风洞流场品质的优劣,对风洞模型实验数据的精度和准度有直接影响。随着高超声速飞行器的发展,气动外形越来越复杂,性能越来越先进。因此对高超声速风洞实验数据的精度和准度提出了更高的要求。激波风洞受其特殊的运行方式影响,风洞运行时间短,干扰因素较多,本节仅就常规高超声速风洞流场品质对风洞实验数据质量的影响进行分析,主要有以下几方面。

(1) 实验段均匀区大小。风洞实验段均匀区的大小直接影响实验模型大小的选取、实验攻角的变化范围。在保证模型在所有实验状态位于实验段均匀区内和满足堵塞比要求情况下尽量选用缩比较大的实验模型。

(2) 实验段均匀区内马赫数偏差。实验段马赫数偏差可直接引起实验模型的表面压力偏差和测力模型的气动力系数偏差。因此提高喷管流场马赫数的均匀性可有效地提高高超声速风洞的气动实验精度。目前高超声速风洞中马赫数偏差一般都能够达到 $|\Delta Ma|_{max}/Ma \leqslant 0.01$。

(3) 实验段均匀区内马赫数轴向梯度。实验段马赫数轴向梯度会引起实验模型表面压力随马赫数的轴向梯度变化产生浮阻,从而造成阻力测量偏差,如果流场马赫数轴向梯度引起的阻力系数偏差超过实验允许精度,可根据流场马赫数校测轴向梯度对实验数据进行修正。高超声速风洞采用三维型面喷管设计,流场的马赫数轴向梯度一般都很小。高超声速实验对阻力系数 C_D 的要求通常没有跨声速高,因此马赫数轴向梯度的影响一般不大。

(4) 实验段均匀区内总温偏差。高超声速风洞中如果通过加热器的气体加热不均匀,或者加热的气流与冷气流混合不均匀,会造成流场气体温度不均匀。实验气体流过冷的风洞和喷管壁面,由于壁面的传热,流场边缘位置温度会损失。高超声速风洞流场温度偏差会给测热实验带来影响,一般来说高超声速风洞流场温度偏差不大,温度场的均匀性控制在 1% 之内,对气动力、气动热实验都不会产生太大的影响。

(5) 实验段均匀区内局部气流偏角和平均气流偏角。平均气流偏角对气动特性的影响随飞行器的外形结构和攻角、侧滑角的不同而不同。在进行实验时要根据实验的数据精度要求考虑对气流偏角的修正,一般在小攻角和小侧滑角时可近似用线性化处理。一般情况下风洞实验中平均气流偏角(纵向、侧向)大于 0.1°时应进行数据修正,大于 0.3°时应查找原因。

局部气流偏角对压力分布的影响是显著的,对局部气流偏角的要求通常根据对局部表面压力分布的影响确定,测压实验时如果模型测压孔位置有局部气流偏角,会产生附加的压力偏差,从而影响压力系数 C_p 的测量精度。根据线性化理论可以得出:当 $Ma = 5$,压力系数偏差 $\Delta C_p = 0.005 \sim 0.010$ 时,对应气流偏角 $\Delta\alpha = 0.7° \sim 1.43°$。一般的高超声速型面设计的喷管局部流向角都在 0.3°以内,所以在通常的压力测量精度要求情况下,不用考虑局部流向角的影响。

(6) 实验段气流的动态品质。实验段气流脉动对实验模型边界层转捩、流动分离、激波/边界层干扰、飞行器模型动稳定性实验等都有重要影响。通常认为常规高超声速风洞的背景噪声一般要比真实的大气中高 1~2 个量级。实验的项目不同,对流场品质指标要求也不相同,常规高超声速风洞流场品质对常规气动力实验一般影响不大。但是对一些动态特性实验需要研究湍流脉动的影响,如流场的脉动量大可使边界层转捩大大提前,流场气流的脉动特性还会影响边界层的转捩机制。为了研究边界层转捩、流动分离等现象及其对飞行器的影响,需专门建造了高超声速静风洞。

(7) 实验段气流纯度。在高超声速风洞卵石床加热器中,三氧化二铝小球经历长时间加热冷却会产生粉末脱落,在使用电弧加热的高超声速风洞中金属电极也会有烧蚀脱落进入实验气体中,气流中含有杂质会造成气流模拟不真实,对高精度的气动力测量、附面层转捩等都会造成影响。在常规高超声速风洞中可以在稳定段增加过滤器过滤气流中的杂质,如果气流杂质影响到实验的精度就需要考虑进行修正。

参考文献

[1] 王铁成.空气动力学实验技术[M].北京:航空工业出版社,1995.
[2] 李周复.风洞试验手册[M].北京:航空工业出版社,2015.
[3] 路波.高速风洞测力试验数据处理方法[M].北京:国防工业出版社,2014.
[4] 徐晓斌.常规高超声速风洞与试验技术[M].北京:国防工业出版社,2015.
[5] 童秉纲,孔祥言,邓国华.气体动力学[M].2 版.北京:高等教育出版社,1996.
[6] Anderson J D. Hypersonic and high-temperature gas daynamics [M]. 2nd ed. Reston:

American Institute of Aeronautics and Astro nautics，2006.

［7］中国空气动力研究与发展中心.高超声速风洞气动力试验方法（GJB 4399 - 2002）［S］.2002.

［8］吕崇德.热工参数测量与处理［M］.北京：清华大学出版社,2001.

［9］张志成,潘梅林,等.高超声速气动热和热防护［M］.北京：国防工业出版社,2003.

［10］谌君谋,陈星,毕志献,等.高焓激波风洞实验技术综述［J］.空气动力学学报,2018,36（4）：543 - 554.

［11］陈星,谌君谋,毕志献,等.自由活塞高焓脉冲风洞的发展历程及其实验能力综述［J］.实验流体力学,2019,33（4）：65 - 88.

第7章

高超声速风洞气动力测量技术

　　飞行器在飞行过程中,气流流经飞行器表面,对飞行器表面直接的作用力包括压力 P 和摩擦阻力 τ(图 7.1)。飞行器表面的压力分布和摩擦阻力决定了飞行器受到的气动力情况;精确测量气流在整个飞行器表面的压力分布和摩擦阻力,可以进一步分析并解释飞行器的各种气动力现象,同时也可以得到飞行器的受力情况。图 7.1 中,飞行器受到的气动力合力用 F 表示;气流坐标系下,F 垂直和平行于无穷远处相对气流的两个分量分别为升力 L 和阻力 D;体轴坐标系下,F 垂直和平行于飞行器轴线的两个分量分别为法向力 N 和轴向力 A。

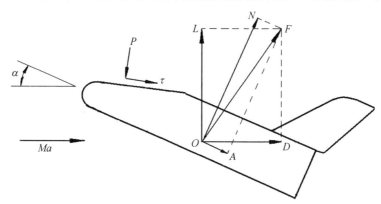

图 7.1　飞行器作用面上的受力示意图

　　风洞模型的表面测压实验和测力实验是高超声速风洞中最常见的实验类型,其中测力实验是高超声速风洞实验的重要组成部分,是采用地面实验来研究飞行器模型在高超声速气流下的气动特性,探索新的流动现象和解决飞行器在高超声速飞行过程中出现的气动力问题的重要手段,可为飞行器的气动设计提供气动性能参数。

　　高超声速风洞测力实验的主力风洞为常规高超声速风洞,由于脉冲风洞可以提供马赫数 10 及以上的高超声速流场,因此一般在脉冲风洞中进行更高马赫数的测力实验。激波风洞是较为典型的脉冲风洞,其有效运行时间一般为毫秒量级,采用高刚度应变天平和压电天平可以开展测力实验。

高超声速风洞测力实验一般采用应变天平测量作用于整个飞行器模型或其部件上的力和力矩,用于研究飞行器及其部件的气动力性能,或者验证与校核理论计算结果。风洞实验时,应变天平承受作用在模型上的气动载荷产生变形,粘贴在天平元件表面的应变计也同时发生形变,其电阻值随之变化,产生一个增量。这个电阻增量由应变计组成的惠斯通全桥测量电路转换成电压增量,该电压增量值与应变天平所承受的气动力载荷值近似呈正比。基于天平校准确定的各分量天平输出量与所测分量之间的关系(天平校准公式),可以得到所测的气动力和力矩。

模型表面压力分布测量是研究飞行器特性、获得飞行器气动载荷的重要手段,可以获得测量模型表面或特定测量部位的压力分布,并通过积分等数据处理得到相应的载荷分布。

摩擦阻力是指飞行器壁面边界层内气体黏性效应导致速度和动量损失在壁面处产生的剪切应力,也称为摩阻。摩阻的测量方法很多,相对比较成熟的是采用摩阻天平直接测量和采用液晶涂层光学测量。

本章主要介绍高超声速风洞的气动力测量技术。首先介绍高超声速风洞测力实验的种类、应注意的问题和实验技术的发展方向,然后着重介绍了天平测量、摩阻测量和表面压力测量技术。

7.1　高超声速风洞测力实验

常规高超声速风洞由于需要对气流加热以防止凝结,运行时间达几十秒,甚至几分钟,应变计和天平元件的温度效应较为突出;而对于脉冲风洞,运行时间为毫秒量级,动态干扰问题尤为突出,需要充分地估计测量小气动载荷时惯性力的干扰,并采取适当的技术措施加以消除。对于细长体模型,气动载荷较小,对天平设计要求比较苛刻;一方面要有足够的刚度来支撑模型和克服风洞启动的冲击载荷,另一方面又要求它有足够的变形,对小气动载荷有足够的响应。

7.1.1　高超声速风洞测力实验种类

高超声速风洞测力实验,依据实验模型和实验目的的不同,总体上可以分为如下几类。

（1）全模型测力实验。全模型测力实验是各类飞行器选型和定型设计中都必须做的最基本的实验类型。该实验的目的是测量模型在不同马赫数、攻角、侧滑角和滚转角下三个方向（x、y、z）上的力（法向力、侧向力、轴向力）和力矩（俯仰力矩、偏航力矩、滚转力矩），以及由此推导出的其他参数（压心、升阻比和气动导数等）。通过改变模型的舵偏（俯仰、偏航、滚转），可以测量出不同方向的舵偏效率；通过改变模型的各个部件（如机/弹身、翼面、外挂、腹鳍、吊挂等），可以测量不同部件的贡献力及相互干扰特性；通过测量模型气动力特性随雷诺数的变化，以使飞行器接近或修正到实际飞行雷诺数。图 7.2 为高超声速风洞测力实验全模型安装示意图。全模型测力实验大多采用尾支撑的支撑方式，特殊情况下也会采用腹支撑、背支撑或侧支撑的支撑方式。

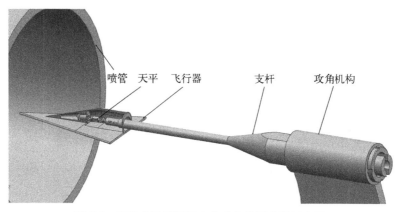

喷管　天平　飞行器　　　　　　支杆　　　　攻角机构

图 7.2　高超声速风洞测力实验全模型安装示意图

（2）铰链力矩测力实验。作用在飞行器舵面上的气动力对舵面转轴的力矩称为气动铰链力矩，简称铰链力矩。铰链力矩测力实验的主要目的是获取舵面所需的操纵功率，为选择或设计合适的操纵装置的助力器提供依据；选择舵面形状，确定舵轴位置；确定舵面压心，校核舵面和舵轴的强度；为飞行器的半输入仿真提供输入数据。铰链力矩测力实验的基本原理与全模型测力实验的基本原理相同，但同时具有天平安装空间小、温度效应的影响比较突出、存在缝隙效应等特点，需要合理选用天平的结构形式、采用迷宫结构设计等措施降低温度效应的影响。

（3）特种测力实验。随着高超声速飞行器研制的发展，高超声速风洞测力实验除了常规全模型测力实验和铰链力矩测力实验，又逐渐地提出如摩阻天平测力、进气道气动力测量、马格努斯力和力矩测量、喷流干扰实验等一系列特种测力实验需求。

7.1.2　高超声速风洞测力实验应注意的问题

高超声速风洞测力实验在相似准则、模型设计、天平设计和选取、支杆干扰、缝隙效应方面都存在需要特别注意的问题,只有解决好这些问题才能得到高精准度的实验数据。

1. 相似准则

相似性准则要求风洞流场与真实飞行流场之间满足所有的相似准则,或者对应的相似参数相等,但是风洞模拟能力有限,很难全部满足。因此需要根据研究目的选择影响最大的相似参数进行模拟,在高超声速风洞测力实验中,除了几何相似,一般模拟马赫数、雷诺数等相似参数。

雷诺数定义为惯性力与黏性力之比,在实验中模拟了一定马赫数下的飞行高度。雷诺数不同对实验数据影响较大,通常模型风洞实验雷诺数与飞行器实际飞行雷诺数存在差异,这使得风洞实验测量的一些气动力数据与实际飞行时有较大差别,在实际使用中必须采用相关的修正方法对实验数据进行修正。同时,为了使实验模型与飞行器表面的流态近似,往往采用人工固定边界层转捩的措施加以干扰。

2. 模型设计

模型设计与加工质量直接影响风洞实验数据的准确性,模型设计的优劣关系到模型加工难易、模型安装与调节难易、风洞实验效率等。为了保证风洞实验的质量及效率,必须重视模型设计。高超声速风洞测力实验模型的设计要满足一定的要求。

首先,要满足模型几何相似,即模型外形尺寸应与飞行器理论外形尺寸呈比例。风洞实验大多数采用缩尺模型,有些外形局部细节无法做到完全几何相似,可以采取放大或不模拟等修正措施。

其次,为了不影响风洞流场的建立,需要满足堵塞度要求[1]。堵塞度是指在要求的实验状态下,模型及其支撑系统的最大迎风面积与风洞实验段喷管出口横截面积之比。模型的堵塞度可按式(7.1)计算:

$$\varepsilon = \frac{F_{m(\alpha = 0°)} \cdot (1 + 1/\cos \alpha)}{2 F_e} \tag{7.1}$$

式中, $F_{m(\alpha = 0°)}$ 为 $\alpha = 0°$ 时模型最大横截面积; F_e 为实验段喷管出口横截面积。

影响风洞最大允许堵塞度的因素比较复杂,不同的风洞、不同的实验马赫数、不同的模型复杂程度对堵塞度要求都不同。根据经验,常规高超声速风洞模型最大阻塞度(ε)一般不应超过表7.1中的最大允许值。

表 7.1　允许的模型最大堵塞度 ε

	模型插入方式			
	插　入　式		固　定　式	
	Ma		Ma	
分类	5~8	9~10	5~8	9~10
大钝头短粗模型类	0.07	0.057	0.022	0.017
小钝头细长模型类	0.129	0.102	0.115	0.09

对于激波风洞,最大堵塞度 ε 不应超过0.2。

再者,要保证模型最大长度符合实验要求。模型的最大长度要根据喷管流场均匀区大小、模型迎角变化范围及模型能否插入等因素确定。改变模型迎角时,模型应保持在流场均匀区内。

对激波风洞而言,模型最大长度 $L_{\max}$ 由经验公式确定:

$$L_{\max} \leqslant \frac{1}{N} Ma_e \cdot V_e \cdot \Delta t \tag{7.2}$$

式中,Ma_e 为喷管出口气流马赫数;V_e 为喷管出口气流速度;Δt 为激波风洞有效工作时间;N 为经验常数,测力模型 $N = 30$,测压模型 $N = 10$。

3. 天平选取

天平的选取取决于所测分量的多少、模型载荷大小,以及测量精度、灵敏度要求等因素。由于天平各分量之间通常都存在干扰,所以尽管有时不需要那么多分量,仍然可以通过选择多分量天平进行修正以提高测量精度。但天平分量增多通常会增大天平尺寸、降低天平刚度等,选择时要综合考虑各方面因素。为保证天平灵敏度满足测量要求,同时防止模型载荷超出天平允许使用载荷造成天平损坏,应尽量使测量载荷在天平设计载荷的 60%~70%。有时还需考虑某些实验对天平的特殊要求,如对滚转力矩要求高的,需要选择高精度滚转力矩天平等。对于激波风洞测力实验,一般选用频响相对较高的天平。

另外在高超声速风洞测力实验时,为防止来流气体膨胀凝结,必须对来流进行加热。气流对实验模型的长时间冲刷会导致天平本体温度上升,产生温度效应,对天平的测量结果产生不利的影响,在高马赫数实验选择天平系统时,要考虑防隔热措施。

4. 支杆干扰

模型在风洞实验时需要支杆进行支撑,设计不当的支杆会干扰模型流场,称为支杆干扰。常规高超声速风洞测力实验,一般采用尾支撑的支撑方式,支杆对模型尾部气体流动产生影响,一般取模型底部直径与支杆直径之比 $D/d \geqslant 3$、支杆等直段长度与模型底部直径之比 $L/D \geqslant 4$,就可以近似认为在小攻角情况下,对绝大部分的气动力及其系数影响不大。但对轴向力特性来说,仍然消不去尾支杆的干扰影响。这样产生的直接后果是在所有带尾支杆支撑的模型风洞实验中,很难给准依赖于总阻力或总轴向力的飞行器的配平攻角和相关力矩,影响飞行器的操纵性和稳定性设计。此时,天平测得的阻力不是真实阻力,需要精确测量底阻进行修正。

5. 缝隙效应

由于铰链力矩实验要求测量舵面不能与模型接触,因此要求被测量舵面与模型主体之间存在一定的间隙,这就使被测量舵面附近流场不同于真实流场,而对实验数据带来误差,称为缝隙效应。此误差可通过变缝隙尺寸实验进行研究,确定缝隙效应的影响。为了减少因缝隙效应引起的实验数据误差,通常要求舵面与模型弹身的缝隙宽度越小越好,但要保证两者不接触,设计模型时一般将缝隙宽度控制在 0.5~1.0 mm。同时要设计迷宫结构,阻隔热气流进入模型的内腔干扰天平工作,以降低温度效应对实验数据精准度带来的影响。

7.1.3　高超声速风洞测力实验技术的发展方向

高超声速风洞测力实验技术的发展以飞行器研制需求为导向,随着风洞设备和型号实验要求的发展而发展。常规高超声速风洞测力技术经过几十年发展相对比较成熟,但近年来,新型高超声速飞行器的研制对高超声速常规测力实验数据精准度和实验效率的要求越来越高,常规高超声速风洞测力技术需要在现有的基础上进一步提高实验标准,同时还要发展新的测力技术[2]。

第一,提高常规气动力实验数据的精准度、减小不确定度。需要从提高天平及采集系统精度、风洞流场参数精确控制与测量、模型加工精度、模型姿态的精确控制与测量等方面采取措施,提高测力实验结果的精准度。要梳理影响气动力测量不确定度的误差源,评估误差源对不确定度的影响,从源头上找问题,降低气动力实验数据的不确定度。图 7.3 为风洞测力实验流程图,从图中可以看出,误差源包

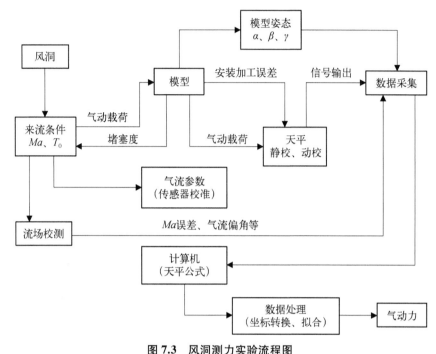

图 7.3   风洞测力实验流程图

括风洞设备和来流条件、测量系统、模型系统、安装调试、数据处理等众多因素。

第二,发展新的测量手段,提高气动力实验数据的测量精度。首先要进一步加大天平技术研发力度。要优化常规应变天平的结构设计,提高校准精度;要研究新型测力天平技术,如抗电磁干扰能力较强的光纤天平、可避免支杆干扰的磁悬挂天平、新材料压电晶体天平等。其次,要进行如底压精确测量等相关测量技术研究,提高相关气动力数据的测量精度。

第三,要发展适用于常规高超声速风洞的高效测力实验技术,提高实验效率,适应新时期对风洞实验能力的要求,如连续变攻角技术、多天平测力技术、基于现代实验设计方法(modern design of experiments, MDOE)的新技术等。

7.2   高超声速风洞天平

7.2.1   设计要求

1. 合理设计应变值

高超声速风洞天平的各分量,需要满足设计应变值的要求,以使天平各分量满足实际使用的灵敏度需求。设计应变值是天平强度、刚度与灵敏度综合协调的结果,合理取舍是天平在设计阶段的主要任务。

常规高超声速风洞杆式天平的长细比较大,导致天平刚性较弱。除此之外,天平在高超声速风洞中的使用环境更为恶劣,振动加大,所以一般高超声速风洞天平的设计应变范围要低于低速风洞。通常,常规高超声速风洞天平的设计应变为 150~500 $\mu\varepsilon$[3]。

2. 满足精准度要求

高超声速风洞天平在完成设计后,需要经过加工、贴片和校准三个环节。天平的校准精准度是检验天平设计、加工和贴片的重要指标之一,也是唯一可以量化的天平性能指标。对于高超声速风洞天平,必须满足相应的精准度要求,才能投入后续风洞实验中[4,5]。

3. 控制各分量的干扰

高超声速风洞天平在设计阶段,需要尽量减小各分量之间的相互干扰,即天平元件应尽量在被测分量上的载荷有明显的变形,而在其他分量载荷上变形不明显。对于高超声速风洞天平,轴向力元件的设计是干扰问题中的难点,因为它需要在承受大法向力的同时准确测量较小的轴向力,一些模型在大攻角状态下,法向力高达轴向力的数十倍,所以,法向力对轴向力的干扰量是最大的[6]。实际设计过程中,法向力对轴向力的干扰一般不应超过轴向力量程的 20%,对于其他分量,相互之间的干扰量要控制在 10% 以内。

4. 考虑温度效应

常规高超声速风洞的运行时间一般可持续一到两分钟,由于长时间的高温来流会对实验模型及支杆持续加热,也分别从天平前、后锥对其进行传热,从而在天平上形成实时变化的非均匀温度场(图 7.4),其中尤其以轴向的温度梯度最为剧烈,这导致天平同一测量单元的 4 片或 8 片应变计处于不同的温度环境

42.6736 49.0432 55.4128 61.7824 68.152 74.5216 80.8912 89.2608 93.6304 100

图 7.4 典型天平温度场(℃)

下,会造成严重的天平温度输出,即天平温度效应[7]。在研制过程中必须考虑对天平温度效应的处理,这是高超声速风洞天平区别于其他风洞天平的显著特点,也是高超声速天平研制的难点[8]。

5. 考虑动态干扰

对于应用于脉冲型高超声速风洞中的天平,由于风洞的有效运行时间极为短暂,一般为 500 μs~100 ms,在如此短的时间之内天平要准确测量气动力是非常困难的。因为,此时天平的待测量不仅包括气动力载荷,还包括惯性力引起的动态干扰,已属于动态测试的范畴,必须考虑动力学因素对测量精准度的影响。

当由模型、天平及支撑装置组成的载荷测量系统(model balance system, MBS)(图 7.5)在受到冲击载荷作用时,其输出是气动力和 MBS 惯性力共同作用的结果。如果风洞有效运行时间足够长,或远大于 MBS 的惯性振动周期,可以通过滑移平均的方法获得作用在模型上的气动力(与暂冲式风洞数据处理方法相同),此时动态干扰可以基本消除。但是,尾支形式的 MBS 的一阶固有频率很难高于 100 Hz,即惯性振动周期大于 10 ms。这就导致在 20 ms 的风洞有效运行时间内,只有不足两个周期的天平信号波形。高焓激波风洞的有效运行时间更短,如德国的 RWTH-TH2 激波风洞,运行状态为总压 51 MPa、总温 4 700 K 时,有效运行时间不足 2 ms。显然,在这种情况下通过滑移平均的方法无法消除 MBS 惯性力的干扰。

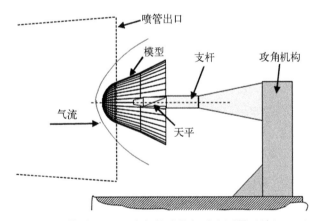

图 7.5　由模型、天平及支杆构成的气动力测量系统(MBS)

7.2.2　结构形式

目前,高超声速风洞天平最为广泛的结构形式是杆式结构,一般用于全机模型的测力实验。盒式结构的天平被广泛地应用在发动机点火测力实验中。以轮毂式结构、铰链帽式结构和一体化式结构为主的天平被广泛地应用于铰链力矩的测量中。以下对几种常见结构的天平进行简要叙述。

1. 杆式天平

杆式结构天平主要用于全机模型的气动力测量。图 7.6 是中国航天空气动力技术研究院根据型号实验需求,研发的不同量程、全尺寸系列的高超声速风洞杆式天平。

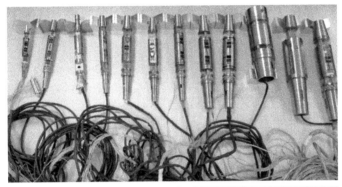

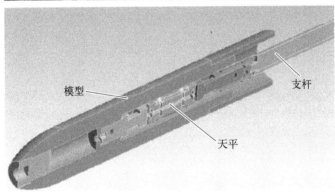

图 7.6　杆式天平及应用

　一般的杆式天平采用斜槽将天平分成两个框体,天平受到气动载荷作用后会产生变形。轴向力元件设计为独立的天平元件,位于天平的中心部分,由测量片与支撑片组成,通过平行四边形结构传力,其中测量片与支撑片都是弹性元件,测量片上粘贴应变计实现测量。在轴向力元件的左右对称位置设置法向力、侧向力、俯仰力矩、偏航力矩与滚转力矩的测量元件。

　图 7.7 是典型杆式天平结构,由单根马氏体时效钢(00Ni18Co8Mo5TiAl)棒

材一体化加工成型。其中天平前锥与模型连接,锥度通常采用 1∶5;天平后锥与支杆连接,锥度通常采用 1∶10;中间部分为轴向力测量元件;轴向力元件的两端为其他五个分量测量元件。

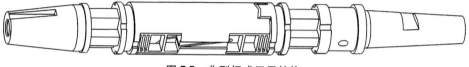

图 7.7　典型杆式天平结构

图 7.8 为图 7.7 杆式天平的贴片图,其中,六个测量分量均采用组合式电桥的方法,直接输出各分量载荷对应的应变电测信号。

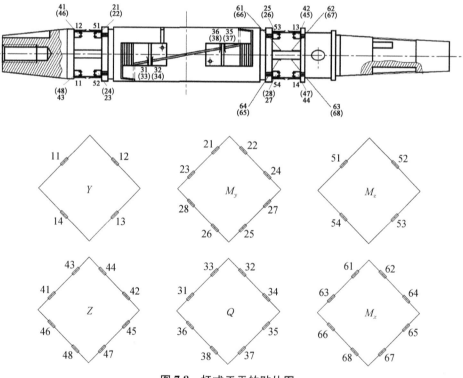

图 7.8　杆式天平的贴片图

2. 盒式天平

盒式天平一般用于侧支撑模型的测力实验,如超燃发动机的一体化气动力测量实验。盒式天平的主体由固定框与浮动框构成,其中固定框用于连接风洞的基座,浮动框用于连接模型。在浮动框与固定框之间设计有不同方向的弹性元件,用于粘贴应变计实现各分量载荷的测量。相比于杆式天平,盒式天平在机械结构上能够将力和力矩更好地解耦,使各分量之间的互相干扰小很多。

图 7.9 是典型盒式天平结构。弹性元件是盒式天平的核心元件,每个弹性元件只传递并测量沿弹性元件轴向的单分量载荷。弹性元件包括敏感元件和柔性杆两部分,其中柔性杆的布置方向即为轴向方向,敏感元件与柔性杆的轴向垂直,在柔性杆拉力作用下呈弯曲变形,利用粘贴在上面的应变计实现该弹性元件轴向载荷的测量。柔性铰链对称布置于柔性杆的两侧,用于实现微小线位移和角位移的补偿,使柔性杆仅有较大的轴向刚度用于传递轴向力,其他方向刚度则较小,呈柔性,以减小非轴向力的干扰。柔性铰链的结构形式有直圆形、X 形弹簧片、十字形弹簧片、双圆弧形和圆截面万向型等,由于双圆弧柔性铰链结构相对简单,加工相对容易,目前在盒式天平中应用最多,图 7.10 为应用双圆弧形柔性杆结构[9]。

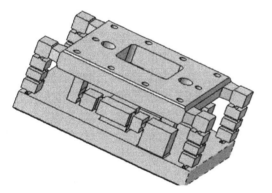

图 7.9　典型盒式天平结构

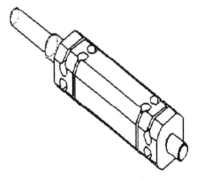

图 7.10　双圆弧形柔性杆结构

盒式天平的六个测量分量一般采用分离式电桥的方法,即在每个测量元件上各自组成一个测量桥路,通过各测量桥路的数学运算得到对应分量的信号输出。以图 7.9 所示结构为例,七个测量元件组成七个桥路,通过七个桥路输出的不同组合来获得所需的六个分量。图 7.11 是图 7.9 所示结构的贴片图,图中每个测量元件上有 2 个桥路,可起到互为备份的作用,实际测量过程中使用其中 1 个即可。

按照图 7.11 所示方法组桥完毕后,天平六个分量的输出如下所示:

$$F_x = F_{x_1} + F_{x_2},\ F_y = F_{y_1} + F_{y_2} + F_{y_3} + F_{y_4},\ F_z = F_z$$

$$M_x = F_{y_2} + F_{y_3} - F_{y_1} - F_{y_4},\ M_y = F_{x_2} - F_{x_1},\ M_z = F_{y_3} + F_{y_4} - F_{y_1} - F_{y_2}$$

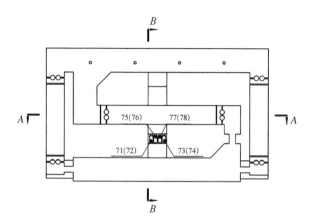

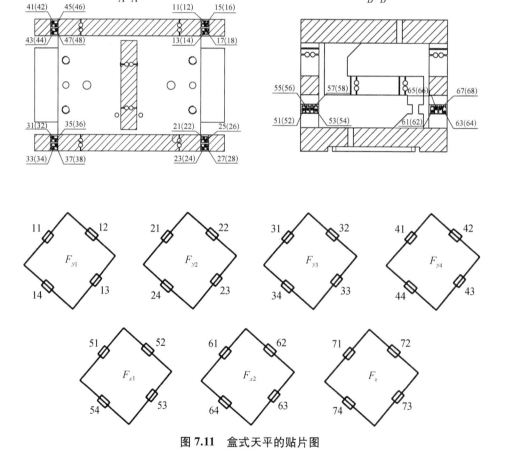

图 7.11 盒式天平的贴片图

式中，F_{x_1}、F_{x_2}依次为 X 方向两个测量元件的输出；F_{y_1}、F_{y_2}、F_{y_3}、F_{y_4}依次为 Y 方向四个测量元件的输出；F_z 为 Z 方向测量元件的输出。

3. 轮毂式天平

轮毂式天平用于测量飞行器控制面的铰链力矩、压力中心及弯矩等气动力特性，其实验结果是优选舵轴位置和舵机的重要依据[10,11]。与全弹测力模型相比，控制面面积较小，其气动力基本比全弹气动力小一个量级，且气动力压心往往在舵轴左右小范围内变化，因此铰链力矩的量级更小，使得应用于高超声速领域的轮毂式天平一般尺寸也较小。

轮毂式铰链力矩天平如图 7.12 所示，结构较为简单，易加工，较经济，并且因其外形小巧，可随意放置在全模型腔内的任意位置，横置或斜置以适应不同的舵轴安置形式。轮毂式天平的刚度较大，能降低弹性角引入的测量误差。受限于轮毂式天平的安装形式，其热防护难度相对较大，通常在模型壁面和舵轴之间设计迷宫结构，如图 7.13 所示，用于阻隔热气流直接流入模型内腔而冲刷应变片。

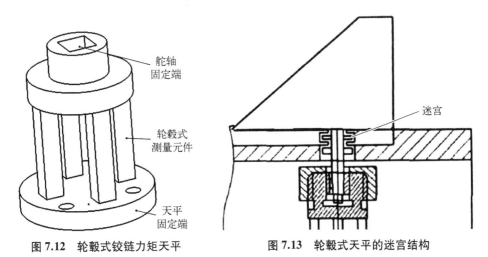

图 7.12   轮毂式铰链力矩天平   图 7.13   轮毂式天平的迷宫结构

图 7.14 所示为四柱梁轮毂式铰链力矩天平的贴片图，天平采用组合式电桥的方法，直接输出天平各分量的信号值。

4. 铰链帽式天平

铰链帽式天平是国内常规高超声速风洞应用最多的铰链力矩天平结构形式，由小量程的全弹测力天平和铰链帽组合而成，也可一体加工。铰链帽上的测量元件为片式轮辐结构，采用锥面拔紧配合的形式将舵轴安装到铰链帽的

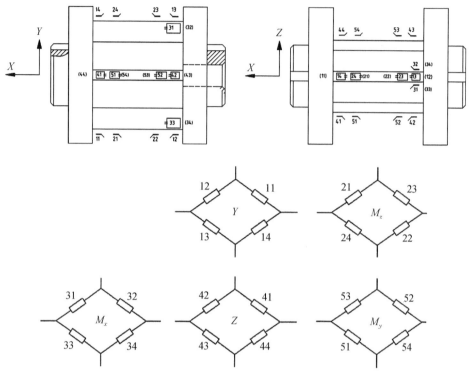

图 7.14 四柱梁轮毂式铰链力矩天平的贴片图

中心孔上,如图 7.15 所示。片式轮辐结构对微小的铰链力矩非常敏感,同时在其他载荷方向上具有较大刚度,因此抗干扰能力强,对铰链力矩的测量准度较高。

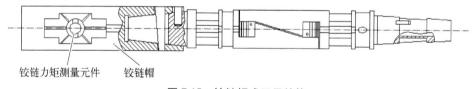

图 7.15 铰链帽式天平结构

图 7.16 所示为图 7.15 铰链帽式天平的贴片图,与图 7.8 杆式天平的贴片图不同的是,铰链力矩单元并没有贴在矩形梁上,而是粘贴在灵敏度更高的轮辐结构上。

5. 一体化天平

若铰链力矩量值太小,轮毂式结构无法适应其量程,可采用舵轴一体化铰链力矩天平[12],如图 7.17、图 7.18 所示。舵轴截面被加工成矩形,其长、宽、

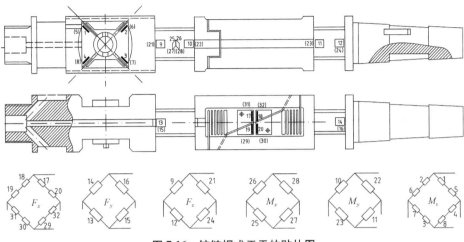

图 7.16 铰链帽式天平的贴片图

高根据所需量程设计确定。由于舵轴的尺寸通常较小,贴片位置只够三个测量单元,因此一体化天平一般设计成可测量铰链力矩、舵面法向力和弯矩的三分量天平。

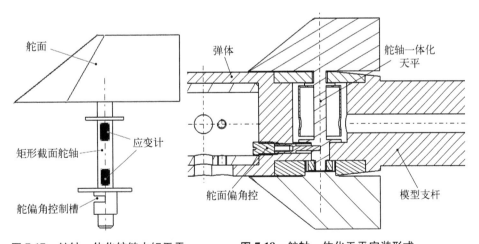

图 7.17 舵轴一体化铰链力矩天平　　图 7.18 舵轴一体化天平安装形式

7.3 天平防热技术

常规高超声速风洞中一般基于应变天平在实验中的安装方法,进行针对性的物理隔热。目前,水冷支杆结构是防热效果最好的防热技术之一,如图7.19所示。水冷支杆结构包括内支杆、水冷套、支杆后段、水管和玻璃钢锥套等。天平与内支杆连接,支杆后段与风洞变攻角机构连接。天平与内支杆外装有水冷套,实现天平主体及其尾锥与热气流的隔离。水冷套内部设计可循环的水道,并连接两条水冷管,一条用于进水,一条用于出水。通过水冷套内部形成冷却水的循环,及时带走内支杆及天平上的热量,保证天平工作在常温环境下。

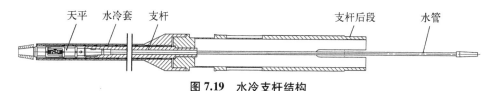

图 7.19　水冷支杆结构

　　水冷支杆的等直段包括内支杆和水冷套,所以等直段的直径相对较大,对于某些细长比较大的导弹类模型,由于模型的尺寸限制,一般难以直接应用,此时需要结构相对简单的常规支杆。对于常规支杆,热障涂层是较为常用的防热技术之一。

　　热障涂层是利用陶瓷类材料的高耐热性、抗腐蚀性和低导热性实现对基体金属材料的热防护,因此,热障涂层的材料需要有较高的熔点、较高的热反射率、良好的抗热冲击性能、较高的抗热氧化及热腐蚀的能力和相对较低的热导率。综合考虑上述性能要求,$3Al_2O_3 \cdot 2SiO_2$、Al_2O_3 和 ZrO_2 是目前热障涂层中应用较多的材料。其中,ZrO_2 的导热系数低,用于制作高超声速风洞天平支杆的热障涂层效果最好。在实际喷涂过程中,以 ZrO_2 为主的陶瓷材料一般可采用常规的大气等离子法进行喷涂制备,如图7.20所示。

　　在高超声速风洞实验中,隔热罩也是经常采用的一种防热措施。隔热罩一般采用玻璃钢等隔热材料制作而成。安装于天平前端的隔热罩,厚度一般在3 mm以上,在短时间内可有效地阻隔模型热量向天平前锥传递;安装于天平后端的隔热罩一般为环形柱状结构,可包裹整个天平的弹性元件,阻挡高温气流与天平之间的对流传热。图7.21所示为中国航天空气动力技术研究院某球锥模型在高超声速风洞实验中采用的天平隔热罩。

　　另外,在铰链力矩实验中,模型设计时采用的迷宫结构也是一种主动防热技术。

图 7.20　热障涂层支杆

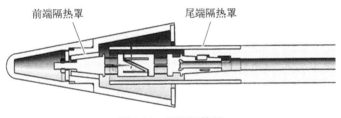

前端隔热罩　　　　　　尾端隔热罩

图 7.21　天平隔热罩

　　总之,针对常规高超声速风洞天平潜在的温度效应问题,目前有主动的防热技术和被动的温度修正两种处理方法。其中,主动防热技术旨在通过防热手段,降低天平受热程度,目前应用较为广泛。而被动的温度修正是在天平校准中考虑温度的影响,模拟不同的温度环境,记录在不同载荷配比和环境温度下天平的信号输出,最终得到包含温度影响量的天平校准公式。目前温度效应的修正技术大多还在实验研究过程中,并未形成成熟的修正方法。

7.4　动态干扰解决方案

　　脉冲风洞的有效运行时间较短,在毫秒量级,因此气动载荷的测量过程属于动态测量范畴,若应用常规天平进行气动载荷的测量,无法直接通过滑移平均的方法消除 MBS 惯性力的干扰。动态干扰问题的解决思路,最直接的办法是提高

MBS 的固有频率,同时解决好固有频率和应变输出的匹配关系,以增加实验有效时间内获取的系统惯性力的周期个数,增加滑移平均的处理精度。另外一种解决思路是对系统惯性力进行精确的辨识,通过相应的数据处理,将惯性力补偿后反算真实的气动载荷。

在实际动态测量技术的发展过程中,在提高 MBS 的固有频率方面,由于整个 MBS 中天平的固有频率最低,是 MBS 整体固有频率的制约项,所以实际中一般是从提高天平的固有频率出发,目前应用较为广泛的是高刚度的应变式天平和压电天平。在对惯性力进行精确辨识方面,一种研究方向是采用加速度计测量动态振动信号[13],直接补偿原始信号中的振动干扰,另外一种是对惯性力进行滤波,发展惯性补偿技术。

以下对几种代表性的动态干扰解决办法进行介绍。

7.4.1　高刚度应变天平技术

目前国内用于脉冲风洞测力实验的天平仍以高刚度应变天平为主。图 7.22 为中国航天空气动力技术研究院研制的脉冲风洞天平[9]。在图 7.22(b)中,从右往左分别为天平前接口、矩形梁元件、轴向元件、滚转力矩元件、天平后接口。图 7.22 中的天平前接口均为锥面,后接口依次为法兰和锥面两种结构。矩形梁用于测量法向力、俯仰力矩、侧向力及偏航力矩。其轴向力元件采用了浮框式结构,滚转力矩采用了笼式结构。这两种结构形式能在保证必要输出的前提下大幅提高天平刚度,其一阶固有频率可达到 700 Hz 以上。天平各测量元件的设计应变为 $60 \sim 100 \ \mu\varepsilon$,对应的输出信号为 $0.12 \sim 0.2 \ \mathrm{mV/V}$,其输出仅为常规高超声速风洞天平的 $1/5$,因此其配套的数据采集系统需要更高的增益。

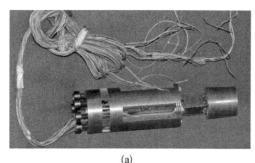 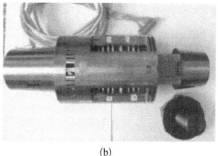

(a)　　　　　　　　　　　　(b)

图 7.22　中国航天空气动力技术研究院研制的脉冲风洞天平

图 7.23 所示为尾端锥面结构的脉冲风洞天平的贴片图,由于脉冲风洞天平一般结构较为紧凑,多采用组合式电桥,直接输出各元的信号。

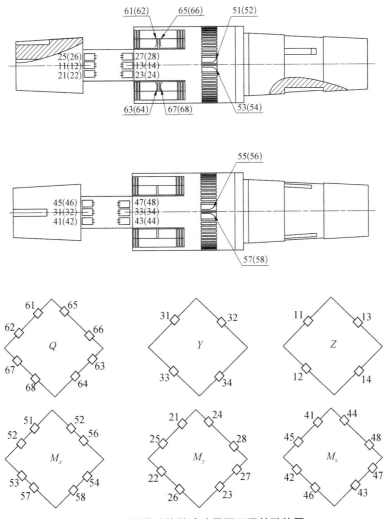

图 7.23 尾锥结构的脉冲风洞天平的贴片图

由于存在刚度和灵敏度之间的矛盾,天平结构设计受到了较大限制。因为需要一定的灵敏度以保证信噪比及测量精准度,天平的结构刚度无法无止境提高。从目前已发表的相关研究情况看,自从 20 世纪 90 年代初德国 RWTH 激波实验室的研究人员将天平(图 7.24)一阶固有频率提高至 1 kHz 后,再提高天平的固有频率的作用不再明显,因为 MBS 系统整体的动力学特性才是决定测量结果精度的关键因素。

7.4.2 压电天平技术

压电天平技术也是解决脉冲风洞动态
测量问题的有效手段。该技术基于压电材
料受力后的压电效应原理,即压电材料受
力后会产生极性相反、电量相等的电荷,并
与外力大小呈正比,当外力消失后,电荷随
即消失。压电天平在实际使用过程中主要
分为两类,一类是无弹性元件的压电天平,
另一类是有弹性元件的压电天平。

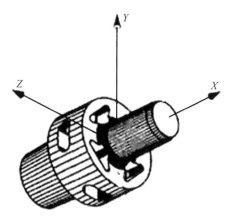

图 7.24 德国 **RWTH** 激波实验室
使用的应变天平

对于无弹性元件的压电天平,直接由不同极化方向的压电元件组装而成。
极化方向是对如石英晶体或压电陶瓷类的压电材料进行的预处理,使压电材
料对剪切、拉压等不同外力作用下呈现出不同的电荷分布,从而实现对不同载
荷分量的特定敏感性。为了有效地消除各分量之间的干扰,在组装时通常在
不同元件之间加装不具有压电效应的陶瓷片,用于实现隔离。图 7.25 为组装
式的六分量压电天平,轴向力元件使用的是正向压缩型的压电陶瓷片,法向力
和侧向力元件使用的是剪切型陶瓷片;滚转力矩元件由四片剪切型压电陶瓷
片组成,俯仰力矩和偏航力矩元件由正向压缩型的压电陶瓷片组成。为了保
证各分量力之间的干扰最小,采用了正方形的压电陶瓷片,这样容易控制极化
方向,同时安装测力元件时也容易找准基准面,从机械加工和安装的角度减小
干扰。

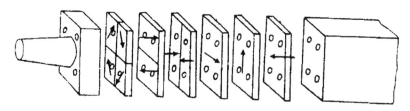

图 7.25 组装式的六分量压电天平

图 7.25 所示的组装式六分量压电天平,由于没有用于测量应力应变的挠性
结构,天平外形结构简单,加工制作方便,最为重要的是,天平的整体刚度较大,
可以有效地改善在脉冲风洞中面临的动态干扰问题。

有弹性元件的压电天平与常规应变天平类似,仍是基于弹性体的应变变形实现载荷的测量,不同的是粘贴压电型应变计实现应变的测量。图7.26是中国航天空气动力技术研究院基于弹性体式结构的压电天平,同样用于脉冲风洞测力。该天平的弹性体与常规脉冲风洞天平类似,不同的是,为了提高刚度,该天平没有设置轴向力元件,在前端矩形梁上粘贴了压电陶瓷片实现应变测量,图7.26中的压电陶瓷片1~4用于实现法向力的测量,压电陶瓷片5~8用于实现俯仰力矩的测量。相比于传统的应变片,压电元件的灵敏度进一步提高,并且可以人为设置,从而灵活地实现灵敏度与干扰输出的控制。

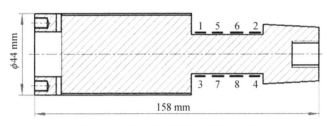

图 7.26　弹性体式结构的压电天平

图7.26所示的弹性体式结构的压电天平,虽然仍是基于弹性体的挠性变形实现载荷测量,但由于压电元件的灵敏度一般比传统应变片要高,在获得相同的信号增益时,天平在设计阶段可以进一步提高整体刚度,同样有助于改善脉冲风洞的动态干扰。

7.4.3　惯性补偿技术

惯性补偿技术分为加速度补偿与数值补偿。加速度补偿方法已经得到了较好的发展,如惯性补偿天平测力技术、模型自由飞测力技术和加速度计天平测力技术等。模型自由飞测力技术、加速度计天平测力技术通过对模型采取无约束或弱约束手段,间接或直接测量模型在气动力作用下的加速度,从而得到模型所受到的气动力。这两种方法较好地克服了脉冲风洞测力中的振动干扰问题,但前者测量系统复杂、昂贵,后者目前应用还不太成熟,因而惯性补偿天平测力技术仍然是目前最为常用的测力手段。

惯性补偿天平测力技术的基本原理是在天平测力的同时,在天平元件附近安装加速度计测量出加速度信号,然后用加速度信号与天平信号进行代数加减,补偿掉天平信号中的振动分量,从而得到无干扰的气动力信号。由于模型、天平、支撑系统结构复杂,在冲击载荷作用下,将产生若干频率的振动,同时在系统不同部位,各个频率振动的幅度和相位也可能是不一样的,而加速度计又不可能安装在天平元件所在同一位置。因此,在这种情况下很难找到与天平元件具有相似振动输出(振动信号中对应频率分量相位相同且幅度比例一致)的加速度计安装位置。

由于在实际测量过程中,经常因受限于模型结构而无法将加速度计安装在合适的位置,此时数值补偿方法得到的结果可能会优于加速度补偿方法。数值补偿是对天平信号进行动态修正滤波。动态修正滤波实际上是采用数字信号处理技术对 MBS 的传递函数进行修正,使其幅频特性曲线在一定范围内得到延拓,从而降低 MBS 对动态气动力的响应失真度。从如图7.27、图 7.28 所示的阶跃响应数值模拟实验结果中可以看出动态修正滤波对单、双模态固有振动的抑制效果是很理想的。该方法的关键是准确建立MBS 的动态数学模型,设计动态补偿数字滤波器,并掌握脉冲气动力频率范围。只有做到这些才能起到惯性补偿的作用,否则会导致测量结果的失真度更为严重。

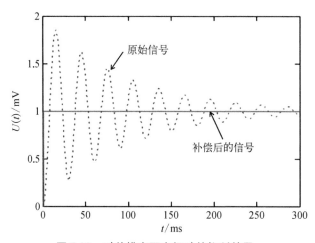

图 7.27 对单模态固有振动的抑制效果

在实际操作过程中,重点在于采用地面动态校准的方法获得 MBS 系统内的传递函数,即通过进行负阶跃响应实验,获得系统自由振动下的信号随时间变化曲线,通过系统辨识获得该系统的传递函数,再基于该传递函数建立动态补偿滤波器,用于实际的风洞实验。图 7.29 为中国航天空气动力技术研究院在 FD - 21高能脉冲风洞中对典型测力结果的动态补偿,在系统辨识的过程中辨识率不低

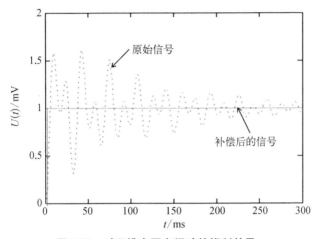

图 7.28　对双模态固有振动的抑制效果

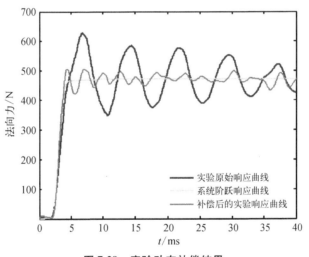

图 7.29　实验动态补偿结果

于 90%,整体辨识效果较好,其动态补偿可以达到 3 ms 内响应完全的结果,得到了较为可靠的气动力实验结果。

高刚度应变天平技术、压电天平技术和惯性补偿技术,基本可以满足运行时间在毫秒量级的常规脉冲风洞测力需求,已经获得比较广泛的应用。对于运行时间极短的高焓脉冲风洞和高焓膨胀管类风洞,有效运行时间一般仅为零点几毫秒,必须是响应快、跟随性好、对模型适应性强的天平才能实现极短时间内的气动力测量,具有应用前景的有应力波天平与加速度计天平。

7.5　摩阻测量

飞行器所受气动阻力主要由两部分构成,即压差阻力和摩擦阻力。压差阻力(压阻)是飞行器固壁承受压力的积分效应;摩擦阻力是指飞行器壁面边界层内气体黏性效应导致速度和动量损失在壁面处产生的剪切应力。目前关于压阻的研究,无论是理论还是数值模拟等方法,都已经臻于完善;虽然摩阻在绝对数值上通常是一个量级较小的量,但是它在高超声速飞行器总阻中所占的比重却越来越大,甚至能占到总阻的 40%~60%,对飞行器的设计起着关键作用,它的精确测量对实验设备和实验方法都提出了更高的要求。

对于摩阻预测无论是理论计算还是实验测量都存在较大的困难。基于边界层理论,求解 $\tau_w = \mu (\partial V_x/\partial y)_w$,层流、湍流流场可以给出较好的结果,但是对于转捩位置、转捩区的计算误差较大,对于分离区和再附区表面摩阻的预测更是困难。实验测量方面,一些直接测量方法如摩阻天平等,对作用于测量面的剪切应力敏感,可以给出这些复杂流动区域表面摩阻,且具备了较高的测量精度。

开展过研究的表面摩阻测量方法主要有直接测量和间接测量两类,前者包括摩阻天平、油膜干涉、液晶涂层等,后者包括热线法、热膜法、液体蒸发膜法、Preston 管法、Stanton 管法、Sublayer fence 法、静压孔法、速度型法、激光法和光学温度显示法等[14-21]。相对于直接测量方法,间接测量方法均有各自的优缺点。如热膜法灵敏度高,能进行动态测量,但校准困难,稍有差错就使结果不准确,而且成本很高;Preston 管法简单可靠,校准简单,但对下游的扰动很大;Stanton 管法对下游扰动小,制造简单,但每次使用前都要校准,而且校准工作复杂;速度型法除了可以获得表面剪切应力,还可用于确定湍流边界层的其他参数,但工作量大,工作周期长。更为关键的是间接测量法需要对流场参数做一些理论假设,如表面热流,以用于实验结果的校正和分析。对于复杂流动区域来说,这些流场参数很难有理论解,因此摩阻间接测量法的实验结果精度欠佳。以下重点介绍摩阻天平测量和液晶涂层摩阻测量。

7.5.1　摩阻天平测量

作为直接测量方法,摩阻天平是一种最直观、有效地用于测量飞行器表面摩阻的装置,国内外开展了大量的研究工作。高超声速风洞使用的摩阻天平可分为应变式和压电式两大类[22~24]。

应变式摩阻天平可设计为二分量的形式,分别用于测量沿来流方向的摩擦阻力和与其正交方向的摩擦阻力。图 7.30 为中国航天空气动力技术研究院研制的应变式摩阻天平结构,通过框式结构上的变形测量摩擦阻力。图 7.30 中天平顶部为浮动盘,用于感受摩擦阻力;框式结构上粘贴应变计,用于组成电桥,实物如图 7.31 所示。天平封装在一个圆柱形外壳内,圆柱形外壳与天平浮动盘同轴,之间留有适当宽度的缝隙,外壳顶部平面、天平浮动盘平面与天平模型表面安装齐平。

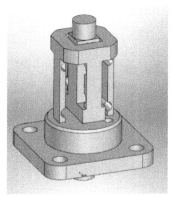

图 7.30　应变式摩阻天平结构

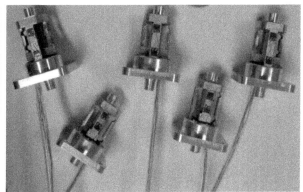

图 7.31　摩阻天平实物

应变式摩阻天平采用金属箔式应变计,这种应变计的优点在于信号稳定,有一定温度自补偿能力,缺点是灵敏度较低。高超声速风洞中,摩阻的测量范围一般为 0.001~0.05 N。但是,在保证结构稳定性和贴片可操作性的前提下,摩阻天平的量程难以做到 0.05 N 以下,导致应变式摩阻天平的相对灵敏度不足,难以获得精确的摩阻测量结果。同时,由于结构刚度偏弱,固有频率偏低,因此无法实现脉冲式高超声速风洞内的摩阻测量。

为了提高应变式摩阻天平的灵敏度,可采用半导体应变计。半导体应变计的灵敏度较高,在不改变摩阻天平弹性体结构尺寸的同时可大幅提升天平信号输出。半导体应变计的性能不如金属箔式应变计稳定,应用时需要做好零漂补偿、温漂补偿及非线性补偿。

为了提高天平的响应速度以适应脉冲风洞摩阻测量的要求,可以应用压电式测量原理。压电式天平的结构紧凑、刚性大,固有频率高,响应速度比应变式天平有量级上的提高。天平的摩阻感应面与剪切型压电陶瓷芯体固连,当摩阻感应面受气流剪应力作用时,压电陶瓷上下表面分别产生并聚集正负电荷,经由电荷放大器调理后输出电压信号,图7.32为压电式摩阻天平的工作原理图。通过标定,可建立摩阻与天平电压信号的对应关系。图7.33为压电式摩阻天平的结构图,其特点是使用了两个压电陶瓷芯体,一个用于测量摩阻,另一个用于振动信号修正。

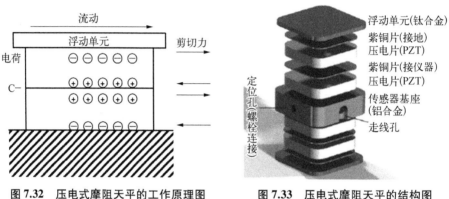

图7.32　压电式摩阻天平的工作原理图　　　图7.33　压电式摩阻天平的结构图

7.5.2　液晶涂层摩阻测量

液晶涂层摩阻测量技术是一种光学非接触的面测量方法,用于风洞实验模型表面流动显示及摩阻测量,其原理是基于剪切敏感液晶材料在感受不同壁面剪切应力时会反射颜色各异光线的特性,通过现代图像采集和处理手段定量分析摩阻分布,最终获得清晰、直观的流动显示图像和表面剪切应力矢量分布,具有灵敏度高、不破坏模型外形、测量面积大、分辨率高、对温度不敏感、测量范围广等优点,是一种适用于低速、亚跨超、高超声速全速域流场的先进风洞测试技术。该技术既能给出摩阻分布定性显示图像,又能够定量测量表面剪切应力的大小和方向,对于摩阻预测研究及飞行器的气动性能设计具有十分重要的应用价值[25-31]。

液晶涂层光学摩阻测量技术需要解决液晶涂层制备、液晶涂层标定、液晶涂层光学测量系统搭建、图像处理等几个关键问题。

1. 液晶涂层制备

剪切敏感液晶涂层的制备是一项基础工作,涂层的质量直接决定了风洞实验测量的精准度。由于剪切敏感液晶材料特殊的光学属性,用于风洞实验的液晶涂层应具备在测量面内分布均匀、涂层厚度人为可控、黏度与风洞流场条件匹配、显色效果好等特点,对喷涂工艺要求较高。

为了使液晶涂层基底颜色均匀并增加与涂层颜色的对比度、加强液晶涂层显色效果,液晶涂层实验模型一般使用超硬铝加工,并进行表面阳极化发黑处理。模型表面处理后需保持表面光洁,不得有油污、灰尘、指纹等。

根据模型测量面积计算所需液晶用量。计算得出模型测量面面积为 s,已知剪切敏感液晶的密度为 ρ,假设喷涂过程中的损失为 η,制成的涂层厚度为 h,则所需的液晶材料质量 $m = hs\rho/(1 - \eta)$。将液晶材料和丙酮按一定比例置于烧杯中配制溶液。将装有液晶溶液的烧杯置于恒温加热/磁力搅拌机上,使液晶和丙酮混合均匀、充分溶解。应用小型喷笔将液晶溶液雾化后均匀喷涂到模型表面,喷涂过程中喷笔匀速运行不停留,运行轨迹根据模型表面形状规划,水平和垂直交替喷涂。整个喷涂过程在排风喷涂柜中进行。喷涂完成后将模型置于不透光的干燥柜中,待丙酮全部挥发,得到均匀的、可用于风洞实验的剪切敏感液晶涂层。

2. 液晶涂层标定

如何将液晶的变色响应与摩擦力的绝对量值建立直接联系一直是制约此技术发展的难点。一般采用低速喷流流场模拟剪切流动,由于摩阻天平具有直接测量、不需要假设、响应速度快、易于标定计量的优点,能够直接给出摩阻绝对值的点测量结果,因此将其用于液晶涂层的标定。在拍摄方向和气流方向一致的条件下,在低速喷流实验台上对液晶进行标定。利用摩阻天平测量喷流流场某区域的剪切应力绝对值,和液晶涂层在这一区域的平均色相值对应,得到液晶涂层的 Hue~τ 标定曲线(图 7.34)。

在孟塞尔色彩坐标系中,色彩由亮度、色相、饱和度三个值描述,这里我们关心的是颜色的变化,即色相 Hue。图像的色相值可通过彩色图像红色 R、绿色 G、蓝色 B 值算出,见式(7.3)。通过对标定曲线进行多项式拟合,即可得到图像颜色值与剪切应力值的对应关系式。

$$\text{Hue} = \begin{cases} \arccos\left[\dfrac{2R - G - B}{2\sqrt{(R-G)^2 + (R-B)(G-B)}}\right], & G \geqslant B \\ 2\pi - \arccos\left[\dfrac{2R - G - B}{2\sqrt{(R-G)^2 + (R-B)(G-B)}}\right], & G < B \end{cases} \quad (7.3)$$

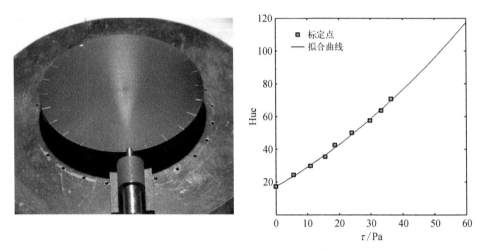

图 7.34　低速喷流标定平台及标定曲线

3. 液晶涂层光学测量系统搭建

液晶涂层光学测量系统主要包括白光光源、相机、多角度视觉平台、图像采集与控制软件等。液晶涂层应用全光谱的可见光照射。由于液晶受应力作用而改变反射光的波长呈现出不同颜色,通过颜色变化体现剪切应力的大小和方向,需围绕模型法向从不同角度进行观测。将多台相机安装于风洞实验段内的环形导轨上,相机俯视角度 α_C 和投影面内角度 Φ_C 可调。利用工作站实时控制相机,实现相机参数控制、触发及图像采集和存储。实验完成后,将获得的图像存储到工作站,用于图像的后处理。图 7.35 为多角度光学平台示意图。

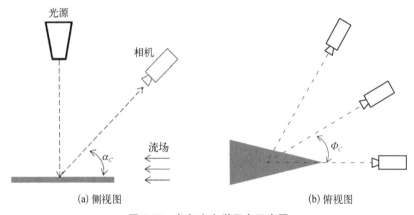

(a) 侧视图　　　　　　　　　　　　(b) 俯视图

图 7.35　多角度光学平台示意图

4. 图像处理

图像处理是整个测试系统中一个重要的环节,直接影响到系统测量精度。针对液晶图像特点,需进行多项图像处理过程(图 7.36),包括多视角图像配准(图 7.37)、畸变校正、颜色校正等。

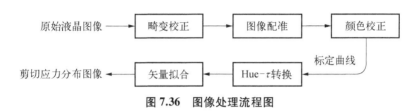

图 7.36　图像处理流程图

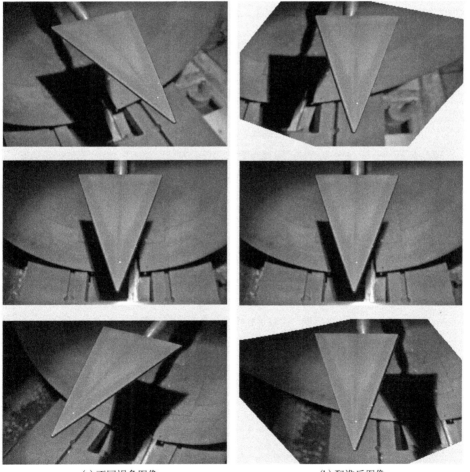

(a) 不同视角图像　　　　　　　　　　(b) 配准后图像

图 7.37　多视角图像配准示意图

中国航天空气动力技术研究院在 FD - 07 高超声速风洞中进行了马赫数为 5 时的尖前缘平板和三角翼表面摩阻测量实验,平板模型的液晶涂层摩阻测量结果与摩阻天平测量结果相符(图 7.38);三角翼模型提供了表面剪切应力矢量分布结果,模型攻角 α 为 0° 和 10°(图 7.39、图 7.40)。

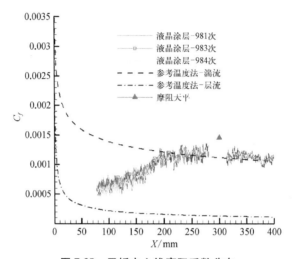

图 7.38　平板中心线摩阻系数分布

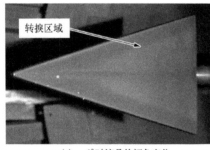 

(a) α=0° 时液晶的颜色变化　　　　　　(b) α=10° 时液晶的颜色变化

图 7.39　实验过程中三角翼表面液晶图像

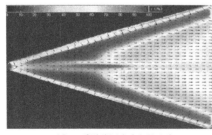 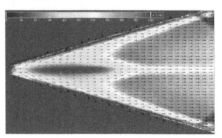

(a) α=0° 时剪切应力矢量分布　　　　　　(b) α=10° 时剪切应力矢量分布

图 7.40　实验过程中三角翼表面剪切应力矢量分布图

7.6 模型表面压力测量

压力测量实验分为模型表面静态压力分布测量实验和脉动压力测量实验。模型表面静态压力分布测量实验,就是常规测压实验,是测量飞行器模型在有绕流情况下模型表面的静态压力分布实验。其主要目的是① 为飞行器的结构强度计算和地面静力实验提供气动载荷分布的原始数据;② 对表面压力进行积分,可以近似得到飞行器的诸如升力和阻力等气动特性;③ 确定飞行器表面边界层转捩和分离的位置;④ 为分析某些气动现象提供流场参数;⑤ 为验证数值计算提供实验数据支撑。脉动压力是航空航天飞行器上普遍存在的物理问题,如激波/湍流边界层干扰引起的激波振荡、流动分离、边界层转捩与湍流等都可能引起脉动压力,脉动压力对飞行器性能、操稳特性及结构强度都有很大的影响。

7.6.1 常规高超声速风洞模型表面压力测量

在风洞和飞行试验中,表面压力的定量测量是了解飞行器气动特性的重要方法。对于飞行器的设计,表面压力测量是一项不可或缺的内容,对理解流场的特性,分析飞行器及各部件的气动特性非常重要,是飞行器设计的重要依据。压力分布测量提供了很多重要流动现象的关键信息,如激波形状、位置及流动分离等。

飞行器压力分布实验一般选用全模,也可根据需要选用局部放大模型。垂直模型表面设有多个测压孔,测压点布置一般根据模型表面压力分布大小来定。常规高超声速风洞中的测压孔处的压力通常由测压导管经模型支杆和支架连接到风洞外的压力传感器或电子扫描阀模块上进行测量。

常规高超声速风洞测压模型及其支撑装置的设计方法与全弹测力实验相同。模型表面静压测量最基本的方法,是在测压点顺着壁面法线方向开小孔,然后再通过传压管,就可以把该点的静压引出流场外进行测量。一般认为,只要模型表面静压孔足够小,孔的轴线垂直于壁面,孔的边缘没有毛刺或凸凹不平的现象,使平行物面的流线不受扰动,气流在静压孔中静止,静压孔中感受出的压力就是物面测点上流体的静压真值。图 7.41 为常规测压实验的典型结构示意图,图 7.42 为常规测压实验模型测点实物图。图 7.43 为测压实验模型开孔方式示意图,图中 d 为测压孔直径,一般取 0.5~2 mm;h 为测压孔深度,一般 $h/d>2$。

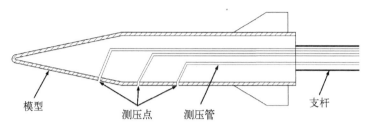

图 7.41　常规测压实验的典型结构示意图

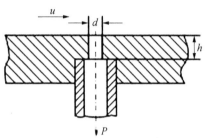

图 7.42　常规测压实验模型测点实物图　　图 7.43　测压实验模型开孔方式示意图

　　为获得较详细的压力分布,风洞测压实验的测压点数较多,一般在 100 点以上。实验中选用电子扫描阀进行测量(图 7.44),该系统采样频率为 330 Hz,测量精度为 0.05%。

　　(a)　　　　　　　　　(b)　　　　　　　　　(c)

图 7.44　电子扫描阀类压力测量系统

　　常规高超声速风洞测压实验中,由于测压管路长,而高马赫数条件下模型表面的压力值较低,使压力稳定时间较长。为使测压数据稳定可靠,必须在正式吹风之前,确定不同模型、不同马赫数条件下压力稳定的合理时间。

　　测压实验的实验数据以压力系数 $C_{P,i}$ 的形式给出:

$$C_{P,i} = (P_i - P_\infty)/q_\infty \tag{7.4}$$

式中，P_i 为表面测压点静压；P_∞ 为自由流静压；q_∞ 为自由流动压。

在同一攻角状态下，将同一截面内实验得到的各点压力系数分别在法向和轴向积分，得到弹体测压各截面法向和轴向载荷系数；再将各截面载荷系数沿轴线方向积分，得到弹体积分法向力系数 C_N 和前体轴向力系数 C_{AF}（图 7.45）。积分公式如下：

$$\mathrm{d}C_N/\mathrm{d}x = \frac{1}{S_r} \int_0^{2\pi} C_P \cdot \cos\phi \cdot r(x) \cdot \mathrm{d}\phi \tag{7.5}$$

$$\mathrm{d}C_{AF}/\mathrm{d}x = \frac{1}{S_r} \int_0^{2\pi} C_P \cdot \tan\theta(x) \cdot r(x) \cdot \mathrm{d}\phi \tag{7.6}$$

$$C_N = \frac{1}{S_r} \int_0^{L_r} \int_0^{2\pi} C_P \cdot \cos\phi \cdot r(x) \cdot \mathrm{d}\phi \cdot \mathrm{d}x \tag{7.7}$$

$$C_{AF} = \frac{1}{S_r} \int_0^{L_r} \int_0^{2\pi} C_P \cdot \tan\theta(x) \cdot r(x) \cdot \mathrm{d}\phi \cdot \mathrm{d}x \tag{7.8}$$

式中，L_r 为弹体总长度；S_r 为模型底部面积。

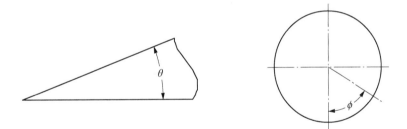

图 7.45　积分角度示意图

对于常规高超声速风洞测压实验，流场静压通常很低，尤其是飞行器底部压力，往往更低，通常在几十毫米水柱范围内变化。对于这种情况，常规的电子扫描阀类压力测量系统不能满足测量要求，需要研发专门的微小压力测量系统，使测量精度控制在可接受的范围内。

7.6.2　脉冲风洞模型表面压力测量

脉冲风洞压力测量的常规方法与常规风洞类似，都是在模型表面打上小孔，然后通过细铜管与压力传感器相连，从而获得模型表面压力。区别在于，脉冲风洞有效流场时间短，铜管内的压力必须在短时间内达到平衡，实验才能获取有效

图 7.46 压阻传感器实物图

压力。电子扫描阀类压力测量系统不能满足脉冲风洞压力测量需求,需采用压阻传感器进行测量,图 7.46 为压阻传感器实物图。一般而言,管内压力平衡建立所需时间与 d/L 呈线性关系(d 为引压管内径,L 为测点与传感器之间引压管的长度),增大 d 虽然能加快压力平衡的建立,却会破坏表面流动,因此需要做折中处理,同时尽量减少管长 L。为满足一般激波风洞的实验时间需求,一般管径不大于 1 mm,长度不大于 100 mm,实际使用时根据情况做出具体调整。总之,脉冲风洞与常规风洞测压在实验布置方面的主要区别在于引压管短,压力传感器必须放置在模型腔内。

7.6.3 压敏漆测量技术

自 20 世纪 80 年代起,一种基于发光氧猝灭效应的表面压力光学测量技术发展起来,这种技术称为压力敏感涂料(pressure sensitive paint, PSP)测试技术。PSP 的应用从分析化学领域氧浓度测量转变到空气动力学表面压力测量,使压力测量从传统的逐点测量表面压力转为全域压力测量。PSP 技术不仅能提供模型表面高空间分辨率的压力数据,还能作为一种流动显示手段,定量显示流场压力分布、激波位置和分离区大小。PSP 技术是利用压敏涂料的光学特性测量物体表面的压力分布,即将一种特殊的压力敏感涂料覆盖在模型表面上,通过测定受激辐射光强度场,可计算出相应的压力分布。主要光物理机理是探针分子的光致发光作用和氧猝灭效应,其中,光致发光作用以一定波长的激发光照射压敏涂料时,受激辐射发出更长波长的光;氧猝灭效应是指激发态分子通过和氧组分相互作用而失活,因此在涂层表面的空气压力与受激辐射光有关。

在风洞实验中,利用模型表面氧分压变化导致的涂料层中发光分子的猝灭效率不同,从而显示模型表面流场的压力变化,其光强压力换算关系式:

$$I_{ref}/I = A + B(P/P_{ref}) \tag{7.9}$$

式中,P、P_{ref} 分别表示实验压力和参考压力;I、I_{ref} 分别表示实验光强和参考光强;A、B 表示压敏涂料的校准系数,其值由压敏涂料校准曲线确定。

高超声速流动条件下 PSP 应用难度增大的原因在于高超声速风洞中的模

型表面温度实验过程中会发生较大幅度的增加,从而使涂料的温度效应急剧增加,影响测量结果精度和信噪比。解决温度效应的一般方法是通过获取表面的温度分布信息或利用相近温度特性的参考探针来补偿温度带来的影响;而数据处理上多采用滤波、小波分析和模态分解重构等方法结合图像配准和去模糊来提高信噪比,工程应用中常直接采用原位标定方法[32]。

同时,薄涂层要承受高温高速来流的高摩擦力和冲刷,而且在较短时间内对表面压力产生快速响应,尤其在参考压力和测量压力相差大于一定阈值情况下,要同时保证参考图像有足够的发光强度,吹风图像不会过度曝光。这就需要底漆具有较强的黏附能力,面漆具有较好的稳定性和抗冲刷能力,提高涂料对高超声速风洞实验的适用性;为了改善涂料的响应时间,需要加入填料和高分子共聚物形成多孔介质涂层。

压敏涂料的喷涂环境要求较高,一般要建立专门的密封喷涂室,将空气中的灰尘杂质对油漆探针分子的影响降到最低。喷涂压敏涂料之前要在实验模型表面先喷涂一层白色底漆,用于在模型表面建立光学均匀性和增加光反射,待底漆烘干后再喷涂压力敏感涂料面漆,待涂层完全固化后即可开始风洞实验。

近年来先进的仪器设备,如低噪声的高速相机和高强度稳定的激发光源,配合频谱分析和互相关等信号处理技术,以及涂料制作工艺和实验设备的不断发展,PSP 技术作为一种表面压力测量手段广泛地应用于空气动力学研究中。中国航天空气动力技术研究院在 FD－03 风洞中采用快响应 PSP[33]和瞬态压力测量系统,在高超声速风洞中对压缩拐角模型开展了测压实验。测量方法为高速图像采集方法,实验 $Ma=5$,采样频率为 2 kHz。通过 PSP 和纹影图像综合对比发现,PSP 能够准确捕捉到激波位置和分离区域大小。压缩拐角实验结果显示,分离区的压力升高,再附区的压力急剧升高。随着攻角的增加,分离区缩小,再附激波线越来越前移,直到不再发生分离。图 7.47中给出了 30°压缩拐角在 0°攻角工况下的压力分布云图,图 7.48为 30°压缩拐角在 0°攻角工况下

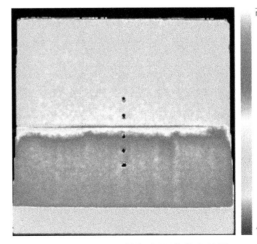

高

低

图 7.47　30°压缩拐角压力分布云图

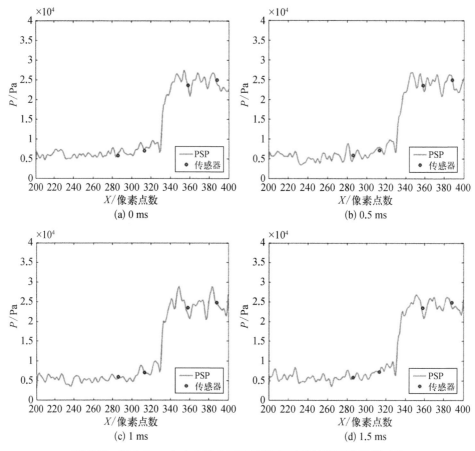

图 7.48   前 1.5 ms 内中心线上对应 PSP 和对应的测压孔数据对比

1.5 ms 内中心线上对应 PSP 和测压孔数据对比。

Nakakita 等[34] 在日本 JAXA 运行时间 30 ms 中等规模激波风洞中进行了 $Ma=10$ 条件下气流膨胀和压缩模型压力分布测量,基于 Ru(dpp) 探针的 PSP 响应时间为 $30\sim100~\mu s$。激发照射光源采用高稳定性的连续氙灯,输出光波动低于 1%,图像由 14 bit 的相机采集,曝光时间为 20 ms。对采集的图像进行均值滤波以降低光子散粒效应噪声和读取噪声,实现了模型表面压力测量,所得 PSP 实验结果与传感器数据吻合较好。图 7.49 给出了 PSP、纹影和压力分布对比结果。

7.6.4   脉动压力测量

压力脉动是航空航天飞行器上普遍存在的物理问题,是转捩/湍流边界层、

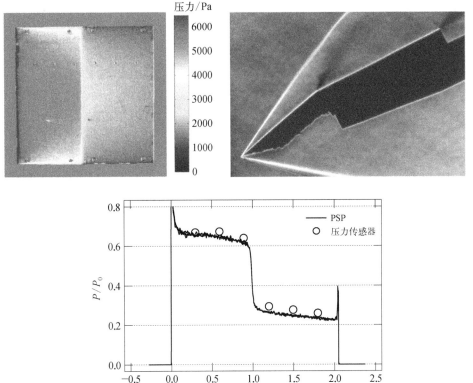

图 7.49　*Ma*10 激波风洞 40° 攻角膨胀角模型的 PSP、纹影和压力分布对比结果

分离流、激波振荡、突起物绕流、振荡燃烧等复杂流动现象在飞行器表面诱导出的动态压力。脉动压力测量使用脉动压力传感器通过搭建的一套高频采集系统,经过数据处理后得到。

　　高频脉动压力测试系统常用两种传感器:一种是频响 1 MHz 以上的传感器,满足高超声速边界层内不稳定波的测量需求(图 7.50);另一种是频响在 200 kHz 左右的传感器,可实现分离流动,激波震荡的复杂流场测量(图 7.51)。图 7.52 为高频压力采集系统示意图,该系统具有信号调理与采集、总压信号触发、数据存储和信号屏蔽等功能。

　　在脉动压力测量时,由于飞行器表面脉动压力具有强烈的局部特性,而且动态压力传感器需要较大的安装空间,限制了实验模型测压点布置的数量。通常严重的脉动压力出现在飞行器绕流湍流边界层、绕流分离、再附和激波/边界层干扰区域,因此,脉动压力实验应预先估计出飞行器绕流的情况,动态压力

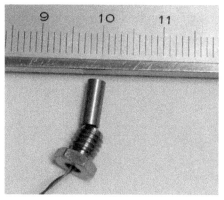

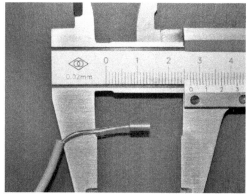

图 7.50　一种频响约为 **1 MHz** 的传感器　　图 7.51　一种频响约为 **200 kHz** 的传感器

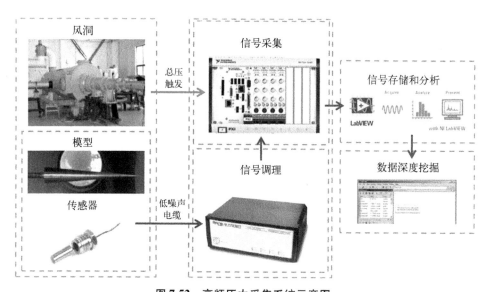

图 7.52　高频压力采集系统示意图

传感器应选择安装在这些重点关注的区域,并在此区域内尽可能密集布置测压点,用于捕捉最严重的脉动压力出现的位置,测量脉动压力载荷。由于相邻测点之间存在信号的空间相关问题,必须使相邻测点之间的最小距离超过临界值,才能保证测点之间没有干扰。

参考文献

[1] 唐志共.高超声速气动力试验[M].北京:国防工业出版社,2004.
[2] 许晓斌.常规高超声速风洞与试验技术[M].北京:国防工业出版社,2015.

[3] 贺德馨.风洞天平[M].北京:国防工业出版社,2001.

[4] 中国人民解放军总装备部.风洞应变天平规范[S]. GJB 2244A - 2011, 2011.

[5] 刘春风,熊琳,刘家骅,等.天平校准不确定度的一种评估方法[J].实验流体力学,2016,
30(2):84 - 90.

[6] 熊琳,宫建,王金印,等.小直径杆式应变天平轴向力元件设计问题的探讨[J].实验流体
力学,2013,27(5):75 - 78.

[7] 刘春风,熊琳.φ0.5 m 高超声速风洞气动力试验不确定评估[J].实验流体力学,2017,31
(4):91 - 96.

[8] Lynn K C, Commo S A, Parker P A. Wind-tunnel balance characterization for hypersonic
research applications[J]. Journal of Aircraft, 2012, 49(2):556 - 565.

[9] 毕志献.炮风洞中浮框式六分量应变天平的设计[C].第十一届全国激波与激波管学术
会议,洛阳,2004.

[10] 陈柯梧,刘展,熊琳.高超声速风洞舵面测力双天平技术及应用[J].实验流体力学,2011,
25(1):76 - 78.

[11] 陈柯梧,熊琳,刘展.高超声速风洞舵面双天平测力实验技术[C].中国航空学会,江
门,2009.

[12] 熊琳,刘展,陈河梧.舵面天平技术及其在高超声速风洞的应用研究[J].实验流体力学,
2007,21(3):54 - 57.

[13] 罗也凡,毕志献,王永清.脉冲型风洞用加速度计测力天平[J].实验流体力学,1996,1:
59 - 64.

[14] Reddeppa P, Jagadeesh G, Bobji M S. Measurement of direct skin friction in hypersonic
shock tunnels [R]. AIAA Paper 2005 - 1412, 2005.

[15] Keener E R, Hopkins E J. Use of Preston tubes for measuring hypersonic turbulent skin
friction [R]. AIAA Paper 1969 - 0345, 1969.

[16] Liu T, Sullivian J P. Luminescent oil film skin friction meter [J]. AIAA Journal, 1997, 36
(8):1460 - 1465.

[17] Naughton J W, Sheplak M. Modern skin friction measurement techniques description, use,
and what to do with the data [R]. AIAA Paper 2000 - 2521, 2000.

[18] Chadwick K, Schetz J. Direct measurement of skin friction in high-enthalpy high-speed flows
[R]. AIAA Paper 1992 - 5036, 1992.

[19] Goldfeld M, Petrochenko V, Nestoulia R, et al. The direct measurement of friction in the
boundary layer at supersonic flow velocities[R]. AIAA Paper 2001 - 1769, 2001.

[20] Goyne C P, Stalker R J, Paull A. Transducer for direct measurement of skin friction in
hypervelocity impulse facilities[J]. AIAA Journal, 2002, 40(1):42 - 49.

[21] Bland S M, Sang A K, Schetz J A, et al. Improved direct measurement fiber-optic skin
friction gauge for flight test and laboratory applications[R]. AIAA Paper 2006 - 3936, 2006.

[22] 马洪强.高超音速摩阻测量技术研究[C].全国高超声速气动力/热学术交流会,烟
台,2009.

[23] 赵莹娟,吕治国,姜华.高超声速飞行器表面摩擦阻力测量研究进展[C].全国高超声速
气动力/热学术交流会,烟台,2009.

[24] 马洪强,高贺,毕志献.高超声速飞行器相关的摩擦阻力直接测量技术[J].实验流体力学,2011,25(4):83-88.

[25] Reda D C, Wilder M C. Uncertainty analysis of the liquid crystal coating shear vector measurement technique [R]. AIAA Paper 1998-2717, 1998.

[26] Chen X, Yao D P, Wen S, et al. Optical skin friction measurement in hypersonic flow utilizing LCCs [C]. 11th International Conference on Flow Dynamics, Sendai, 2014.

[27] Ireland P T, Jones T V. Liquid crystal measurements of heat transfer and surface shear stress [J]. Measurement Science and Technology, 2000, 11(7): 969-986.

[28] Fujisawa N, Aoyama A, Kosaka S. Measurement of shear-stress distribution over a surface by liquid-crystal coating [J]. Measurement Science and Technology, 2003, 14(9): 1655-1661.

[29] Zhao J S, Peter S, Gu L X. Color change characteristics of two shear sensitive liquid crystal mixtures(BCN/192, BN/R50C) and their application in surface shear stress measurements [J]. Chinese Science Bulletin, 2011, 56(27): 2897-2905.

[30] 陈星,毕志献,宫建.基于剪敏液晶涂层的光学摩阻测量技术研究[J].实验流体力学,2012,26(6):70-74.

[31] 陈星,文帅,潘俊杰.三角翼表面摩阻测量风洞实验研究[J].气体物理,2017,2(2):54-63.

[32] 于靖波,向星居,熊红亮,等.快速响应 PSP 技术及应用[J].实验流体力学,2018,32(3):17-32.

[33] Xiang X J, Yuan M L, Yu J B, et al. Fast response PSP measurement in a hypersonic wind tunnel [R]. AIAA Paper 2014-2943, 2014.

[34] Nakakita K, Yamazaki T, Asai K, et al. Pressure sensitive paint measurement in a hypersonic shock tunnel[R]. AIAA Paper 2000-2523, 2000.

第8章

高超声速风洞模型传热测量技术

高超声速飞行器在飞行过程中,由于高速气流的加热效应和黏性耗散作用,会遭受严酷的气动加热,为保障飞行安全,必须对飞行器采取有效的热防护措施。热防护设计与气动、弹道、控制、结构等多学科强耦合,对飞行器总体性能形成很强的约束,使射程、机动能力和成本控制等关键指标设计受限,是影响飞行器性能提升的关键因素。飞行器热环境的准确预测是热防护设计的前提,对提升飞行器战术指标和保障飞行安全具有极其重要的作用。

飞行器热环境预测手段主要包括理论分析、数值计算及实验模拟等。理论分析只适用于特定的简单问题;数值模拟可以较好地模拟复杂流场,但计算结果需要实验数据支撑验证;实验模拟主要包括飞行试验及地面风洞实验,其中地面风洞实验成本低,测量精度高,是验证和校核工程计算及数值方法的最主要手段。风洞模型传热实验利用相似原理,采用缩比模型完成热环境参数的测量。受技术条件的限制,地面设备不可能完全模拟真实流场,只能根据所研究的问题,实现关键参数的部分模拟。在地面实验中,高超声速气流会对实验模型产生气动加热,使用温敏仪器获取模型表面温度随时间的变化,进而计算出高速气流对模型表面各部位传递的热流密度。地面实验可为飞行器的热防护设计、考核提供输入条件,并探索布局、流态、局部结构等因素对热环境的影响,为新一代高超声速飞行器的防热设计提供技术支撑。

模型传热实验通常在可以获得较高来流总温的高超声速风洞中开展。其中,激波风洞可达到较高的马赫数和总温,有效实验时间为几毫秒到几十毫秒,对模型表面热流密度的获取、处理提出了较高的要求,传感器等设备的响应时间一般要小于有效实验时间2~3个量级(一般为微秒级)方能获取足够的采样数。常规高超声速风洞运行时间长、流场稳定,便于获得稳定的气动加热状态,但常规高超风洞启动时间长给热环境实验带来数据处理上的诸多不便,原因在于启动过程中复杂流动已经对实验模型进行了不规则传热,导致无法获得均匀的模型起始温度作为参考,甚至在某些区域已达到平衡温度,气流和模型之间已无热量传递。因此,目前常规高超声速风洞的热环境实验一般采用快速插入的方法进行,即在风洞启动并形成均匀流场后,利用快速插入机构将模型快速放入流场中进行表面温度测量,此方法对于快速插入机构的插入速度和模型强度、刚度要求较高。

高超声速风洞的热流测量技术主要分为两大类:一类是以热流传感器为代表的电测量技术,包括薄膜量热计、同轴热电偶、薄壁量热计等,这类技术属于传统测试技术,发展历史较长,技术相对比较成熟。缺点是需要在模型上安装传感器,可能破坏模型的整体性,传感器与模型表面的不平整度也会影响数据的测量精度,甚至模型某些复杂部位由于曲率过大、厚度过薄等原因无法安装传感器。另一类是采用与光学方法相结合的面测量技术,包括磷光热图、红外热图、液晶热图等。这类技术在一次实验中可以得到模型大面积整体的热流分布,其优点是不会破坏模型的外形,测量结果可直观地显示整个飞行器的全局热流密度分布,已越来越多地应用于复杂外形热环境的地面实验测试中。

本章重点介绍了高超声速风洞中实验模型的传热测量原理以及典型的传热测量方法和技术,包括薄膜量热计测量技术、同轴热电偶测量技术、磷光热图技术等,并给出了每种测量技术的测量原理、技术要求、数据处理方法及应用。

8.1 热流密度测量原理

热流密度是高超声速风洞热环境实验测量的主要参数,指单位时间通过单位面积的能量。在热环境实验中,热流密度通常指实验来流传递给模型壁面的热量,通过测量模型表面的热流密度分布,可以为高超声速飞行器的热环境分析提供重要依据,并可为飞行器热防护设计、防热材料考核提供输入参数。

8.1.1 两层介质中的热传导

具有一定初始温度的实验模型,突然置于高速流场中时,模型与流场构成一个非稳态传热系统,这个系统包含两个传热环节:一个是流场热气流向模型的

表面传热,另一个是从模型表面到体内
传热。

　　如图 8.1 所示,假设一维半无限长
介质 2,其表面覆盖了厚度为 l 的介质
1,介质 1、介质 2 在与 x 垂直方向上均
有无限长度,其中,介质 1 可以理解为
模型表面的温敏元件,介质 2 可以理解
为模型本身。当表面($x = 0$)受到加热
时,热流密度 $q(\tau)$ 只向 x 方向传导,其
传热过程可简化为瞬态一维热传导。

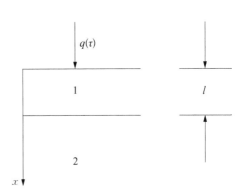

图 8.1　两层介质传热模型

　　根据各向同性固体内的一维热传导方程:

$$\frac{\partial^2 T}{\partial x^2} = \frac{1}{\alpha}\frac{\partial T}{\partial \tau} \tag{8.1}$$

式中,T 为距离表面 x 处的温度;α 为介质的热扩散系数,$\alpha = k/\rho c$,k、ρ、c 分别
为材料的热传导系数、密度和比热容。

　　则两层介质中传热的控制方程为

$$\frac{\partial^2 T_1}{\partial x^2} = \frac{1}{\alpha_1}\frac{\partial T_1}{\partial \tau} \tag{8.2}$$

$$\frac{\partial^2 T_2}{\partial x^2} = \frac{1}{\alpha_2}\frac{\partial T_2}{\partial \tau} \tag{8.3}$$

边界条件为
当 $x = 0$ 时:

$$-k_1\frac{\partial T_1}{\partial x} = q(\tau) \tag{8.4}$$

当 $x = l$ 时:

$$k_1\frac{\partial T_1}{\partial x} = k_2\frac{\partial T_2}{\partial x} \tag{8.5}$$

$$T_1 = T_2 \tag{8.6}$$

当 $x = \infty$ 时:

$$T_2 = T_0 \tag{8.7}$$

对式(8.2)和式(8.3)做拉普拉斯变换,可得

$$\frac{\partial^2 \overline{T}_1}{\partial x^2} = \frac{P}{\alpha_1} \overline{T}_1 \tag{8.8}$$

$$\frac{\partial^2 \overline{T}_2}{\partial x^2} = \frac{P}{\alpha_2} \overline{T}_2 \tag{8.9}$$

利用式(8.8)和式(8.9)的通解及边界条件[式(8.4)~式(8.7)],可得

$$\overline{T}_1 = \frac{\bar{q}\sqrt{\alpha_1}\left[(1+a)\mathrm{e}^{-(x-l)\sqrt{P/\alpha_1}} + (1-a)\mathrm{e}^{(x-l)\sqrt{P/\alpha_1}}\right]}{k_1\sqrt{P}\left[(1+a)\mathrm{e}^{l\sqrt{P/\alpha_1}} - (1-a)\mathrm{e}^{-l\sqrt{P/\alpha_1}}\right]} \tag{8.10}$$

$$\overline{T}_2 = \frac{2\bar{q}\sqrt{\alpha_1}\,\mathrm{e}^{(l-x)\sqrt{P/\alpha_2}}}{k_1\sqrt{P}\left[(1+a)\mathrm{e}^{l\sqrt{P/\alpha_1}} - (1-a)\mathrm{e}^{-l\sqrt{P/\alpha_1}}\right]} \tag{8.11}$$

式中

$$a = \sqrt{\frac{\rho_2 c_2 k_2}{\rho_1 c_1 k_1}}$$

式(8.10)和式(8.11)即为两层介质一维传热分析的基础。

8.1.2 一维半无限体中的热传导

上面提到,图 8.1 中的介质 1 可理解为温敏元件,如薄膜量热计的温敏铂膜及磷光热图技术中的磷光发光涂层。一般而言,此类温敏元件的厚度极薄($10\sim 20\ \mu\mathrm{m}$),相比于介质 2(模型厚度)可忽略不计,即 $l=0$,则式(8.11)变为

$$\overline{T}_2 = \frac{1}{\sqrt{\rho_2 c_2 k_2}}\frac{\bar{q}_w \mathrm{e}^{-x\sqrt{P/\alpha_2}}}{\sqrt{P}} \tag{8.12}$$

对式(8.12)进行拉普拉斯逆变换,可得

$$T_w(\tau) = \frac{1}{\sqrt{\pi \rho_2 c_2 k_2}}\int_0^t \frac{q_w(\tau)}{\sqrt{t-\tau}}\mathrm{d}\tau \tag{8.13}$$

则热流密度可表示为

$$q_w(\tau) = \frac{\sqrt{\rho_2 c_2 k_2}}{\sqrt{\pi}} \int_0^t \frac{\mathrm{d}T(\tau)/\mathrm{d}\tau}{\sqrt{t-\tau}} \mathrm{d}\tau \tag{8.14}$$

由于在风洞实验过程中,通常记录的是表面温度 T_w,而非温度变化率 $\mathrm{d}T(\tau)/\mathrm{d}\tau$ 与时间 τ 的关系,为此,可将式(8.14)变换为式(8.15)[1]:

$$q_w(t) = \frac{\sqrt{\rho_2 c_2 k_2}}{\sqrt{\pi}} \left[\frac{T_w(t)}{\sqrt{t}} + \frac{1}{2} \int_0^t \frac{T_w(t) - T_w(\tau)}{(t-\tau)^{\frac{3}{2}}} \mathrm{d}\tau \right] \tag{8.15}$$

式(8.15)即为薄膜量热计、同轴热电偶等在脉冲风洞中用于热流密度计算的实用关系式。

8.2　薄膜量热计

薄膜量热计又称薄膜热流传感器,该技术发展时间较长,具有灵敏度高、响应时间短和易于制作等优点,是目前脉冲风洞中最常用的热流测量技术。

8.2.1　工作原理及结构

薄膜量热计利用金属薄膜的电阻随温度呈单调变化的特性实现热流密度测量,需要提前对金属薄膜进行温度电阻系数标定,获得温度变化与电阻变化的换算关系。

典型的薄膜量热计为一个圆柱体结构[图 8.2(a)],由基底和金属膜构成,基底常采用圆柱玻璃制作,金属膜一般采用高纯度铂。在玻璃柱的一端通过真空溅射将铂丝镀在玻璃基底一端的表面。为了提高铂电阻的阻值,铂丝也可以做成 S 形等弯曲的形状,用银浆通过玻璃两侧将导线引至圆柱玻璃另一端面连接导线。一般而言,玻璃圆柱直径在毫米量级(小于 10 mm),目前使用的薄膜量热计直径多数为 1~2 mm、长度为 5~20 mm,实际上可根据实验要求、安装要求加工相应尺寸的圆柱玻璃,传感器实物图如图 8.2(b)所示。

8.2.2　传感器技术要求

传感器的基底材料一般要选用耐高温、绝热性好、绝缘性好、可加工的材料,故基底材料的选择范围通常为非金属材料,如玻璃、陶瓷、尼龙等。由于在计算

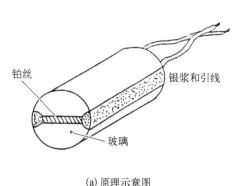

铂丝

银浆和引线

玻璃

(a) 原理示意图

(b) 实物图

图 8.2　薄膜量热计

热流密度的过程中需要用到基底材料的导热系数、比热容和密度,故要求基底材料的性能随温度的变化值尽可能低。实际工作中,通常选用石英玻璃作为基底材料。

薄膜作为传感器的核心温敏部件,应当满足以下要求。

(1) 金属膜与玻璃基底结合牢固,能经受实验气流冲刷,风洞实验前后的阻值变化不大于 2%。

(2) 电阻为 $(50\pm10)\ \Omega$,年变化率不大于 1%。

(3) 电阻温度系数一般为 $2.0\times10^{-3}\sim3.0\times10^{-3}\ \mathrm{K}^{-1}$。

(4) 测驻点热流密度时,表面用二氧化硅做保护层。

金属铂具有较高的电阻温度系数,是常用的成膜材料,一般采用离子溅射的方式沉淀薄膜。

8.2.3　传感器的安装

脉冲风洞测热实验的准备工作之一即为安装薄膜量热计,在模型相应位置上根据薄膜量热计的直径加工测热安装孔(通常比量热计实际外径大 0.1~0.2 mm),薄膜量热计在安装前,应在玻璃圆柱侧面包裹一层绝缘膜以确保量热计与模型绝缘,同时,要求镀有铂丝的端面和模型表面平齐(图 8.3),如果端面高于模型表面,则热流密度测量值会偏高,如果端面低于模型表面,则热流密度值会偏低。

薄膜量热计适用于模型表面比较平坦部位的热流密度测量。当模型表面曲率变化比较大时,为提高测量精度,基于薄膜量热计测量原理,开发了模型和传

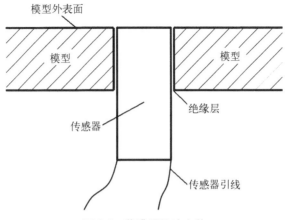

图 8.3　薄膜量热计安装

感器一体化测试技术。把模型局部用和薄膜量热计基底材料一样的玻璃做成,在需要测热流密度的部位直接镀上铂丝,并用引线将铂丝从模型表面引出。这种玻璃局部模型和整个模型安装到一起,不会破坏模型的外形,提高了热流密度的测量精度。图 8.4 为整体翼前缘集成式薄膜量热计。

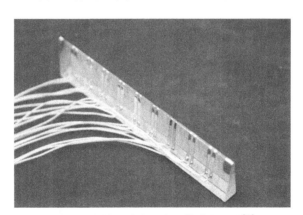

图 8.4　整体翼前缘集成式薄膜量热计[2]

8.2.4　热流测量数据处理

薄膜量热计利用金属膜阻值随温度变化的特性测量出实验过程中模型表面各测点的温度变化过程,按 8.1 节中的式(8.15)计算出表面热流密度。金属膜的平均温度可以代表玻璃基底表面温度。

测热实验中模型表面测点的温升可由金属膜的阻值变化计算得到,根据电阻随温度的变化规律：

$$\Delta R = R_0 \alpha \Delta T \tag{8.16}$$

式中，R_0 为薄膜量热计的初始电阻；α 为薄膜量热计的电阻温度系数。

在恒定的电流的条件下，$\Delta R = \Delta U / I_0$，可以得到电压输出与温升的关系：

$$T_s(t) = \frac{1}{\alpha} \frac{\Delta U(t)}{E_0} \tag{8.17}$$

式中，E_0 为初始电压；$\Delta U(t)$ 为 t 时刻的电压变量。

把式(8.17)代入式(8.15)中，可得

$$q_w(t) = \frac{1}{\alpha E_0} \sqrt{\frac{k\rho c}{\pi}} \left[\frac{\Delta U(t)}{\sqrt{t}} + \frac{1}{2} \int_0^t \frac{\Delta U(t) - \Delta U(\tau)}{(t-\tau)^{3/2}} \mathrm{d}\tau \right] \tag{8.18}$$

式(8.18)即为薄膜量热计的热流处理公式。

在此基础上，假定薄膜量热计的电阻温度系数 α 和基底材料的热物性参数 $\sqrt{\rho c k}$ 值为常量且已知（通常在实验前标定获得）。通过比较一维热传导方程和电系统中具有分布电阻及电容的电传输基本方程，发现两者十分相似，只要选取有相同的初始状态和边界条件的两种系统，就可以用电参量代替相应的热传导系数。因此通常采用一种模拟积分网络用于脉冲风洞的薄膜量热计的传热测量中，在模拟网络的输入端输入 $\Delta U(t)$，在模拟网络的输出端就可以得到 $q_w(t)$ 的值。图 8.5 为根据上述原理设计的热电模拟网络，R 是模拟网络上的电阻，C 为模拟网络上的电容。在实际的热电模拟网络的制作中，进行了两次近似，一次是以集中参数的网络代替分布参数的传输线，另一次是以有限节数的网络代替无限节数的网络。在模拟网络设计时应考虑两个特征量的响应时间和运行时间，对运行时间 20 ms 左右的脉冲风洞，一个应用例子是选择 0.01 μF 的电容和 5 kΩ 的电阻，采用 20 节的网络。

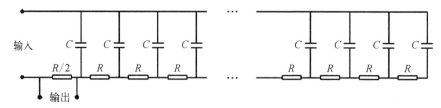

图 8.5　热电模拟网络示意图

实验中只要测量输出端的电位差 $U_0(t) - U_1(t)$，就可以由式(8.19)求出模型表面测点的热流密度：

$$q_w(t) = \frac{2}{\alpha} \frac{\sqrt{\rho c k}}{E_0 \sqrt{RC}} \left[U_0(t) - U_1(t) \right] \tag{8.19}$$

在实验时一般把恒流源提供的恒定电流加在薄膜量热计上，把金属膜两端的电压接入模拟网络输入端，模拟网络的输出信号经过放大器接入数据采集器，然后用计算机进行数据处理。实际应用中一般会把恒流源、积分网络与放大器集成在一起，测量框图如图 8.6。

图 8.6　薄膜量热计测量方法框图

得益于计算机技术的快速发展，实际应用中可以不用电路模拟网络，而用数值积分来完成式(8.18)中的数学积分。

8.2.5　平板转捩实验

图 8.7 为中国航天空气动力技术研究院在 FD‐20 炮风洞进行的平板热流测量实验，该实验在平板模型中心线沿流向布置薄膜量热计，用于获得平板边界层转捩过程中中心线热流密度的变化。实验状态：马赫数为 6，总温为920 K，单位雷诺数为 $1.1 \times 10^7/\mathrm{m}$。图 8.8 为实验中一个测点得到的热流密度曲线。

 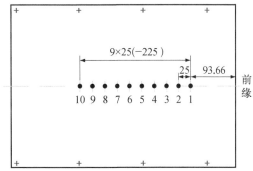

图 8.7　模型及其表面测点示意图

通过数据处理，图 8.9 给出了模型中心线上热流密度分布曲线，边界层转捩过程中，壁面热流密度明显提高，湍流区热流密度较层流区高 3~5 倍。

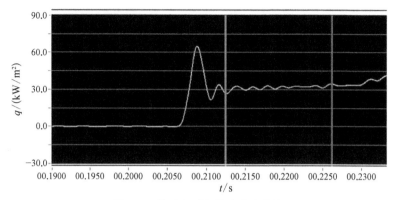

图 8.8　模型上测点热流密度曲线

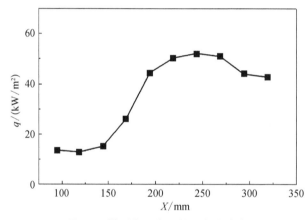

图 8.9　模型中心线上热流密度分布

8.3　同轴热电偶

薄膜量热计作为常用的脉冲风洞热流测量技术,除了具备响应速度快、灵敏度高等优点外,仍存在一些局限,如针对驻点、翼前缘等高热流密度、高冲刷区域存在耐用性差等问题。而同轴热电偶具有耐冲刷性强、适用于高热流密度测量等优势,可以同薄膜量热计形成良好互补。

8.3.1　工作原理及结构

当两种不同材料的导体或半导体两端接合成一个闭合回路时,如果两接点温度不同,则在回路中就会有热电势产生,其方向取决于温度梯度的方向,这种现象称为热电效应。热电效应由泽贝克(Seebeck)在 1821 年发现,故热电效应又称为泽贝克效应。同轴热电偶测温即基于热电效应原理,利用温度变化与电势变化的对应关系实现热流测量。

图 8.10 为泽贝克效应原理示意图,也是热电偶测量温度的原理示意图。金属 A 和金属 B 组成回路,该回路有两个温度节点 1 和 2,其中节点 1 为测量端,温度为 T,节点 2 为参考端,温度为 T_0,在金属 A 中加入电压表监测电压,当测量端 1 和参考端 2 的温度不一致时,由于热电效应,回路中将产生热电动势,从而在电压表中显示出来。该电动势的大小与 $T_0 - T$ 的差值呈正比例关系。

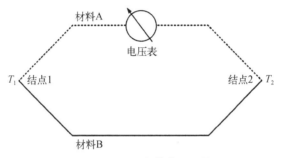

图 8.10　泽贝克效应原理图

同轴热电偶结构如图 8.11(a)所示。传感器由管状外电极、芯状内电极组成,内外电极间通过填充绝缘层进行电气绝缘。使用时研磨内外金属电极的测试端,使两者相互连接,从而形成热结点。同轴热电偶实物见图 8.11(b)。

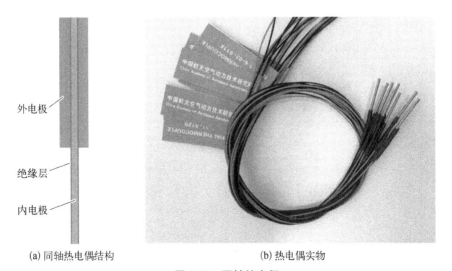

(a) 同轴热电偶结构　　　　　　　(b) 热电偶实物

图 8.11　同轴热电偶

8.3.2　同轴热电偶技术要求

同轴热电偶的绝缘层厚度对响应时间起决定作用,厚度越小响应越快,绝缘层的热特性对热电偶的热响应影响很小[3]。因此绝缘层厚度的控制是同轴热电偶传感器的关键,目前广泛用于风洞实验的同轴热电偶传感器绝缘层厚度大多介于 $10 \sim 20 \ \mu m$[4]。

传感器制作完成后,对传感器的测量端(端部)进行打磨抛光,然后置于显微镜下进行观察,检测传感器绝缘层厚度和均匀性。通过显微镜下的照片可以看出,绝缘层的均匀性好,厚度为 $8 \sim 9 \ \mu m$(图 8.12 中圆形黑线)。

同轴热电偶的直径一般为 $1 \sim 3 \ mm$,长度视具体实验要求而定,由于同轴热电偶适用于高热流测量,在热流密度较低的情况下(低于 $100 \ kW/m^2$)测量精度显著低于薄膜量热计,故通常情况下,优先考虑布置在驻点、前缘等高热流密度位置。

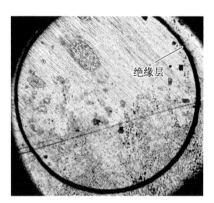

图 8.12　传感器端面图像
（放大倍数 20）[5]

8.3.3　同轴热电偶的分类

根据制作热电偶采用的两种金属材料的不同,可以将热电偶分为不同的型号,中国航天空气动力技术研究院使用的是 E 型热电偶,即两种金属材料分别为康铜和镍铬。外电极为镍铬合金材料,其为正极,内电极为康铜丝,其为负极。表 8.1 为几种常用的热电偶分类表。

表 8.1　几种常用的热电偶分类表

热电偶分度号	热电极材料		热电偶分度号	热电极材料	
	正　极	负　极		正　极	负　极
S	铂铑 10	纯铂	T	纯铜	铜镍
R	铂铑 13	纯铂	J	铁	铜镍
B	铂铑 30	铂铑 6	N	镍铬硅	镍硅
K	镍铬	镍硅	E	镍铬	铜镍

8.3.4　热流测量数据处理

在实验过程中,直接采集热电偶正负两极间的电压即可,由电压值可以直接换算获得温度变化量。由于风洞实验中传感器表面温度变化量较小,一般都需要对采集的电压信号进行放大。热电偶表面温度为

$$T = T_0 + \Delta T \tag{8.20}$$

式中, T_0 为参考端温度; ΔT 为传感器测量面温度变化量。

ΔT 是测量所获得的电压 U 的函数:

$$\Delta T = f(U) \tag{8.21}$$

$f(U)$ 可用多项式形式给出,以 E 型热电偶为例,其多项式为

$$U_E = \sum_{i=1}^{n} a_i \, (t_{90})^i \tag{8.22}$$

式中, U_E 为测量获得的电压值; t_{90} 为测量面温度变化值,在 0~1 000 ℃ 的区间内; a_i 的值如表 8.2 所示。

表 8.2　a_i 的值 (i=1, 2, $\cdots$, 10)

a_1	$5.866\,550\,871\,0 \times 10^1$	a_6	$-1.919\,749\,550\,4 \times 10^{-13}$
a_2	$4.503\,227\,558\,2 \times 10^{-2}$	a_7	$-1.253\,660\,049\,7 \times 10^{-15}$
a_3	$2.890\,840\,721\,2 \times 10^{-5}$	a_8	$2.148\,921\,756\,9 \times 10^{-18}$
a_4	$-3.305\,689\,665\,2 \times 10^{-7}$	a_9	$-1.438\,804\,178\,2 \times 10^{-21}$
a_5	$6.502\,440\,327\,0 \times 10^{-10}$	a_{10}	$3.596\,089\,948\,1 \times 10^{-25}$

注: 不同类型的热电偶,其多项式系数 a_i 不同。

脉冲风洞中所采用的同轴热电偶参考端位于传感器尾部,在实验过程中,由于风洞实验时间很短,热量未传递到传感器的尾部,参考端的温度保持恒定。测量获得的电压值直接经过转换可以得到传感器表面温度的变化量。

同轴热电偶的热流密度计算公式与薄膜量热计一致,参见 8.1.2 节中的式 (8.15)。由于实际实验过程中,受到数据采集设备采集频率的限制,在有限的实验时间内所得到的表面温度变化值是有限、离散的,因此,式(8.15)不能直接用于实验数据处理中,必须把其中的数学积分用数值积分代替。设在实验时间内采样点数为 m,第 i 点的采集时间为 t_i,可推导出数值积分算法公式[6]:

$$q_w(t) = 2\sqrt{\frac{\rho ck}{\pi}} \sum_{i=1}^{m} \frac{T_i - T_{i-1}}{\sqrt{t_m - t_i} + \sqrt{t_m - t_{i-1}}} \tag{8.23}$$

式中，T_i 为 t_i 时刻与初始时刻模型表面温差。

8.3.5 球头驻点热流密度测量实验

中国航天空气动力技术研究院以半径 30 mm 的半球头模型为研究对象，在 FD - 20 炮风洞进行了驻点热流密度测量，并与经典的 Fay - Riddell 驻点热流密

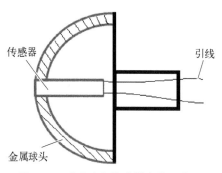

图 8.13 球头驻点传感器安装示意图

度公式[7] 的计算结果进行了对比。实验状态：马赫数为 7.95，总温为 890 K，总压为 2.52 MPa。$R30$ mm 的半球头安装在十字排架上，为了避免风洞流场展向分布差异影响驻点热流测量结果，排架上球头与排架中心距离相同，测量驻点热流的传感器安装见图 8.13。

实验中使用的同轴热电偶为 E 型热电偶，传感器的内芯为康铜丝，直径为 0.9 mm，内芯外壁包裹一层绝缘漆，外电极为镍铬合金，传感器的外径为 1.4 mm。采用环氧树脂胶水将传感器固定于球头模型的中心孔中，采用 400# 的砂纸将传感器突出部分与模型表面打磨平整，砂纸打磨后在传感器内外电极间形成连接节点。

实验结果如图 8.14 所示，由图可知，在本次实验中 4 个热电偶信号的一致

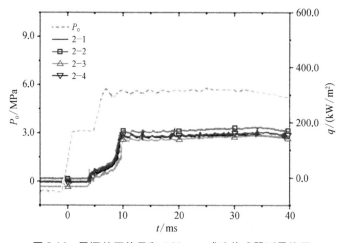

图 8.14 风洞总压信号和 $R30$ mm 球头传感器测量信号

性较好,测量获得的电压信号稳定。通过与直径 30 mm 球头驻点热流密度理论计算值的对比(表 8.3)可以看出,同轴热电偶测量获得的驻点热流密度与理论值的误差在 5% 以内。

表 8.3　球头驻点热流密度对比

传感器编号	测量值/(kW/m^2)	理论值/(kW/m^2)	误差/%
2 - 1	161	159	1.26
2 - 2	163	159	2.52
2 - 3	152	159	-4.40
2 - 4	155	159	-2.52

注:误差计算方法:(测量值-理论值)/理论值×100%。

8.4　磷光热图技术

热图技术是 20 世纪末逐渐发展起来的一种光学、非接触热流测量方法。该类技术相比于传统的点测量技术,对模型表面无破坏、抗噪声能力强、热流密度空间分辨率高(每平方厘米有效数据点比传感器高 1~2 个量级)、可有效捕获复杂流动的传热细节及峰值热流密度位置。目前热图技术包括温敏漆技术(temperature-sensitive-paint, TSP)、红外热图技术及热色液晶技术等。本节介绍的磷光热图技术即为温敏漆技术的一种[8,9]。

磷光热图技术是一种非接触热流测量方法,将磷光发光材料涂覆于实验模型表面,利用其温敏特性将模型表面的温度变化转化为光强变化,通过温敏涂层光强-温度换算关系,可得到模型表面温度分布,结合热流数据处理方法,最终获得模型表面热流密度分布。

8.4.1　测热原理

磷光发光材料是在特定能量激发下辐射可见光的一种稀土基材料,无能量输入时不发光,加入少量的激活剂后,即可在外界能量激励下向外发射可见光,其能量差符合光致发光 Stokes 位移(固体吸收光子能量大于辐射光子能量,故发光光谱相比于吸收光谱会向能量较低的方向发生红移,吸收能量与辐射能量的差值称为 Stokes 位移)。

磷光发光材料中的感温探针在外界激励(通常为波长 365 nm 的紫外线)的作用下,其原子内部发生能级跃迁,跃迁过程以辐射某些波段可见光方式释放能量,随着环境温度升高,原子间以碰撞方式释放能量的概率增大,导致释放的可见光强度降低。磷光发光材料具有以下特点。

(1) 原子跃迁过程可逆,因此在实验过程中可以多次重复使用。

(2) 感温探针的响应时间在微秒量级,且感温范围很宽,有效测温上限可达2 000 K。因此磷光热图技术适用于常规风洞、脉冲风洞(炮风洞、激波风洞等)。

磷光热图技术的工作原理为将磷光发光材料溶液喷涂于模型表面固化成薄涂层(10~20 μm),采用光强恒定的紫外光照射风洞中的模型,磷光发光涂层即辐射出可见光[图 8.15(a)],磷光发光涂层所辐射的可见光强度取决于激发光源强度(即紫外光光强,实验过程中恒定不变)和模型的表面温度。

磷光测量系统如图 8.15(b)所示,风洞实验过程中,模型表面受高超声速气流加热而迅速升温,此时模型表面光强随其所感受到的温度升高而变化,将光强的变化过程用高速相机全程记录。最后,根据事先通过标定得到的磷光材料辐射光强与温度的换算关系,即可得到模型表面的温升过程,从而利用热传导方程计算出表面热流密度[10]。

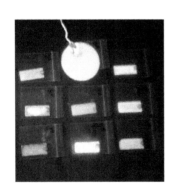

(a) 磷光材料发光状态

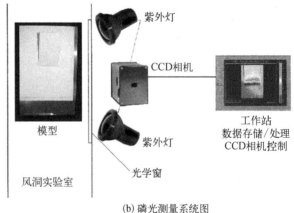

(b) 磷光测量系统图

图 8.15　磷光热图技术

8.4.2　关键技术

磷光热图技术的关键技术包括:涂层制备技术、标定技术、图像采集/数据处理技术。

1) 涂层制备技术

涂层制备技术的目的是将磷光发光材料均匀地附着在模型表面。磷光发光材料为固体粉末,需要黏结剂将其黏合于模型表面,同时使用可挥发的溶剂将二者混合为溶液或悬浊液。对于溶剂的选择要注意:溶剂与磷光发光材料及黏合剂均不发生反应、可挥发;对于黏合剂的选择要注意:黏合剂应附着力强且对激发光和可见光具有较低的吸收率。三者混合后的溶液以喷涂的方式布洒于模型表面,待溶剂挥发后即可在模型表面形成磷光发光涂层。

图 8.16(a)是喷涂了磷光发光涂层的铝箔,图 8.16(b)是该铝箔横切面的电镜照片,从照片可知,发光涂层的厚度约为 20 μm(照片中箭头所指区域)。

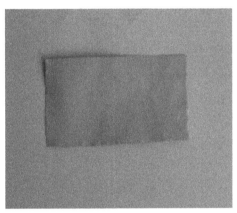

(a) 覆盖磷光涂层的铝箔　　　　　　　　(b) 铝箔切面电镜照片

图 8.16　磷光发光涂层

2) 标定技术

磷光发光材料的光强-温度关系可通过专门的标定装置获得(图 8.17)。在实际的标定过程中,采用控温装置实现对磷光涂层温度的控制,采集一个温度变化序列下对应的磷光涂层发光强度,将一系列的光强-温度信息拟合,即可得到光强-温度换算关系(图 8.18)。标定过程需注意激发光源光强、标定涂层与相机的距离等,标定参数与风洞实验时的状态尽量保持一致,并建立温度反馈控制回路,可以有效地提高标定系统精度。

标定技术应同时考虑环境压力、拍摄角度、涂层厚度、激发光强等参数对涂层发光性能的影响。

3) 图像采集/数据处理技术

图像在采集、编码和传输过程中,均不同程度地被可见或不可见噪声“污染”。

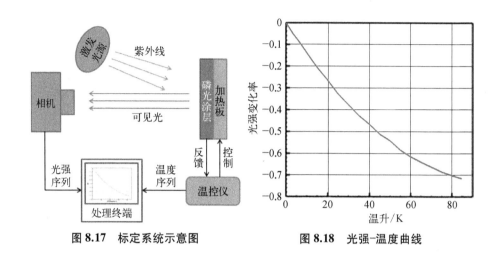

图 8.17　标定系统示意图　　　　　图 8.18　光强-温度曲线

噪声包括电子噪声、光子噪声、斑点噪声和量化噪声。如果信噪比(signal-noise ratio,SNR)低于一定水平,噪声逐渐变成可见的颗粒形状,会导致图像质量下降,需要通过滤波技术去除大部分的噪声点。

　　基于噪声分析结果,对于时域上的噪声常用的数据去噪方法有二阶多项式分段拟合和最小二乘方法,采用多项式拟合方法对含有噪声温度信号进行平滑处理,可能存在过度去噪问题,尽管热流密度变化趋势是正确的,但不能反映热流密度变化的细节。可采用给定函数形式的最小二乘拟合算法。在图像处理分析中,基于最小二乘准则的函数拟合是一个有效的数学工具。拟合法的意义是对带有误差或者噪声的数据用某种数学模型在最小二乘意义下拟合、回归数据,得到模型参数,从而得到去噪后的新数据。数据处理流程见图 8.19。

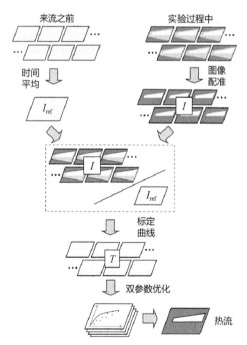

图 8.19　图像数据处理流程

　　在此基础上,可通过引入计算机视觉技术实现模型表面全场热流密度测量,即布置多台相机从不同角度获得实验图像(图 8.20),通过计算机视觉技术将每组相机获得的局部热流图像进行组合,获得模型表面的全局热流密度场(图 8.21)。

(a) 相机门架设计图　　　　　　　　　　(b) 相机门架实物图

图 8.20　多角度相机门架示意图和实物图

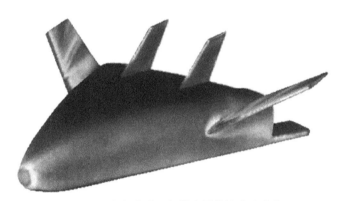

图 8.21　高超声速飞行器全局热流密度分布

8.4.3　热流密度数据处理

1)脉冲风洞热流密度数据处理

确定流动初始帧的光强分布 I_0,再确定用于温度场计算的某一帧光强分布 I_i,然后,利用式(8.24)得出第 i 帧图片的光强变化率分布:

$$\frac{\Delta I}{I_0} = \frac{I_i - I_0}{I_0} \tag{8.24}$$

将此光强变化率分布代入光强-温度拟合关系内,即可算得对应像素点的温度分布。

磷光热图技术的热流密度计算公式参见 8.1 节中的式(8.15)。

2) 常规高超声速风洞热流密度数据处理

常规高超声速风洞与脉冲风洞不同之处在于其流场建立时间较长,模型表面不再能假定受到恒定阶跃热流输入,需要通过热交换系数来导出热流密度计算公式。

由牛顿冷却公式可得

$$q_w = h(T_{aw} - T_w) \tag{8.25}$$

式中,q_w 为壁面热流密度;h 为周围空气和壁面间的对流换热系数,它与流体的物性、流体的流动状态和飞行器模型表面情况等有关;T_{aw} 为飞行器模型表面的绝热壁温;T_w 为飞行器模型表面的壁温。结合初始壁温条件,通过拉普拉斯变换及逆变换[11],可得

$$\frac{\theta_w}{\theta_{aw}} = 1 - \mathrm{e}^{\frac{h^2}{\rho c k}t}\,\mathrm{erfc}\left(\frac{h\sqrt{t}}{\sqrt{\rho c k}}\right) \tag{8.26}$$

式中,erfc 为误差函数,可查表得到。

实验中绝热壁温可以由实验来流的总温通过经验公式计算得来,这样只需要一个时刻的温度就能把换热系数求出,再由式(8.25)便可求出该时刻的热流密度,但是这种方法中,绝热壁温的计算就显得尤为重要,不同的流态绝热壁温各不相同,给实验数据的处理带来较大的误差。

为了消除绝热壁温带来的实验误差,分别设 $A = h$,$B = \theta_{aw}$,式(8.26)可化为

$$\theta_w = B\left[1 - \mathrm{e}^{\frac{A^2}{\rho c k}t}\,\mathrm{erfc}\left(\frac{A\sqrt{t}}{\sqrt{\rho c k}}\right)\right] \tag{8.27}$$

可以取实验中 n 个不同时刻的 θ_w,当 $n>2$ 时可以利用最小二乘法求解矛盾方程组,得出最优拟合曲线。求出 A、B 值以后,由式(8.28)即可求出不同时刻模型表面热流密度分布。

$$q_w = A(B - \theta_w) \tag{8.28}$$

实验模型虽然采用了快速插入技术,但模型从进入风洞流场边界到到达流

场核心区仍然需要一定的时间,为尽可能地提高实验精度,计时起点是模型刚开始受到气流加热的时刻,因此实验中需要拍摄模型从进入流场边界到实验结束整个过程。

8.4.4　典型磷光热图实验

磷光热图技术可以有效地用于复杂外形飞行器热环境实验研究、复杂结构部件热环境实验等领域。

磷光热图实验所用模型材料应采用绝热性能良好,导热性能、比热容、密度等特性稳定的非金属材料加工,一般采用热物理性质稳定、强度高、可加工的陶瓷材料,加工效果见图 8.22。

图 8.22　复杂外形飞行器陶瓷模型

1) 脉冲风洞磷光热图实验

中国航天空气动力技术研究院在 FD-20 炮风洞中针对复杂外形飞行器开展了磷光热图实验,实验状态:马赫数为 8.04,攻角为 0°,总压为 18.18 MPa,总温为 1 066 K。由图 8.23 可以看出,针对头部激波导致的发生在翼面上的激波/边界层相互作用引起的复杂热流密度分布[图 8.23(a)]及气动加热较为剧烈的翼根部前缘及其干扰区[图 8.23(b)]。

在炮风洞针对局部突起物模型完成磷光热图实验,实验状态与上述复杂外形飞行器实验相同。突起物形状分别为圆柱、方柱、菱形柱。可以明显观察到不同形状突起导致的干扰区内高、低热流密度区的形状、位置的不同(图 8.24)。

(a) 正面   (b) 侧面

图 8.23　复杂外形飞行器表面热流分布[11]（$Ma = 8.04$，$P_0 = 18.18\ \text{MPa}$，$T_0 = 1\ 066\ \text{K}$）

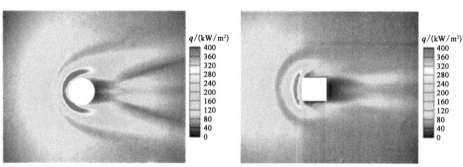

(a) 平板−圆柱(圆柱半径15 mm,高30 mm)   (b) 平板−方柱(方柱边长30 mm,高30 mm)

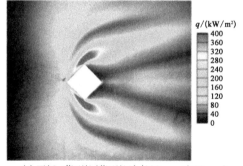

(c) 平板−菱形柱(菱形柱边长30 mm,高30 mm)

图 8.24　平板−突起物干扰区热流密度分布[12]（$Ma = 8.04$，$P_0 = 18.18\ \text{MPa}$，$T_0 = 1\ 066\ \text{K}$）

2）常规高超声速风洞磷光热图实验

图 8.25 为 FD‐07 常规高超声速风洞中的平板三角翼传热实验,模型全长为 470 mm、翼前缘半径为 6 mm,模型上表面为平面,下表面为支撑结构。

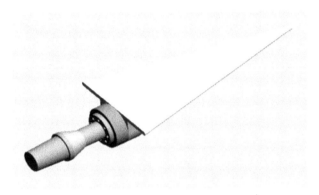

图 8.25　实验模型示意图

由于常规高超声速风洞中实验时间较长,为了使模型满足一维半无限大假设,有效实验时间 t 应小于 $x^2/16\alpha$,其中 α 为模型材料的热扩散率,x 为模型最薄处壁厚,应在有效时间内选取实验数据。

来流实验状态如表 8.4 所示。

表 8.4　来流实验状态

流　态	Ma	Re/m^{-1}	P_0/MPa	T_0/K	AoA/(°)
1	5	2.1×10^7	1.5	460	0
2	5	1.1×10^7	0.8	470	0
3	6	2.4×10^7	3.5	570	0、5

图 8.26 所示为 $Ma=5$ 不同雷诺数条件下在常规风洞获得的三角翼表面热流密度分布。在模型表面可以看到明显的转捩现象[图 8.26(a),流态 2],中心线和两侧出现低热流带,形成上下对称的两个三角形湍流区。整体来看,中间转捩靠前,两侧转捩靠后。随着雷诺数的增加,转捩位置明显前移[图 8.26(b),流态 1]。

图 8.27 所示为 $Ma=6$ 不同攻角下表面磷光热图实验结果(流态 3),随着攻角的增大,表面热流密度降低,在 0° 攻角时和流态 1、2 实验结果类似,在模型前段存在一个关于中心线对称的狭长高热流带[图 8.27(a)中 A 区域],在 5° 攻角时热流密度分布发生了显著变化,模型前段低热流区变大[图 8.27(b)中 B 区域],此外随着攻角的增大,表面两侧转捩位置发生前移。

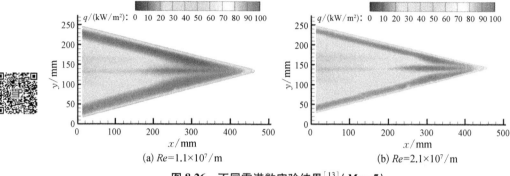

(a) $Re=1.1\times10^7/\text{m}$ (b) $Re=2.1\times10^7/\text{m}$

图 8.26 不同雷诺数实验结果[13]($Ma=5$)

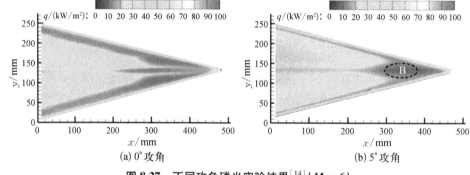

(a) $0°$ 攻角 (b) $5°$ 攻角

图 8.27 不同攻角磷光实验结果[14]($Ma=6$)

8.5 红外热图技术

红外热图技术与磷光热图技术均属于光学非接触测量技术,具有测温精度高、测温范围宽、无须破坏模型表面、使用方便、形象直观和数据处理周期短的优点,红外热像仪通过采集模型表面红外辐射强度获得模型表面温度,经数据处理可得模型表面热流密度分布。与磷光热图技术不同的是,红外热图技术主要应用于常规高超声速风洞[15]。

8.5.1 测热原理

根据热辐射理论,任何温度高于热力学零度的物体都在以电磁波的形式向外辐射能量,由于物体与环境之间温度不同或温度相同而发射率不同,它们各自辐射的能量存在差异,红外热图技术就是利用这种差异所产生的热对比度进行成像的。物体辐射强度与辐射波长、物体温度及物体的发射率有关。单色辐射强度可用式(8.29)表示:

$$E(\lambda, T) = \frac{\varepsilon(\lambda, T) C_1}{\lambda^5 (e^{C_2/\lambda T} - 1)} \tag{8.29}$$

式中,$\varepsilon(\lambda, T)$ 为单色发射率;λ 为辐射波长;C_1、C_2 分别为第一常数和第二常数。

辐射波长为 0.76~1 000 μm 的电磁波,称为红外光,红外光具有很强的温度效应,利用红外热像仪探测一定波段范围内模型红外波长辐射强度分布,即可获得模型表面温度分布。辐射强度定义如下:

$$E = \int_{\lambda_1}^{\lambda_2} E(\lambda, T) d\lambda = H(T) \varepsilon \sigma T^4 \tag{8.30}$$

式中,λ_1、λ_2 为红外热像仪工作波段范围;H 为温度系数。

典型的红外热图系统主要由红外热像仪、图像采集卡、数据处理与热流计算软件、红外窗口、标定装置等组成(图 8.28)。

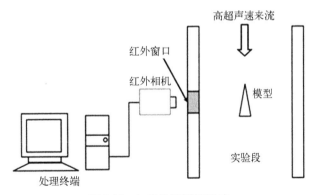

图 8.28　红外热图测试系统

8.5.2　技术要求

风洞实验中使用红外热像仪测量模型表面温度分布时,模型红外辐射传输路径经过风洞内实验气体、红外窗口、风洞外空气后进入热像仪的成像系统内,传输期间会受到多类因素影响,针对这些影响因素对红外热图技术有如下技术要求。

1）模型材料的选择

由式（8.29）可知，发射强度正比于模型材料的发射率，为了提高灵敏度，选用 ε 值大的材料，同时在被测温度范围内，ε 值应保持常数。

由于金属材料通常发射率较低，需将其表面涂黑以提高发射率。而非金属材料相比于金属材料发射率较高，是模型的理想选择，但其应满足：物化性能稳定（各向同性，热传导系数、比热容、密度随温度变化不大，受热后变形小）；对流场无干扰（表面粗糙度低）；耐高温（热扩散系数低，能承受较大的气动加热）；可机械加工；机械强度高（能承受较高气动力冲击）。

风洞实验常用的非金属模型材料有聚四氟乙烯、环氧酚醛树脂、陶瓷和聚醚醚酮等。

2）红外光学窗口

红外光学窗口玻璃不仅要透射红外热像仪探测器工作波段内的红外辐射，还必须能够承受风洞内外的温差和压差产生的应力。目前常用的红外光学窗口一般为：锗玻璃、蓝宝石、氟化钙等。

以锗玻璃为例，一般红外热像仪的探测波段内（8.14 μm），锗玻璃的透过率是一个恒定值，但受光学加工的影响，实际的透过率分布并非定值。在实际使用过程中，被测物体的温度发生变化时，其波段也发生变化，因而锗玻璃的透过率会因被测物体温度分布不同而不同。设锗玻璃的透过率与波长的关系为 $\tau = f(\lambda)$，则根据黑体强度分布公式[1]可以得到锗玻璃透过率为

$$\tau_w = \frac{\int_8^{14} M(\lambda, T) f(\lambda) \mathrm{d}\lambda}{\int_8^{14} M(\lambda, T) \mathrm{d}\lambda} \tag{8.31}$$

根据式（8.31），计算被测物体温度在 0~100 ℃变化时锗玻璃的透过率值，其变化量约为 1%，透过率变化引起的温度变化在 1 ℃以内，可以认为被测物体温度在 100 ℃以内时，锗玻璃透过率为一个常数。

3）拍摄角度

根据 Lambert 定律，物体表面任一面元向空间某方向发出的辐射能大小与该方向和面元法线方向夹角的余弦呈正比。对非金属来说，当这个夹角 β 小于 60°时辐射能几乎不变，大于 60°时迅速减少。实验中要特别注意 β 角的大小，实验前必须确保所关心区域的每一点都要满足这个条件，否则必须修正。

8.5.3 数据处理

为了进行辐射分析,需了解模型表面的辐射特性。对不透明材料,已知表面的发射率就足够了。通常模型表面发射率是波长、温度、极角和表面状况等的函数,要精确测量模型的发射率是一项复杂的工作。设红外探测器在 $\lambda_1 \sim \lambda_2$ 波长范围内工作,则红外探测器接收到的热力学温度为 T 的物体辐射能量为

$$E_b = \int_{\lambda_1}^{\lambda_2} r(\lambda)\varepsilon M(\lambda, T)\,\mathrm{d}\lambda \tag{8.32}$$

式中, E_b 为红外热像仪探测器接收到的物体的辐射能量; $r(\lambda)$ 是红外热像仪探测器的光谱响应因子; ε 为物体的表面发射率; $M(\lambda, T)$ 是黑体在法线方向上的光谱辐射出射度。

$$M(\lambda, T) = \frac{c_1}{\lambda^5(e^{c_2/\lambda T} - 1)} \tag{8.33}$$

式中, c_1 和 c_2 是普朗克常数; λ 为波长; T 为温度。

在全部波长范围内对式(8.33)进行积分,经公式推导得到

$$M = \sigma T^4 \tag{8.34}$$

式中, σ 为斯蒂芬-玻尔兹曼常数。

由式(8.34)可知,黑体在单位时间单位面积内辐射的总能量与黑体温度的四次方呈正比。实际上,绝对黑体是没有的,一般物体也不是理想灰体。但在红外波段,物体的单色吸收率一般随波长变化不大,在工程上灰体处理是很好的近似。灰体的全辐射出射度为

$$M_\lambda = \varepsilon \sigma T^4 \tag{8.35}$$

由式(8.35)可知,当模型表面的发射率已知时,通过红外热像仪接收到的红外辐射能就可获得模型的表面温度。但是在实际中难以直接应用式(8.35)进行定量计算,需通过红外热像仪的标定曲线来确定红外热像仪探测器接收到的辐射能量与温度的关系。

获得物体表面温度分布之后,热流密度分布的计算与磷光热图技术一致,针对常规高超声速风洞,参见 8.4 节中式(8.28)。

8.5.4 圆锥转捩实验

开展红外热图实验前,应准备温度计、湿度计用于记录实验过程中的外部环境条件。镜头的位置和角度要准确安置,保证镜头轴线与红外窗平面尽量垂直。同时,应全程防止周围环境的热源经红外窗进入镜头。在测试系统几何位置固定后,应把黑体标准温度源置于模型所处位置进行标定,以确定窗玻璃、室温空气和杂散红外辐射的实际影响。

图 8.29 圆锥模型及风洞实验照片

中国航天空气动力技术研究院在 FD-07 常规高超声速风洞中开展了圆锥转捩实验,圆锥模型半锥角为 7°,头部半径为 1.6 mm,全长为 476 mm。为了满足红外热像仪的拍摄需求,模型中段由发射率高、导热系数低的聚醚醚酮材料制成(图 8.29)。

风洞实验来流马赫数为 6.97,总温为 600 K,单位雷诺数为 $1.5 \times 10^7/m$。实验结果见图 8.30,在模型表面中后段出现条纹结构,这是一种由横流引起的失稳结构,是圆锥外形边界层转捩过程中的特有现象。

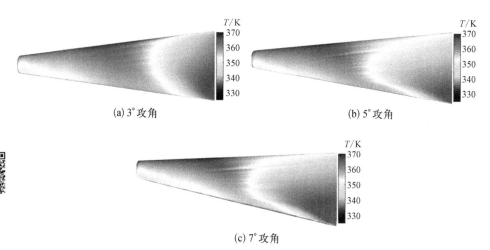

(a) 3°攻角

(b) 5°攻角

(c) 7°攻角

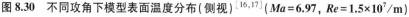

图 8.30 不同攻角下模型表面温度分布(侧视)[16,17]**($Ma = 6.97$, $Re = 1.5 \times 10^7/m$)**

8.6　其他热流测量方法

上面介绍的是基于厚壁传热模型建立的热流测量手段,厚壁模型假设实际上只是热流测量理论的一部分,此外还有基于能量平衡原理的热流测量技术及基于温度梯度的热流测量技术。

基于能量平衡原理的热流测量技术包括:水卡量热计、薄壁量热计和塞块量热计等。基于温度梯度的热流测量技术包括:热阻式热流传感器、柱塞式热流传感器和戈登计等[18]。

水卡量热计、柱塞式热流传感器等多用于电弧风洞等极高温实验条件中。本节仅以常规高超声速风洞中使用的薄壁量热计为例,介绍其基本原理及测量方法。

薄壁模型测热就是将金属薄壁做成整个模型(图 8.31),或者把模型测热部位一定范围做成薄壁,薄壁上嵌有热电偶,以感应壁内温度的变化,当薄壁与外界气流达到能量平衡时进行测量,从而达到热流测量的目的。

图 8.31　薄壁量热计在实验模型上的布置

常规高超声速风洞总温一般小于 1 300 K,需把模型的内部传热进行如下假设。

(1) 无辐射热交换存在。

(2) 模型内表面绝热(忽略内腔空气和热电偶丝导走的热量)。

(3) 沿模型壁面无热传导产生。

(4) 沿模型壁厚方向无温差存在。

在此假设基础上,在模型上取一微元体,气动加热完全变成它所储存的热,导致微元件温度升高,其热平衡方程可表示为

$$q_s = \rho c \frac{dV}{dS} \frac{dT_w}{dt} \tag{8.36}$$

式中, q_s 为微元 dS 处单位时间通过单位面积的热量; ρ 为模型材料密度; c 为模

型材料比热容；dV 为受热微元体积；dS 为受热微元面积；$\dfrac{dT_w}{dt}$ 为物面温度随时间

的变化率；$\dfrac{dV}{dS}$ 为微元体厚度。

由于加工表面的不均匀及存在三维热传导效应，通常将 $\dfrac{dV}{dS}$ 简化为等效厚度

δ_e，该值可以通过静态标定来确定。所以实验数据处理的常用公式为

$$q_s = \rho c \, \delta_e \frac{dT_w}{dt} \tag{8.37}$$

则热流密度 q_s 的测量，实质就是该点温度随时间的变化率 $\dfrac{dT_w}{dt}$ 的测量。

要满足前述 4 项假设，模型必须做成薄壁，在模型壁上埋入热电偶，测量当地温度随时间的变化，在整个模型表面尚未因温差产生沿物面方向的热传导前完成实验，这就是测量热流密度分布的薄壁技术。但是，制造壁厚 $\delta \leqslant 1\ \mathrm{mm}$ 的薄壁模型是十分困难的，它既要保证壁厚均匀的精度要求，又要保证它在气动载荷下不发生变形或损坏，同时还必须使之具有无散热作用的内部结构。

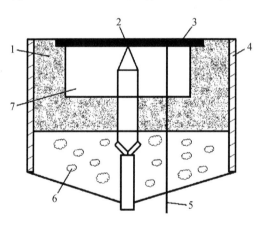

因此，采用在厚壁模型局部安装薄壁量热计的方法，厚壁模型加工方便，在需要测量热流密度的厚壁处钻孔装入量热计。由于使用要求不同（如温度高低、反应快慢、实验设备类型、模型外形等），量热计也有很多种类。在此介绍应用最多的热电偶薄壁量热计，图 8.32 为热电偶薄壁量热计简图。

热电偶薄壁量热计用厚度均匀的铜盘作为感受和存储热量的元件，它的正面与热气流接触而产生热交换，背面焊有测量温度的热电偶。整个铜盘被嵌在隔热绝缘的衬套中，以减少热损失。根据被测温度的高低

图 8.32　热电偶式薄壁量热计简图
1-绝热衬套；2-热电偶；3-薄铜感受圆盘；4-铜套；5-地线；6-填料；7-空腔

偶。整个铜盘被嵌在隔热绝缘的衬套中，以减少热损失。根据被测温度的高低可选用不同材料的热电偶，如铜-康铜或铁-康铜等。量热计最外层以金属套包裹用作刚性固定。

　　影响传热的一个基本参数是被测物体温度与风洞来流总温之差,因此,传热实验研究时可以使用冷却的模型和中等温度的气流,也可以使用加热的空气流和常温模型。

　　由于常规高超风洞启动需要一定的时间,薄壁模型和薄壁量热计的热容量都很小。如果气流稳定时间过长,模型和热流计同气流温度达到了平衡,它们之间就不再有传热发生。因此,风洞启动时应将模型与气流隔离,以避免稳定气流建立过程中发生热交换。这样还可把实测时的模型表面温度梯度保持在最小,以保证沿壁面方向无热传导产生的假设更符合实际。如同时采用隔离和液氮冷却模型的措施,则能达到传热实验所希望的气流温度与模型表面温度之间的某种确定的比值。常用的模型防护方法有两种,即保护罩技术和快速插入机构。

参考文献

[1] 张志成.高超声速气动热和热防护[M].北京:国防工业出版社,2003.

[2] 陈星.尖化前缘热环境实验技术研究[D].长沙:国防科学技术大学,2011.

[3] 李进平,张仕忠,陈宏.同轴热电偶的热响应特性分析及标定方法[C].LHD2013 年度夏季学术研讨会,平山,2013.

[4] 曾磊,桂立伟,贺立新,等.镀层式同轴热电偶数据处理方法研究[J].工程热物理学报,2009,30(4):661-664.

[5] 沙心国,文帅,贾广森,等.同轴热电偶测热实验研究[C].中国空气动力学会测控专业委员会第七届四次全国学术交流会,厦门,2019.

[6] Cook W J, Felderman E J. Reduction of data from thin-film heat-transfer gages: A concise numerical technique[J]. AIAA Journal, 1966, 4(3): 561-562.

[7] Fay J A, Riddell F R. Theory of stagnation point heat transfer in dissociated air[J]. Journal of the Aeronautical Sciences, 1958, 25(2): 73-85.

[8] 毕志献,韩曙光,伍超华,等.磷光热图测热技术研究[J].实验流体力学,2013,27(3):87-92.

[9] 李锋,解少飞,毕志献,等.高超声速飞行器中若干气动难题的实验研究[J].现代防御技术,2014,42(5):1-7.

[10] Han S G, Wu C H, Gong J, et al. Phosphor thermography for global heat transfer measurement in gun tunnel[R]. AIAA Paper 2013-0486, 2013.

[11] 韩曙光,贾广森,文帅,等.磷光热图技术在常规高超声速风洞热环境实验中的应用[J].气体物理,2017,2(4):56-63.

[12] Han S G, Wen S, Wu C H, et al. Global heat-flux measurements using phosphor thermography technique in gun tunnel[R]. AIAA Paper 2015-3517, 2015.

[13] Han S G, Jia G S, Bi Z X, et al. Heat-flux measurement of flat delta-plate using phosphor thermography technique in gun tunnel[C]. 31st International Symposium on Shock Waves, Nagoya, 2017.

[14] 贾广森,文帅,韩曙光,等.磷光热图技术在常规高超声速风洞热环境实验中的应用[C].第十七届全国激波与激波管学术会议,成都,2016.

[15] Sha X G, Ji F, Zhang T T, et al. Measurement of hypersonic boundary layer transition on cone model using Infrared thermography[C]. The 32nd International Symposium on Shock Waves, Singapore, 2019.

[16] Guo Y, Sha X G, Ji F, et al. Hypersonic boundary layer transition measurement using infrared thermography[C]. The 15th Asian Symposium on Visualization, Busan, 2019.

[17] 沙心国,郭跃,纪锋,等.高超声速圆锥边界层失稳条纹结构实验研究[J].空气动力学学报,2020,38(1):143-147.

[18] 刘初平.气动热与热防护实验热流测量[M].北京:国防工业出版社,2013.

第 9 章

高超声速风洞自由飞实验技术

风洞自由飞实验技术是在风洞流场中投放实验模型,测量模型的运动学特性,并分析研究飞行器的动态气动力特性和分离动力学特性的技术。由于自由飞实验方法排除了模型支撑系统的干扰,显示了独特的优越性[1-5]。其实验原理是在保证风洞实验与飞行状态的动力学相似情况下,真实地再现飞行器连续运动中由非定常气动力作用下的动态特性,同时利用系统辨识技术,从而使模型自由飞实验成为建立飞行器动力学模型的一种重要手段。

1946 年,美国艾姆斯研究中心(AMES)的研究学者 Allen 首次将自由飞技术应用于高超声速实验研究,到了 20 世纪 60~70 年代已经逐步发展成熟,如美国的 NASA 兰利研究中心[3]、阿诺德工程发展中心(AEDC)[6-8]、海军兵器实验室(NOL)[9]、喷气推进实验室(JPL)[10-31]、弹道研究实验室(BRL)[32,33]、AMES[34,35]、海军水面武器中心(NSWC)[36-38]等研究机构分别在各种类型风洞中进行了一系列的自由飞实验研究,都获得了满意的结果。随后加拿大国家航空研究中心(NAE)[39]、德国宇航研究中心(DFVLR)[40]、南非科学与工业研究理事会的航空研究室(CSIR - ARU)[41]、日本国立航空宇宙技术研究所(NAL)[42]及英国南安普敦大学[43]陆续开展了风洞自由飞实验技术研究。到了 20 世纪 80~90 年代,风洞自由飞实验已经成为成熟的实验技术,应用到各种飞行器的动态气动特性实验。

国内在风洞自由飞实验方面也做了很多工作,并取得了大量成果。1965 年,国防科学技术工业委员会 16 专业组发布了《关于自由飞模型实验报告》。自 20 世纪 60 年代起,中国航天空气动力技术研究院唐声安、贾区耀、中国科学院力学研究所马家欢等先后开展了风洞自由飞实验技术[44-51],见图 9.1,研制了相应实验仪器与设备,使得风洞自由飞实验日趋完善。

目前,模型自由飞方法在地面风洞实验中具有比较广泛的应用: ① 动稳定

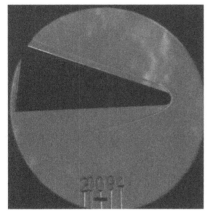

(a) FD-16风洞(纹影Φ650 mm)

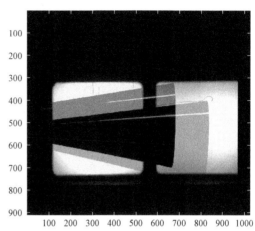

(b) FD-20a风洞(背光470 mm×940 mm)

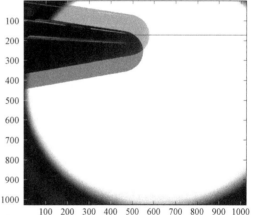

(c) FD-21风洞(背光Φ200 mm)

图9.1　高超声速风洞自由飞实验

问题研究;② 多体分离问题研究;③ 阻力精确测量;④ 尾迹流动问题研究;⑤ 低雷诺数气动力测量等。但是,依然存在多个问题制约着模型自由飞方法的发展:① 动态相似准则;② 非接触轨迹测量技术;③ 气动参数辨识技术。近来,随着测试新技术的应用,上述制约问题逐渐得到解决,使得模型自由飞方法获得了新的发展空间,在解决一些复杂气动物理问题方面发挥作用,如头罩分离飞行环境复现技术、真实气体效应、黏性效应和超燃发动机推阻测量等。目前,美国、德国和日本等国家的学者又将此技术应用到高焓风洞的精确测力研究,获得了不错的结果[52]。

本章主要介绍高超声速风洞自由飞实验技术,分别介绍模型的动态缩比,开展风洞自由飞实验所应具有的装置和设备,风洞自由飞实验主要步骤,风洞自由飞实验处理方法如气动力数学模型和辨识方法,最后结合一些研究结果展示高超声速风洞自由飞实验技术的重要作用。

9.1 动态相似准则

为了能够使用小尺度模型来预测全尺度飞行器的动态特性,实验必须满足一系列的相似准则。风洞自由飞实验有其特殊性,既需满足通常风洞实验所要求的气动相似准则,又需满足模型(飞行器)在气流中运动的动力学相似准则。

为了满足实验的动力学相似,通常在模型自由飞实验中应满足以下相似条件:

(1)模型应与飞行器几何相似。

(2)模型质心位置应与飞行器相同。

(3)模型质量和飞行器质量比应为几何长度缩比的 3 次方。

(4)模型转动惯量与飞行器转动惯量比应为几何长度缩比的 5 次方。

(5)模型实验的雷诺数与飞行器相同。

(6)模型实验的弗劳德数(U^2/lg)与飞行器相同。

(7)模型实验的斯特劳哈尔数(wl/U)与飞行器相同。

(8)马赫数相同。

一般在实际风洞实验中,要根据风洞的能力和实验目的,选择相似参数,无法做到相似条件全部满足。

为了更好地获得飞行器模型的动态特性,需要在可供拍摄记录的有效空间、时间之内记录尽可能多的运动周期。因此既需快速、及时、无扰地将模型释放到风洞均匀流场中,又需保证模型能承受风洞启动的冲击。因而在风洞自由飞实验中方案的设计必须全局综合考虑。动稳定实验模型设计除了满足上述相似准则,还有一个与风洞可视区域相关的设计准则,也就是在风洞的观察窗的限制下,设计模型时要求模型必须具有尽可能大的质量/转动惯量比。

为了增加和改善分析精度,就需要尽可能地增加模型在可视区域内(即风洞的观察窗)的运动周期数。一方面,为了减小模型的总阻力,模型的质量必须保持尽可能大,而模型的直径应尽可能减小;另一方面,模型的俯仰转动惯量必须减小;也就是说模型必须具有大质量/转动惯量比。一般是通过采用薄壳,高密度内核来实现的。所以,通常模型的外壳由聚苯乙烯塑料(或硬铝和镁[14])加工,而模型的内核由钨钼合金(或黄金[14])构成,这样既满足大质量/转动惯量比的要求,又可以保证模型不损坏风洞的洞壁。

在动力学相似的前提下,保证在风洞设备可供高速摄影拍摄的有限区域内,记录到更多的模型运动画面(时间)的设计准则,这是保证实验取得准确结果的关键。

现在以俯仰运动为例,给出以下评估。

首先,用定常或数值计算结果评估模型摆动的周期为

$$T_1 = \frac{2\pi}{\sqrt{\dfrac{-C_{m_\alpha}qAl}{I}}}$$

其次,评估模型在气动力作用下飞越距离 S_l 所需的时间为

$$T_2 = \sqrt{\frac{2S_l m}{C_x qA}}$$

则实验能取得的周期数为

$$N = \frac{T_2}{T_1} \tag{9.1}$$

上面 T_1 和 T_2 的式子中,有以下变量介绍。

T_1 为特征工作时间;q 为实验气流的动压;l 为模型的特征尺寸,为底部直径;A 为模型的底部面积,$A = \dfrac{\pi d^2}{4}$;m 为模型的质量,$m = \dfrac{w}{g}$;I 为模型绕过重心横轴的转动惯量;S_l 为模型飞行的距离;C_{m_α} 为模型的俯仰静稳定性导数;C_x 为实验中模型的有效阻力系数。

模型设计准则如下:

使 S_l 不越出摄影的视场而又尽可能有更多的角运动周期数 N,将 T_1、T_2 代入式(9.1)中可知,对在一定流动条件下的某种气动外形,就要求模型具有一定的质量和特征尺寸,以及尽量小的转动惯量等。

通常在风洞自由飞实验中,在风洞可视区域内,当所得到的模型运动周期数大于 2 时,可以得到准确的动稳定导数;当运动周期数不足 2 时,如果增加采样点数,即在每个模型运动周期内可以得到更多的数据点,仍可取得动导数;但是模型运动周期数如果再减小,则很难得到有效的动导数。

9.2　数据采集设备

风洞模型自由飞实验可采用以下三种数据采集方式记录模型自由飞运动轨迹,根据实验任务所需,选择相应的记录方式。

（1）非接触光学测量方法。在高超声速风洞中,可以观察或拍摄记录的视野有限,自由飞模型在此视区内逗留的时间,经过各方面的努力通常也只能保证在 0.1 s 左右,风洞实验又希望获取足够的运动轨迹的记录画面。目前,多采用数字式高速摄影机,见图 9.2。

(a) FASTCAM SA4　　　　　　　　　　　(b) FASTCAM SA-Z

图 9.2　高速摄影机

（2）通过内置无线电调频装置(图 9.3)传送加速度计信号及其他数据,如

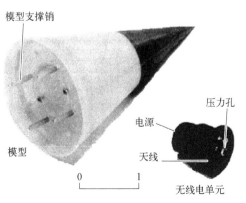
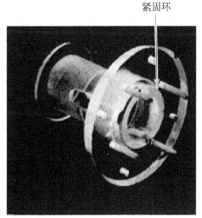

图 9.3　模型和无线电调频装置[25-27]

温度和压力。

（3）通过嵌入式采集系统（图9.4）实时记录压力、温度和加速度计信号，相关测量信号的采集装置内置于实验模型内，解决测量信号引入线干扰问题。

(a) 返回舱模型

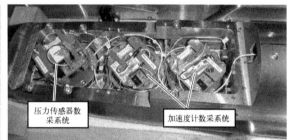

(b) 椭锥模型

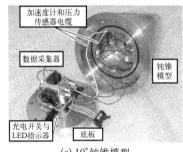

(c) 10°钝锥模型

(d) HYFLEX模型

图9.4 嵌入式采集系统

9.3 模型投放装置

将模型投放到均匀流场，让其自由飞行，依据实验种类和内容，设计模型投放装置。

（1）能承受风洞启动的冲击。风洞实验中，当总压阀门刚打开，高压气流经前室、喷管到达实验段时，气流状态非常复杂，高压气流刚到实验段即释放模型，其受到初始扰动将很大，无规律，方向与大小均不好预测。

（2）满足投放时对初始状态的要求。如不同初始角、不同滚转角速度、母弹在自由飞行中抛撒子弹等。

（3）能记录到更多的画面（时间）。采用发射式投放，如设计合理，使模型从观察窗一侧进入，飞到另一侧时，刚好绝对速度为零，又倒飞行一个观察窗距离,这比悬挂式投放记录时间多一倍。

目前投放装置主要采取悬挂式、发射式与自由投放式。

1. 悬挂式[8,30,44,45]

将模型预先悬挂在风洞实验段观察窗前缘处,待流场均匀稳定后,割断/熔断悬线释放模型。优点是较好地控制模型的初始姿态。缺点是在流场建立过程中气流冲击力太大,故要悬挂得牢靠,这又与释放时突发性与无干涉要求有矛盾;悬挂式投放装置另一个不足之处是自由飞模型的行程,仅有一个观察窗口的尺寸,可以拍摄记录的时间极短,如图 9.5(a)所示。

另外,也可采用磁悬浮技术,见图 9.5(b),将火星着陆舱模型以磁悬浮形式支撑起来,在水平与垂直方向分别采用蓝光和红光照射在着陆舱模型上进行姿

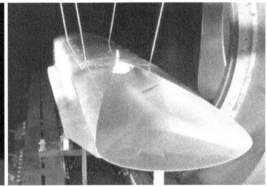

(a) 悬线式

(b) 电磁式

图 9.5　悬挂式[8]投放装置

态测量,这样可以大大提升动稳定性导数测量精准度。

2. 发射式

模型安装在发射筒内,待流场均匀稳定后,由气动活塞加速,以一定的初速度由发射筒射入流场。优点是可以延长实验时间,获得更多的实验周期数,因为发射后模型到达观察窗前缘后返回,可以获得双倍的自由飞模型的行程。缺点是模型发射过程中高加速度的要求,加上发射筒出口处的流场扰动,模型初状态会有一定的扰动,个别情况下扰动较大,大多数情况下扰动在流场中很快衰减。采取图像记录开始一些读数不参与数据拟合,可以保证得到理想的结果。

发射装置一般采用以下两种典型形式:① 外置式[6,7,9,32,34],如图 9.6(a)所示;② 内置式[35,46],如图 9.6(b)所示。内置式是根据次口径弹原理,由于弹体与弹托卡瓣间的机械接触及激波干扰的随机变化,将显著地影响模型角动量和各个弹托卡瓣的运动,使得各个弹托卡瓣之间非对称运动,引起弹托流场与弹体之间很强的气动力干扰,导致模型运动初始姿态不易确定;另一个缺点是需要与模型相匹配,导致一种模型对应一个投放装置,互换性较差。

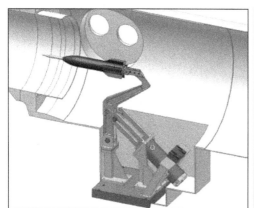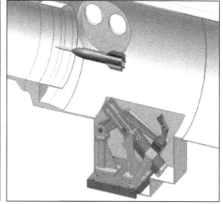

(a) 美国 LENS 风洞发射装置

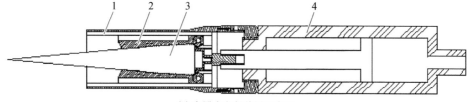

(b) 内置式发射装置示意图

图 9.6 发射式

1-发射筒;2-四片弹托卡瓣;3-模型;4-气动活塞

3. 自由投放式[52,53]

自由投放式如图 9.7 所示,实验采用自由投放式向下释放实验模型。模型以一定的迎角悬挂在风洞上端,当风洞启动后,发出信号,消除磁性,模型释放到风洞稳定流场中,使实验模型在风洞均匀稳定流场中自由无约束地"飞行"。

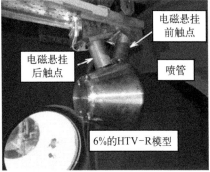

图 9.7　日本 HIEST 风洞电磁释放装置

9.4　模型设计

自由飞动导模型是一种测量动导数 $C_{mq} + C_{m\dot\alpha}$ 的自由飞模型。它的用途是利用模型在风洞均匀气流中自由飞行角运动的时间历程来提取动导数 $C_{mq} + C_{m\dot\alpha}$。

首先,要求模型满足两个空气动力学相似准则,即马赫数相同和 $k = \omega l/U$ 减缩频率相同。通常在动导数实验中,$k = \omega L/U$(其中 ω 为角速度,l 为参考长度,U 为流动速度)很小,在只考虑一阶近似时,减缩频率相似也是放松的。在这样近似条件下,模型尺寸和质量也只由风洞观察窗和实验方便性来决定。

其次,由无量纲参数关系 $t^2 ql/m$,$ql^3/(I\omega^2)$ 得到相似关系 $k_t^2 = k_m/(k_q k_l)$,$k_\omega^2 = k_q k_l^3/k_I$,其中,$q$ 为动压;I 为转动惯量;t 为运动时间;k_t 为运动时间比;k_m 为质量比;k_q 为动压比;k_l 为尺度缩比;k_ω 为角速度比;k_I 为转动惯量比。

最后,为了获得更多的运动周期信息,应使 k_t 和 k_ω 大一些。因此,k_m 值应选大一些,k_l 应尽可能小一些。

图9.8 所示的自由飞动导模型外壳是轻质化材料(如硬质泡沫塑料)形成的气动外形,质心处放置一钨钼合金配重。在相同体积下这种结构使质量最大,而转动惯量最小,这样设计的模型较为理想。

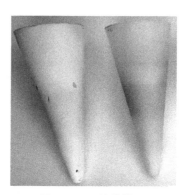

图9.8　10°钝锥模型

9.5　图像处理

图像数据的量化需要专用的工具来判读。几种常用的图像处理方法如下所示。

（1）采用立体坐标量测仪按模型影像轮廓每边测读 5~6 个坐标点,由此确定方位角,误差为±0.05°;或者采用带有测角目镜的工具显微镜直接测读模型的方位角,误差约为±0.1°。

（2）采用在计算机显示器屏幕上直接读取模型影像轮廓的屏幕坐标,再根据公式计算出方位角,如果采用两点,其公式为

$$\theta = \arctan \frac{y_2 - y_1}{x_2 - x_1}$$

（3）为了获得更高精度的运动姿态数据,可采用图像配准技术解决自由飞实验中运动模型的时序图像配准问题,从而实现模型运动轨迹的准确捕捉。图9.9 为采用多目视觉技术获得的自由飞实验结果(右侧视图和俯视图),经图像配准技术可获得 10°钝锥模型高精度三维空间运动轨迹,并可进行三维空间轨迹重构。

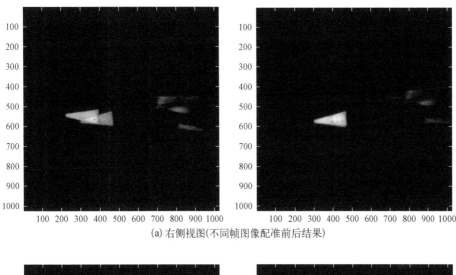

(a) 右侧视图(不同帧图像配准前后结果)

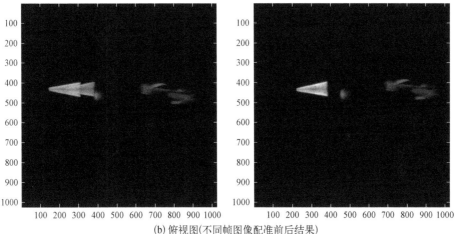

(b) 俯视图(不同帧图像配准前后结果)

图 9.9 三维运动轨迹图像处理

9.6 气动参数辨识

动力学系统辨识是动力学的逆问题,利用在风洞实验和飞行试验中测得的输入-输出数据,采用系统辨识技术,建立反映系统的本质动态特性的数学模型,并辨识出模型中的待定系数。

气动参数辨识是从飞行器或飞行器缩比模型的飞行试验数据中求取气动系

数的方法。气动参数辨识利用飞行器的运动特性反求出气动力,出发方程是动力学组约束条件下的泛函极值,涉及飞行力学、空气动力学与近代控制论等学科。

飞行器运动服从牛顿第二定律,运动方程组 f 是已知的,其系统参数 θ 包括重力、推力、惯性力矩、质量和空气动力系数等,其中除空气动力系数外的其余参数都较易直接测量并可直接用于飞行状态,唯独空气动力系数较为复杂,在地面难以精确确定,因此飞行器系统辨识的主要问题是通过飞行器控制输入和动态响应的实验数据,辨识出飞行器的空气动力学模型,并求出相应的气动力参数,即气动参数辨识。此方法可以应用在风洞自由飞动态实验中。由于风洞实验的特殊性(仅有位移量),必须配备专用的辨识软件,如图9.10所示。

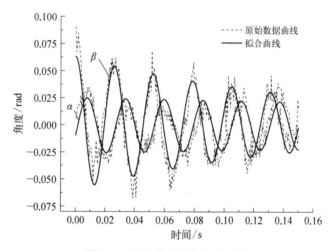

图9.10　俯仰角曲线与拟合结果

通常使用的参数辨识(Chapman – Kirk 法[49])和参数拟合(三周期法[48]),与系统辨识也有许多的不同之处,如观测量、初估值、迭代次数和控制量,详见表9.1。

表9.1　参数辨识、拟合与系统辨识对比

	观测量	初估值	迭代次数	控制量
系统辨识	速度、角速度、力	严格设定	依赖初值设定	需要
参数拟合	位移、角位移	任意	较少	无须
参数辨识	位移、角位移	严格设定	依赖初值设定	无须

一般气动参数辨识有以下几个环节。

1. 气动力模型

早在 1911 年布莱恩就给出飞行器的线性数学模型。布莱恩的线性数学模型有两个基本假定:

(1) 飞行器气动力和力矩仅仅是依赖于飞行器运动变量的瞬态值;

(2) 飞行器气动力和力矩仅仅是飞行器运动状态变量的线性函数。

根据以上假定推导得到平面运动俯仰力矩系数的数学模型:

$$m_z(t) = m_{z_0} + m_z^{\alpha} \alpha(t) + m_z^{\omega_z} \frac{\omega_z l}{U} + m_z^{\dot{\alpha}} \frac{\dot{\alpha} l}{U} \tag{9.2}$$

为书写简便,将 $m_z^{\overline{\omega_z}}$、$m_z^{\overline{\dot{\alpha}}}$ 都简写成 $m_z^{\omega_z}$、$m_z^{\dot{\alpha}}$,$\overline{\omega}_z = \frac{\omega_z l}{U}$,$\overline{\dot{\alpha}} = \frac{l\dot{\alpha}}{U}$。式中,$m_{z_0}$ 为气动和安装不对称引起的力矩,$m_{z_0} = C_{m_0} qsl$;m_z^{α} 为静稳定力矩,$m_z^{\alpha} = C_{m_\alpha} qsl$;$m_z^{\omega_z}$ 为模型绕 z 轴角运动引起的阻尼力矩,$m_z^{\omega_z} = C_{m_q} qsl$;$m_z^{\dot{\alpha}}$ 为由 $\dot{\alpha}$ 引起的阻尼力矩,$m_z^{\dot{\alpha}} = C_{m_{\dot{\alpha}}} qsl$。

在俯仰力矩与惯性力矩平衡时,角运动的方程可进一步进行简化。

假设定义:

$$\mu_1 = -(C_{m_q} + C_{m_{\dot{\alpha}}}) \frac{qsl^2}{UI}, \quad \mu_2 = -C_{m_\alpha} \frac{qsl}{I}, \quad C_0 = C_{m_0} \frac{qsl}{I}$$

式中,U 为流动速度;I 为俯仰转动惯量。

则运动方程为

$$\ddot{\alpha} + \mu_1 \dot{\alpha} + \mu_2 \alpha = C_0 \tag{9.3}$$

式中,μ_1、μ_2 为 α 的函数;C_0 为不对称力矩。

上述模型仅适用于小攻角状态。当飞行器接近目标作大机动飞行时,气动力与飞行状态呈严重非线性非定常性,必须建立飞行器的非定常非线性气动力数学模型。

2. 参数辨识方法

模型辨识求出飞行器气动力的数学模型后,问题就成了根据风洞实验数据求取模型中的待估计参数,即参数估计问题。参数估计算法包括判据和算法两部分。判据用以判断计算所得的参数是否是待定参数的真值,最后满足判据条件的参数就可以作为待估计参数。常用有最小二乘、最大似然、最小方差等。有了判据,参数估计就转化为求极值的优化计算问题,通常是个泛函极值问题。参数估计算法有迭代算法和递推算法两种。迭代算法是一种事后处理方法,它将风洞实验数据分成若干组进行分批处理。在满足飞行器动力学方程的条件下,依判据求极值的方程就是非线性泛函,无法解析求解,只能用迭代求解法,如牛顿法、高斯法、梯度法等。递推算法是一种实时在线估计算法,当然也可用于事后处理,它对风洞实验数据逐点进行处理。在动力学方程组和判据约束条件下预估计飞行状态参数和待估计气动参数,然后逐点用新的观测数据对状态参数和气动参数估计值进行校正,直至收敛。

目前在飞行器气动参数辨识中,常用的辨识算法有最小二乘法、最大似然法和广义卡尔曼滤波法等。如果噪声误差与输入、输出数据是相关的,最小二乘法是有偏估计,而最大似然法将解决这一问题,但是在高斯噪声的情况下,最大似然法等价于最小二乘法。

1) 参数辨识(或 Chapman – Kirk 法)

在动力学系统参数辨识中,现以式(9.3)为例。有五个待定辨识参数 (μ_1, μ_2, C_0, α, $\dot{\alpha}$)。$C_j(j = 0, 1, 2, 3, 4)$ 分别代表 μ_1、μ_2、C_0、α 和 $\dot{\alpha}$。C_{jl} 表示 C_j 在某一选定状态 l 的值,记:

$$\frac{\partial \alpha}{\partial C_{jl}} = \frac{\partial \alpha}{\partial C_j} \mid c_{jl}$$

攻角 α 是 C_j、t 的函数,α 对 C_j 在 l 处的泰勒展开式为

$$\alpha[C_j, t] = \alpha[C_{jl}, t] + \sum_{j=0}^{4} \frac{\partial \alpha}{\partial C_j} \mid c_{jl} \Delta C_j$$

此时 α 与观测值 α_s 有方差:

$$\text{SSR} = \sum_{t_i} (\alpha_i - \alpha_{si})^2, \ i = 0, 1, \cdots, N$$

极小准则有

$$\frac{\partial \text{SSR}}{\partial \Delta C_j} = 0$$

得

$$[A_{kj}][\Delta C_j] = [B_k] \qquad (9.4)$$

式中,

$$A_{kj} = \sum_{t_i} \left(\frac{\partial \alpha}{\partial C_{kl}} \right)_i \left(\frac{\partial \alpha}{\partial C_{jl}} \right)_i$$

$$B_k = \sum \left(\alpha_{si} - \alpha\left[(C_{jl})_i, t_i \right] \right) \frac{\partial \alpha}{\partial C_{kl}}, \ i = 0, 1, \cdots, N; \ k, j = 0, 1, 2, 3, 4)$$

2) 参数拟合(或三周期法)

式(9.3)的解为

$$\alpha = \alpha_{00} e^{qt} \cos(\omega t + \varphi) + C \qquad (9.5)$$

式中, $q = -\dfrac{C_1}{2}$; $\omega^2 + q^2 = C_2$; α_{00}、φ、C 与 α、$\dot{\alpha}$、C_0 有关。

C_{m_α}、$C_{m_{q+\dot\alpha}}$ 与 λ、ω 等参数有以下关系:

$$C_{m_\alpha} = -\omega^2 \frac{I}{qsl}$$

$$C_{m_{q+\dot\alpha}} = \lambda \frac{2I}{qsl} \frac{U}{l}$$

式(9.3)与式(9.5)中有五个待定系数 $(\alpha_{00}, q, \omega, \varphi, C)$,假设 $q_j(j = 0, 1, 2, 3, 4)$ 分别代表 $(\alpha_{00}, q, \omega, \varphi, C)$,$q_{jl}$ 表示 q_j 在某一选定状态 l 的值,记:

$$\frac{\partial \alpha}{\partial q_j} \Big|_{q_{jl}} = \frac{\partial \alpha}{\partial q_{jl}}$$

α 对 q_j 在 l 处的泰勒展开式为

$$\alpha\left[(q_j), t \right] = \alpha\left[(q_{jl}), t \right] + \sum_{j=0}^{4} \frac{\partial \alpha}{\partial q_j} \Big|_{q_{jl}} \Delta q_j$$

α 与观测值 α_s 有方差:

$$\mathrm{SSR} = \sum_{t_i} (\alpha_i - \alpha_{si})^2, \ i = 0, 1, \cdots, N$$

极小准则有

$$\frac{\partial \mathrm{SSR}}{\partial \Delta q_j} = 0$$

得

$$[A_{kj}][\Delta q_j] = [B_k] \qquad (9.6)$$

式中,

$$A_{kj} = \sum \left(\frac{\partial \alpha}{\partial q_{kl}}\right)_i \left(\frac{\partial \alpha}{\partial q_{jl}}\right)_i$$

$$B_k = \sum \left(\alpha_{si} - \alpha\left[(q_{jl})_i, t_i\right]\right) \frac{\partial \alpha}{\partial q_{kl}},\ i = 0,\ 1,\ \cdots,\ N;\ k,\ j = 0,\ 1,\ 2,\ 3,\ 4$$

3）辨识时初值的给出

求解方程的过程中初值的确定,对实验测量的具体情况,每次实验得到实验点的规律已能将运动曲线大致绘出,通过大致绘图,即可粗略地得出初值 α_0 并可估算出 α_0 及频率 ω, 即

$$\alpha_0 = \frac{\alpha_1 - \alpha_0}{t_1 - t_0},\ \omega = \frac{2\pi N}{(n_2 - n_1)\Delta t}$$

式中, Δt 为两记录点的间隔时间; N 为所取点包含的周期数; n_1 为所取的起始点的号数; n_2 为所取的末点的号数。

而阻尼初值可以为零,以此值代入微分方程,一般情况下,迭代都可以收敛。

3. 辨识结果

实验模型为 $10°$ 半锥角钝锥,见图9.8,实验马赫数为6.0,动压为 32.6 kPa,单位雷诺数为 $1.73\times10^7/m$。图9.11 和表9.2 为自由飞动导数实验结果。

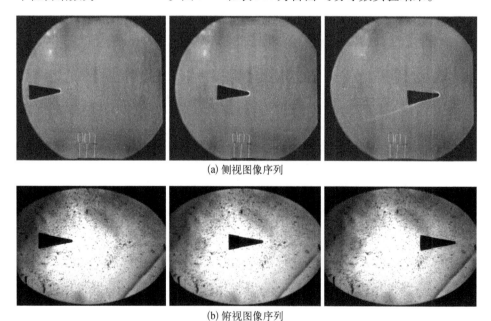

(a) 侧视图像序列

(b) 俯视图像序列

图9.11　FD‐07 风洞自由飞动导数实验

表 9.2　参数辨识结果

姿态角	$\alpha_0(\beta_0)$	λ	ω	C_{m_α}	$C_{m_q} + C_{m_{\dot\alpha}}$
α	0.025 6	−1.024 6	242.997 7	0.460 8	−0.904 6
β	0.061 5	−5.711 9	239.812 1	0.448 8	−5.043 0

9.7　多体分离自由飞实验

多体分离自由飞实验技术途径与上述的动导数实验类似,只是在模型设计、分离机构和数据处理上略有区别。

1. 模型设计

自由飞多体分离模型是一种观测多体分离过程运动特性的自由飞模型。其主要用途是根据模型在风洞均匀气流中分离过程来了解在真实飞行情况下分离过程的运动特性:分离时间 T_s,分离过程中各部件是否碰撞,分离的初始条件(如各部件解锁的分离力、分离速度和分离角度等);同时也可提取气动力系数。

为了使风洞中获得的分离过程与真实飞行情况相似,不仅需要满足空气动力学相似,而且最大限度地满足动力学相似。

在不考虑雷诺数和重力作用影响下,物理变量可以表示为如下一般关系:

$$T_s = f(Ma, q, l, m, I, F, \Delta s), x = g(t, Ma, q, l, m, I, F, \Delta s),$$
$$\theta = h(t, Ma, q, l, m, I, F, \Delta s)$$

式中,T_s 为分离时间;F 为模拟解锁爆炸力的弹簧力;Δs 为弹簧力的作用距离;t 为时间;θ 为模型姿态角;x 为模型运动位移。

根据 π 定理,可以构成如下无量纲参数关系:

$$T_s^2 \left(\frac{ql}{m} \right) = f\left(Ma, \frac{I}{ml^2}, \frac{F}{ql^2}, \frac{\Delta s}{l} \right)$$

$$x/l = g\left(t/T_s, Ma, \frac{I}{ml^2}, \frac{F}{ql^2}, \frac{\Delta s}{l} \right)$$

$$\theta = h\left(t/T_s, Ma, \frac{I}{ml^2}, \frac{F}{ql^2}, \frac{\Delta s}{l} \right)$$

这里要求五个相似参数：Ma，$T_s^2\left(\dfrac{ql}{m}\right)$，$\dfrac{I}{ml^2}$，$\dfrac{F}{ql^2}$，$\dfrac{\Delta s}{l}$。模型设计必须满足上面的相似关系。从而确定了模型缩比比例。可按以下顺序反复校核以得到既满足相似关系又可以设计模型的缩比比例。

（1）马赫数相似确定风洞实验马赫数。

（2）选取 k_t 和 k_l，可先取 $k_t = 1$，k_l 根据风洞和观察窗的尺寸来确定。

（3）质量相似参数满足 $k_m = k_t^2 k_q k_l$，式中 k_q 由风洞动压来确定。

（4）转动惯量相似参数满足 $k_I = k_m k_l^2$。

（5）分离力相似参数满足 $k_F = k_q k_l^2$，k_F 为分离力比。

（6）分离力作用距离相似参数满足 $k_{\Delta s} = k_l$，$k_{\Delta s}$ 为弹簧力的作用距离比。

最后风洞实验中得到的分离时间可用如下时间比例换算到飞行条件：

$$k_{Ts} = \left(\frac{k_m}{k_q k_l}\right)^{1/2}$$

式中，k_{Ts} 为分离时间比。

2. 分离机构

目前用于高超声速风洞级间分离动态实验的装置有以下两种方式。

一种是采用一个发射筒，发射筒后内置一个单向气缸，发射筒通过支杆和风洞支撑系统连接；试件通过多个卡瓣安装在发射筒内，实验时将试件发射到风洞均匀流场中，级间分离采用割断方式，即由钢丝拉断紧固锰钢丝。这种装置的缺点是，后置发射筒对导弹级间分离尾迹流场干扰大，割断方式的解锁机构对导弹运动扰动大；由于试件要安装到发射筒中，试件尺寸很小，无法模拟级间分离对平动速度和角速度的要求。

另一种是利用动态投放机构，不仅解决了发射筒对级间分离尾迹流场干扰，熔断解锁机构大大降低了对导弹运动姿态的扰动；而且极大地增加了模型尺寸，准确提供模型级间分离所需的平动速度和角速度。动态投放机构如图 9.12 所示。

3. 数据处理

采用图像处理软件，获取模型俯仰角及质心随时间变化的值 $\{x_i, t_i\}$、$\{y_i, t_i\}$、$\{\theta_i, t_i\}_{i=0,1,\cdots,N}$。根据模型运动情况不同，一般可采取三周期法或多项式拟合。对线位移，可进行多项式拟合；对角位移，则从其俯仰运动方程出发，采用三周期法进行参数拟合。反算得到升力、阻力、速度、角速度、俯仰力矩等模型气动参数，再通过相似率换算，可获得真实飞行器气动特征参数。

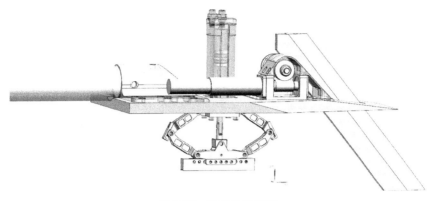

图 9.12　动态投放机构

首先,多项式拟合,如重力方向的,可将位移 y 表达为时间 t 的指数多项式:

$$y = \sum_{j=0}^{BB} a_{1j} t^j$$

求取 $\dot{y}$、$\ddot{y}$ 即可讨论导弹分离运动的垂直速度、加速度特性、升阻系数。

其次,对角位移从俯仰角运动方程出发,进行运动方程的参数拟合则复杂一些。其又分为单自由度拟合与双自由度拟合。

单自由度俯仰模型运动方程为

$$I_z \ddot{\theta} + C_1 \dot{\theta} + C_2 \theta = C_0, \ t = 0, \theta = \theta_0, \dot{\theta} = \dot{\theta}_{00}$$

式中,$C_1 \dot{\theta}$ 为系统阻尼力矩;$C_2 \theta$ 为系统恢复力矩(刚度项)。实验记录为俯仰角的时间变化历程。即 $\{\theta_i, t_i\}_{i=0,1,\cdots,N}$,在 C_1、C_2 都是常数的线性假设下,运动方程的解析解为

$$\theta = \theta_1 e^{q_1 t} \cdot \sin(\omega_1 t + \varphi) + \theta_{01}$$

式中,各项参数与动力学方程中气动系数的关系式为

$$q_1 = -\frac{C_1}{2 I_z}; \omega_1^2 + q_1^2 = \frac{C_2}{I_z}; \theta_{01} = \frac{C_0}{C_2}; \theta_0 = \theta_1 \cos\varphi + \theta_{01}; \dot{\theta}_0 = \theta_1 (q_1 \cos\varphi - \omega_1 \sin\varphi)$$

可由此解出发,进行参数拟合,求出 θ_1,q_1,ω_1,φ,θ_0 等,再求出 $\dfrac{d\theta}{dt}$,即可获得俯仰运动角速度 ω 等。

下面以头罩分离为例。图 9.13 为经图像处理后仅保留标志点图像信息的时间序列图。可以清晰地分辨头罩的标志点,结合标记点识别技术,可以获得头

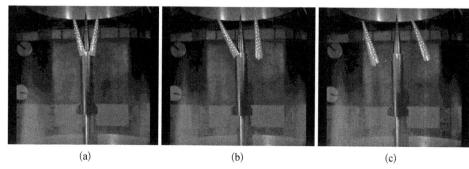

图 9.13　图像处理后的头罩(标志点)分离过程时序图

罩的三维空间运动轨迹。

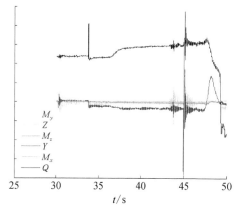

图 9.14　头罩分离过程对弹体六分量气动力影响

图 9.14 为在头罩分离过程中弹体模型所受到的动态气动力/力矩特性。可以看出头罩分离对弹体气动力产生很大的影响。

图 9.15 为在分离过程中头罩所受到的动态气动力/力矩,包括静态测力结果和经气动参数辨识得到的动态测力结果。通过静、动态实验结果对比分析可以看出,在相同实验车次,动态实验获得的信息远大于静态实验。

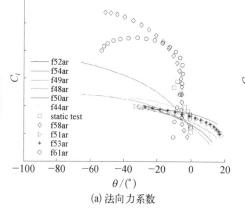

(a) 法向力系数

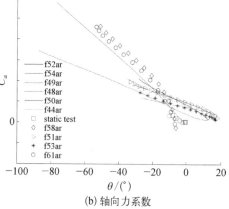

(b) 轴向力系数

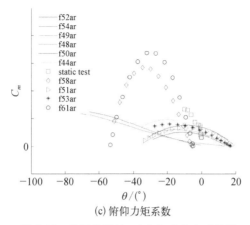

(c) 俯仰力矩系数

图 9.15　头罩分离静、动态气动力实验结果

参考文献

[1] Orlick-Ruckemann K J. Techniques for dynamic stability testing in wind tunnels[R]. AGARD - CP - 235, 1978.

[2] Baillion M. Blunt bodies dynamic derivatives[R]. AGARD - R - 808, 1997.

[3] Owens D B, Brandon J M, Croom M A. et al. Overview of dynamic test techniques for flight dynamics research at NASA LaRC (Invited)[R]. AIAA Paper 2006 - 3146, 2006.

[4] Reding J P, Ericsson L E. Dynamic support interference-fact or fiction? [R]. AIAA Paper 1971 - 277, 1971.

[5] Ericsson L E, Reding J P. Review of support interference in dynamic tests[R]. AIAA Paper 1982 - 0594, 1982.

[6] Haigh W W, Burt G E. Free flight wind tunnel test of a sphere and cable deployed from a conical model with intact recovery of all components[R]. AIAA Paper 1968 - 387, 1968.

[7] Burns W J. Free-flight wind tunnel test of hypersonic decelerators[R]. AIAA Paper 1970 - 587, 1970.

[8] Cassanto J M, Rasmussen N S, Coats J D. Correlation of measured free flight base pressure data for M=4 to M=19 in laminar and turbulent flow[R]. AIAA Paper 1968 - 699, 1968.

[9] Holmes J E, Woehr F A. Wind-tunnel free-flight testing of configurations with high-fineness ratio bodies[R]. AIAA Paper 1971 - 278, 1971.

[10] Dayman B J. Free-flight testing in high-speed wind tunnels[R]. AGARD 113, 1965.

[11] Dayman B J. Simplified free flight testing in a conventional wind tunnel[R]. Technical Report No.32 - 346, Jet Propulsion Laboratory, Pasadena, 1962.

[12] Dayman B J. Comparisons between sting-supported and free flight tests in the JPL hypersonic wind tunnel on a modified saturn-apollo launch configuration [R]. AIAA Paper 1971 - 265, 1971.

[13] Dayman B J. Optical free-flight wake studies[R]. NASA - CR - 53014, 1962.

[14] Dayman B J. Free-flight cone dynamic stability testing at high amplitudes of oscillation[R]. NASA – CR – 64082, 1964.

[15] Dayman B J. Summary of model-support interference problems [R]. NASA – CR – 74813, 1963.

[16] Dayman B J. Hypersonic viscous effects on free-flight slender cones[R]. AIAA Paper 1964 – 46, 1964.

[17] Holway H P, Herrera J G, Dayman B J. A pneumatic model launcher for free-flight testing in a conventional wind tunnel[R]. NASA N65 – 17215, 1965.

[18] Jaffe P. Non-planar tests using the wind tunnel free flight technique[R]. AIAA 72 – 983, 1972.

[19] Jaffe P, Prislin R H. Effect of boundary-layer transition on dynamic stability[R]. AIAA Paper 1964 – 427, 1964.

[20] Jaffe P. A generalized approach to dynamic-stability flight analysis[R]. NASA – CR – 63945, 1965.

[21] Jaffe P. Obtaining free-flight dynamic damping of an axially symmetric body at angles-of-attack in a conventional wind tunnel[R]. NASA – CR – 53366, 1964.

[22] Jaffe P. A free flight investigation of transonic sting interference[R]. NASA – CR – 142084, 1975.

[23] Jaffe P. Obtaining free-flight dynamic damping of an axial and symmetric body (at All Angles-of-attack) in a conventional wind tunnel[R]. NASA N64 – 17819. 1964.

[24] Jaffe P. A free-flight investigation of transonic sting interference[R]. NASA N75 – 16544, 1975.

[25] Harrison R G, Marko W J. Heat-transfer telemetry from free-flight models in wind tunnels: Part I — using thermistor sensors[R]. AIAA Paper 1968 – 406, 1968.

[26] Harrison R G. A pressure telemeter for wind-tunnel free-flight pressure measurement[R]. NASA – CR – 70038, 1966.

[27] Hruby R J, Mcdevitt J B, Coon G W, et al. FM telemetry and free-flight techniques for aerodynamic measurements in conventional wind tunnels[R]. NASA TN D – 3319, 1965.

[28] Prislin R H, Holway H P. A wind tunnel free flight testing technique for non-planar motion of spinning models[R]. AIAA Paper 1966 – 0774, 1966.

[29] Prislin R H. Free-flight and free-oscillation techniques for wind-tunnel dynamic-stability testing[R]. NASA – CR – 75275, 1966.

[30] Prislin R H. Free-flight and free-oscillation techniques for wind-tunnel dynamic-stability testing[R]. National Aeronautics and Space Administration Technical Report No. 32 – 878, 1966.

[31] Welton J T. Free-flight telemetry testing in the jet propulsion laboratory wind tunnels[R]. NASA N65 – 34404, 1965.

[32] Platou A S. The wind tunnel free flight testing technique[R]. AIAA Paper 1968 – 388, 1968.

[33] Platou A S. The wind tunnel free flight testing technique[R]. AD672510, 1968.

[34] Hruby R J, Mcdevitt J B, Coon G W. FM telemetry and free-flight techniques for aerodynamic measurements in conventional wind tunnels[R]. NASA N65 – 35260, 1965.

［35］ Alvin S, Carlton S J, Thomas N C, et al. The Ames supersonic free-flight wind tunnel［R］. NACA RM A52A24, 1952.

［36］ Mcdevitt J B, Larson H K. A technique for launching free-flying models in conventional wind tunnels［R］. AIAA Paper 1966 - 773, 1966.

［37］ Daniels P, Hardy S R. Roll-rate stabilization of a missile configuration with wrap-around fins in incompressible flow［R］. ADA019928, 1976.

［38］ Hardy S R. Nonlinear analysis of the rolling motion of a wrap-around fin missile at angles of attack from 0° to 90° in incompressible flow［R］. AD/A - 46868, 1977.

［39］ Lucjanek W W, Adams P A. Development of free-flight technique for NAE helium hypersonic wind tunnel［R］. DME/NAE Quart. Bull, 1966.

［40］ Wyborny W, Requardt G. A new aerodynamic free flight testing system for six-component measurements in short duration wind tunnels［R］. AIAA Paper 1974 - 0613, 1974.

［41］ Beyers M E. Analysis of High-Manoeuvrability Vehicles in Free Flight［M］. Johannesburg: University of the Witwatersrand, 1977.

［42］ Hozumi K, Koyama T. Wind tunnel free-flight test of cone dynamics at hypersonic speeds［C］. 15th International Symposium on Space Technology and Science, Tokyo, 1986.

［43］ Lewis H, East R. Measurement of free-flight dynamic stability derivatives of cones in a hypersonic gun tunnel［R］. AIAA Paper 1995 - 6082, 1995.

［44］ 马家欢,唐宗衡,张小平.在高超声速脉冲型风洞中测量静、动稳定性导数的模型自由飞方法［J］.空气动力学学报,1983,4: 77 - 85.

［45］ 马家欢,唐宗衡,张小平,等.激波管风洞中锥模型静动稳定性导数的测量［J］.力学学报,1980,16(1): 84 - 89.

［46］ 贾区耀.风洞自由飞实验研究［C］.第二届全国航空航天空气动力学前沿问题学术研讨会,重庆,1996.

［47］ 陈农.风洞自由飞实验及气动参数的辨识［D］.北京: 北京空气动力研究所,2000.

［48］ Eikenberry R S. Analysis of the Angular Motion of Missiles［R］. SC - CR - 70 - 6051, 1970.

［49］ Chapman G T, Kirk D B. A new method for extracting aerodynamic coefficients from free-flight data［R］. AIAA Paper 1969 - 0134, 1969.

［50］ 陈农.弹/壳分离气动力研究［Z］.空气动力学研究文集,2005.

［51］ 陈农.多体分离与干扰实验研究［Z］.空气动力学研究文集,2005.

［52］ Wey P, Bastide M. Determination of aerodynamic coefficients from shock tunnel free flight trajectories［R］. AIAA Paper 2012 - 3321, 2012.

［53］ Hannemann K, Schramm J M, Karl S, et al. Free flight testing of a scramjet engine in a large scale shock tunnel［R］. AIAA Paper 2015 - 3608, 2015.

第 10 章

高温高超声速风洞冲压推进实验技术

作为吸气式高超声速推进装置,超燃冲压发动机与其他动力(如火箭或涡轮发动机)融合形成组合循环动力,能够根据飞行速度和飞行高度灵活地选择最优工作模式,实现动力技术的突破性变革,满足大空域、宽速域、长航时等飞行要求,深受世界各航天大国的重视[1-7]。经过 60 多年的发展,马赫数 7 以下超燃冲压发动机技术已经从概念、原理探索等实验室阶段进入了以高超声速巡航导弹、高超声速飞机、空天飞机等为应用背景的工程化关键技术攻关阶段,更高马赫数方面则仍处于原理探索阶段[8,9]。

超燃冲压发动机技术涉及空气动力学、工程热物理、燃烧学、材料学等多门学科,需要飞行试验、数值模拟和风洞实验紧密结合来研究。飞行试验可以提供真实飞行环境,但是成本高、风险大且测量数据有限,通常都在取得足够的认识和成果后才进行,属于验证性实验;数值模拟可以提供大量飞行试验和风洞实验难以测得的信息,但其所依赖的物理模型需要风洞实验数据验证和校核;风洞实验则是发动机设计、改进、评估验证的基础,贯穿于 X-43A 和 X-51A 等吸气式高超声速飞行器的整个研制周期[10-12]。

超燃冲压发动机实验,按照部件构成可分为进气道实验、燃烧室实验(直连实验)、尾喷流实验和含有进气道、燃烧室、尾喷管等全部功能部件的发动机实验。发动机实验属于特种实验,与其他气动实验有两点显著不同:一是发动机实验需要考虑燃料的加注;二是发动机实验中的轴向力测量需兼顾进气道实验、喷流实验及通气模型实验等多类型实验的综合要求。燃料加注的目的是将贮箱中的燃料按照指定要求的流量和压力输送到发动机燃烧室中,满足发动机性能研究需求。轴向力精确测量的目的是获得冷热态轴向力之差即燃烧释热产生的内推力,以衡量发动机性能。

本章主要围绕含有进气道、燃烧室、尾喷管等全部功能部件的超燃冲压发动机自由射流或半自由射流实验(下文简称发动机实验)展开,首先阐述发动机实验的基本要求,然后介绍发动机性能评估方法,再结合风洞设备实验时间的限制,分类介绍相关实验技术。

10.1　冲压类发动机实验的基本要求

地面实验模拟参数的选取因实验类型不同而不同[13]。对于含有燃烧的发动机实验而言,无量纲相似参数为马赫数 Ma、雷诺数 Re、施密特数 Sc、第一和第三达姆科勒数(Da_I、Da_{III})等。然而,受化学反应与流动过程的强耦合限制,目前还没有解决尺度相似规律问题,在风洞实验时需根据所关注问题的特点,有针对性地进行简化,通常需要考虑以下几方面要求:

(1)风洞自由来流热力学参数的要求。风洞自由来流热力学参数的模拟对能否获得飞行条件下的流动现象至关重要,需要对压力、温度、速度等主要流动参数进行完全模拟[13,14],才能使化学反应与流动过程的强耦合最大限度地接近真实飞行情况。但是受风洞设备模拟能力的限制,一般只能选取部分热力学参数模拟。目前有两种匹配方案:一种是采用静温、静压及马赫数匹配;另一种是采用总焓、动压及马赫数匹配。两种匹配方式对应的自由来流热力学参数并不完全一致。对于推进性能实验而言,最关心的是一定当量比下发动机燃油比冲,因此总焓通常是首先要模拟的参数,其次才是马赫数和动压的模拟。

(2)实验气体组分的要求。空气中的氧气是燃烧反应的氧化剂,故实验气体中的氧气摩尔分数也是必须模拟的参数。按照能量来源方式划分,高温高超声速风洞的气流加热方式可分为燃烧加热[15]、电弧加热[16]、蓄热加热[6]和强激波加热[13]等,得到广泛应用的是燃烧加热和强激波加热这两种加热方式。燃烧加热高温高超声速风洞(下面简称燃烧加热风洞)如 NASA 8 英尺(1 英尺 = 0.304 8 m)高温高超声速风洞[15],通过燃烧燃料和补充氧气方式,获得高总温、高总压气源,是马赫数 4~7 吸气式推进实验的主力设备,其实验气体含有大量的水蒸气及二氧化碳等燃烧产物,同时为保证实验气体中的氧气含量与真实飞行条件一致,需要补充一定量的氧气,可见燃烧加热风洞的气流实际上是富氧高温燃气流,其热力学参数和化学属性与真实飞行条件下的空气存在较大差别。强激波加热高温高超声速风洞(也称高焓激波风洞),通过提高激波管内入射激波的强度,可获得高总温、高总压实验气源(膨胀管设备总焓可达 100 MJ/kg、总压可达吉帕量级),是马赫数 8 以上吸气式推进实验的主力设备,也是目前唯一已用于马赫数 8 以上发动机实验的地面模拟设备。受高温气体效应影响,高焓激波风洞的实验气体是非完全复合的空气,包含一氧化氮等污染组分。这些组分的差异对高超声速气动与推进性能实验结果可能产生一定影响。

(3) 模型尺度的要求。受风洞尺寸限制,一般都需要对模型进行适当缩比或简化处理,但是燃料与来流的混合、燃烧等过程与模型尺寸紧密关联,难以进行缩比模拟,故在风洞尺度受限情况下需对模型进行特殊处理,典型的处理方式是将发动机全流道的上游进气道、下游尾喷管进行流向截短,有时还要将发动机进行横向截断,形成带有部分进气道、部分尾喷管、部分横向流道的截短/截断发动机实验模型,从而尽可能真实地模拟燃料混合、点火、燃烧等过程,获取燃烧产生的贡献。

(4) 实验时间的需求。实验时间一直被视作一个很重要的参数,不仅要满足流动、化学反应等过程的充分建立要求,即建立稳定的流场,并给予化学反应足够长的时间,同时还要满足数据测量需求。流动建立时间一般采用流动速度与实验时间之积同实验模型特征长度的比值来表征。对于平板层流边界层而言,该比值约为 3(流动速度与实验时间之积是模型特征长度的 3 倍)。对于分离流,该比值大得多,典型范围为 30~60,但此时的特征长度是分离泡长度,分离泡长度远小于模型长度,若分离泡长度为模型附着流长度的 10%,则分离流与附着流在整个模型上同时建立。对于含有燃烧的发动机实验,多长实验时间才能满足超燃冲压发动机推进性能研究仍是一个开放性话题,通常认为与燃料的自由点火延迟时间有关,有分析认为 10 ms 实验时间足以满足发动机基本性能研究[17],可是由于高温高压气源的限制,目前能够实现总温 4 000 K、总压 20 MPa以上流场模拟的高焓激波风洞有效实验时间几乎都不足 10 ms。实践探索表明,采取特有的试验技术,高焓激波风洞仍可用于氢燃料和小分子碳氢燃料(如甲烷)超燃冲压发动机推进性能实验研究,如美国的 LENS[13,18,19] 和 Hypulse[19]、澳大利亚的 T4[5,13,19]、日本的 HIEST[6,13,19]、德国的 HEG[13,19] 及中国的 FD-21[20-23] 等,广泛地应用于高马赫数超燃冲压发动机推进性能实验研究。如果考虑天平测力等特殊要求,再加上燃料加注消耗的时间,这个实验时间则更长,因此实验时间不仅限制了推力的测量方法,也约束了实验过程中的燃料加注方式。

此外,风洞模拟流场品质(包括均匀性、稳定性、湍流度等)也可能会对发动机的一些关键流动现象产生很大影响,但是由于燃烧加热风洞和高焓激波风洞的实验气体物理性质十分特殊,流场的标校难度大,甚至需要与理论结合,方可准确给出流场参数,故难以像常规高超声速风洞那样建立统一的流场品质标准。

面对这些复杂实验要求,必须有匹配的发动机性能评估方法,并对发动机实验环节进行精细设计,才能保证实验数据的质量。下面就这方面的关键技术展开介绍。

10.2　冲压类发动机性能评估方法

比冲是评估超燃冲压发动机性能的重要指标,定义为发动机工作情况下消耗单位燃料流量所产生的有效推力。有效推力是发动机工作时流道壁面所受的富余压力和摩擦阻力的合力在发动机轴向上的分量,在风洞实验中可通过直接计算法、直接实验测量法和间接实验测量法得到。

(1)直接计算法,通过对发动机流道壁面所受的压力和摩擦阻力进行测量,然后积分得到发动机的有效推力。摩擦阻力一般很难测量,壁面压力的测点数量又比较有限,因此这种方法的准确性有限。

(2)直接实验测量法,将发动机流道与模型外部解耦,采用天平或其他测力技术,直接测量发动机工作时作用在发动机流道上的力,即为有效推力。这种方法虽然可以直接测得发动机内部所受的力,但是结构设计十分复杂。

(3)间接实验测量法,分别测量发动机冷态通流全模型轴向力和稳定燃烧的热态全模型轴向力,由冷热态轴向力之差(即推力差)减去冷态内阻,即可获得有效推力。冷热态轴向力差给出了燃料加注到发动机流道后稳定燃烧产生的贡献大小,衡量了发动机燃烧组织技术的优劣。冷态内阻为发动机内流道的冷态流动损失,可通过飞行器通流测力实验得到。此外,对于实验时间较长的设备,通过测力天平,单次实验即可获得冷热态发动机全模型轴向力数据。实际应用中,有可能采用多方法相结合的方式,综合分析确定发动机的性能。

10.3　燃烧加热风洞冲压类发动机实验技术

燃烧加热风洞是马赫数 4~7 超燃冲压发动机、机体/推进一体化飞行器实验研究的关键设备,不仅可以测试/验证发动机、一体化飞行器的性能,与其他类型风洞实验结果及计算结果比较,服务于发动机构型优化设计,还可以开展接近飞行条件下的考核、验证,降低飞行试验和飞行器研制的风险。

10.3.1　燃料加注方法

图 10.1 给出了燃烧加热风洞发动机实验照片。在实验过程中,风洞模拟的高温自由来流经发动机进气道压缩后,进入燃烧室,与发动机燃料供应系统输送的燃料混合、点火、燃烧,产生高温高压燃气,再通过发动机尾喷管排出与发动机外流相互作用,模拟发动机在高空飞行时的工作状态,测量相关参数,确定发动机性能。相应地发动机依次经历冷态通流流场建立、燃料加注与混合、点火、燃烧、结束等工作历程,如图 10.2 所示,通过对比冷态通流和燃料稳定燃烧的热态之间的参数差异,定量地给出燃烧产生的贡献量,评估发动机性能。实验时间较长时,在实验过程中还可以调节燃料加注流量,以研究不同燃料流量情况下的发动机性能,此时燃料加注流量随实验时间呈阶梯变化,如图 10.3 所示。

图 10.1　燃烧加热风洞发动机实验照片

为确保燃料与超声速空气流动之间的混合、点火、燃烧等过程的有序开展,发动机燃料加注与风洞运行、数据采集等软硬件的操作必须联动,按照设定的工作流程进行相关操作。图 10.4 给出了燃烧加热风洞发动机实验的工作流程,按照图 10.2 所示的发动机实际工作历程组织实验。由于燃烧加热风洞有效实验时间至少达数百毫秒,各环节的操作延迟时间有较大的冗余空间,通常根据相关仪器设备的响应时间及具体需求进行设定。

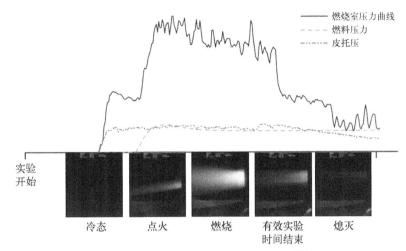

图 10.2 超燃冲压发动机的工作历程[24]

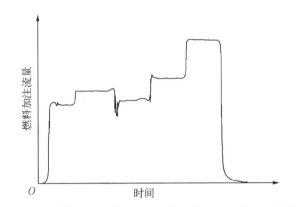

图 10.3 燃烧加热风洞发动机实验过程中的燃料加注情况

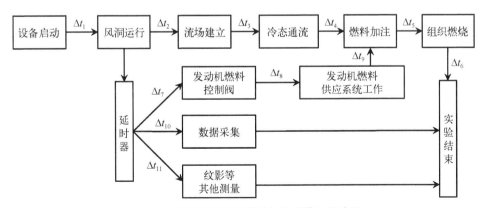

图 10.4 燃烧加热风洞发动机实验的工作流程

在不考虑风洞模拟流场的波动影响情况下,保持燃料加注过程中的参数平稳性是准确获得发动机燃烧性能的前提。稳定控制燃料贮箱压力,可使燃料加注过程中的流量保持稳定。有两种方法可实现燃料贮箱压力在设定的时间内保持稳定或呈阶梯变化。一种是气体挤压方法,适用于液态燃料,通过向燃料贮箱中填充高压气体,使燃料的加注压力保持稳定或阶梯变化。另一种是活塞挤压方法,适用范围较广,通过调速电机、凸轮机构或液压动力改变活塞的前进速度,使燃料的加注压力保持稳定或阶梯变化。

实验过程中,还需对燃料供应系统向发动机输送的瞬时质量流量进行精确测量,给出发动机性能随当量比的变化规律。在燃料供应系统中安装流量计,可实时测得燃料加注量。对于简单气态燃料,也可通过测量燃料加注前室的压力和温度,由流量与总温、总压之间的关系式间接计算得到,但精度要求较高时需要进行标定,修正质量流量与压力、温度之间的关联系数。

10.3.2 应变天平测力技术

与常规测力实验相同,燃烧加热风洞发动机实验的测力系统,也是由模型、应变天平、支撑系统组成的,如图 10.5 所示,应变天平与模型相连,并置于模型内部,天平固定端与支撑系统相连。由于发动机尾喷管流出的是高温高压燃气,尾支撑形式面临热防护难题甚至会破坏发动机尾喷管流动,故一般采用腹部支撑形式,以降低防热难度,同时提高测力系统的刚度。腹部支撑形式会影响发动机外流,合理设计可使其不影响发动机内流和尾喷流,确保发动机内推力的高精度测量。

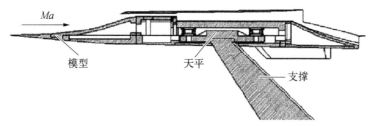

图 10.5 燃烧加热风洞发动机实验中的应变天平测力系统示意图[25]

在实验过程中,上述测力系统构成一个动态系统,正常情况下该测力系统总是稳定的,扰动随着时间增长总会不断地衰减,趋于稳定,根据一维带衰减的振动理论,可得系统所受气动力载荷 $F(t)$ 与惯性力 $m\dfrac{\mathrm{d}^2 x}{\mathrm{d}t}$、阻尼 $c\dfrac{\mathrm{d}x}{\mathrm{d}t}$ 及系统抵抗变形产生的变形力 kx 之间的关系:

$$F(t) = m\frac{\mathrm{d}^2 x}{\mathrm{d}t} + c\frac{\mathrm{d}x}{\mathrm{d}t} + kx \qquad (10.1)$$

实验时间足够长时,在阻尼衰减下,系统惯性力、阻尼都趋于零,系统满足静力学理论,结构抵抗变形产生的变形力与系统所受外载荷一致,即

$$F = kx \qquad (10.2)$$

通过天平设计,使系统抵抗变形几乎全部集中到天平上,即可实现受力载荷的高精度测量。实际过程中,系统总是在平衡位置上来回振动,惯性力呈周期性衰减,在有效实验时间内存在若干个周期,取多周期的平均值,即可将惯性力的影响削弱到允许的精度:

$$m\frac{\mathrm{d}^2 x}{\mathrm{d}t} \ll kx \qquad (10.3)$$

由于发动机实验系统十分复杂,即使能够采用成熟的应变天平测力技术对发动机轴向力进行测量,也难以像常规气动力实验一样进行,需要精细化设计,综合考虑进气道实验、喷流实验及通气模型实验的要求,同时还要承受实验过程中发动机工作状态变化产生的极大气动载荷,故发动机实验中的应变天平测力系统需满足以下特殊要求。

(1) 频率响应足够高,能够捕获发动机冷流、燃料加注、点火、燃烧、结束等工作历程的载荷特征。

(2) 应变天平的量程足够大、分辨率足够高,能够承受风洞启动、停车时的极大冲击载荷,既能高精度测量冷态的大阻力,又能测量燃烧后的小阻力乃至反向的轴向力。

(3) 模型具有适宜的刚度和灵活性,在实验过程中变形小,且能够确保燃料的加注,同时在满足结构强度和刚度条件下尽可能地降低模型质量,以降低天平的设计压力、提高测力系统的响应频率,此外可能需要考虑结构的防热问题。

(4) 支撑系统具有足够的刚度,较小的外形尺度,使其与发动机模型之间的干扰得到有效控制,降低对流场的干扰。

当惯性力的影响不可忽略时,有两种途径进行惯性补偿:一种是利用加速度计测得模型的振动加速度,结合模型质量,进行惯性补偿,但只限于简单模型,在发动机实验中较难使用;另一种是通过信号解耦方式,将天平信号中含有的加速度信号分量分解出来,实现气动信号提取,但是需要气动信号的频率特征和惯性信号的频率特征处于不同的频带,在设计实验方案时对测力系统的固有频率和气动力频

率进行控制,使二者的频段有明显区别,不过仍需满足测量时间的响应要求。

除了应变天平,测力敏感元件也可以采用压电天平。压电天平的应变灵敏度高,比应变天平高 2~3 个数量级,但是信噪比相对较低,环境抗干扰差,测量精度和稳定性差,目前应用仍较少。

10.4 高焓激波风洞冲压类发动机实验技术

高焓激波风洞几乎是目前马赫数 8 以上超燃冲压发动机实验的唯一可用设备,主要是由于其他设备难以产生高马赫数推进实验所需的高总温、高总压气流,但是其实验时间很短、绝大多数不超过 10 ms,使高焓激波风洞发动机实验技术明显不同于燃烧加热风洞发动机实验技术,下面就此展开介绍。

10.4.1 燃料加注方法

受几毫秒有效实验时间的限制,高焓激波风洞发动机实验组织对时序控制要求极为苛刻,很难按照发动机实际工作历程组织。通常采用燃料加注前置的方法,确保在几毫秒有效实验时间内将燃料加注到发动机燃烧室内,并完成燃料与超声速空气流动之间的相互作用模拟。若按照发动机正常的工作历程组织实验,待发动机冷态通流建立之后,再启动燃料加注,以现有快速阀的响应时间,当燃料输送到发动机燃烧室时,高焓激波风洞几毫秒有效实验时间的来流流场早已结束。

燃料加注前置,即颠倒空气来流与燃料喷注射流两者的建立时序,如图 10.6 所示,在空气来流未建立前,开启燃料加注,使发动机内的燃料射流较长时间存在,将实际过程中的燃料冲击超声速空气变为超声速空气冲击燃料,可确保毫秒时间内空气来流与燃料射流在发动机燃烧室内混合、点火、燃烧的组织,为马赫数 8 以上超燃冲压发动机的地面实验研究提供了可能,而且得到了广泛应用[26-32]。

燃料加注前置的实验方法可能导致部分模拟失真,主要体现在两方面:一是燃料射流与超声速空气来流之间的掺混机制;二是受掺混机制影响的点火机制,但是可以模拟燃料稳定燃烧所产生的效应和效果,满足燃料稳定燃烧释放的热量及其产生的流动干扰等方面的研究,实现发动机能否产生推力及产生多大推力等方面的实验验证、确认乃至评估。

高焓激波风洞发动机实验更需要精确的时序同步控制技术,将燃料供应系

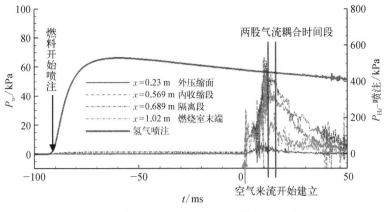

图 10.6　高焓激波风洞燃料加注前置实验时序

统、风洞设备、数据采集系统等软硬件的操作进行联动,而且必须精确设置各环节的延时时间。燃料加注、数据采集等操作的启动通常由风洞设备启动过程中的参数变化触发。图 10.7 给出了中国航天空气动力技术研究院 FD - 21 风洞超燃冲压发动机实验同步控制示意图[26],采用风洞运行过程中压缩管壁面压力信号的突变触发时序控制器,然后根据预设的延时时间,启动燃料喷注、数据采集等硬件设备,一方面确保风洞流场建立前发动机燃烧室内的燃料喷注射流完全建立,为混合、点火及燃烧等现象研究提供保障;另一方面,控制进入实验段内的燃料总量,保障实验的安全性。

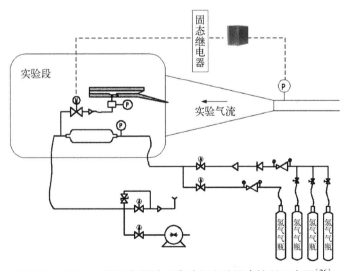

图 10.7　FD - 21 风洞超燃冲压发动机实验同步控制示意图[26]

高焓激波风洞发动机实验的燃料加注流量很难通过流量计测量。高马赫数发动机实验采用的燃料几乎都是氢气,可以通过测量燃料加注前室压力,并假设实验过程中的温度保持不变,再由流量与总温、总压的关系式计算得到燃料流量。在流量计算时,通常取有效实验时间内的燃料加注前室压力均值,以提高流量计算精度。

10.4.2　自由飞测力技术

由于发动机实验模型包含了进气道、燃烧室、尾喷管等全部功能部件,模型尺度通常比较大,同时需要保持较高的刚度以承受燃烧室的高压,因此发动机实验模型的质量远大于常规测力实验模型的质量,可达数百千克。很高的实验模型质量显著降低了测力系统的响应频率,导致天平测力技术只能在实验时间较长的燃烧加热风洞中使用,难以在有效实验时间只有几毫秒的高焓激波风洞中使用。

高焓激波风洞发动机实验的推力测量属于瞬态载荷测量问题,测力系统的惯性力常常远大于变形力:

$$m \frac{\mathrm{d}^2 x}{\mathrm{d}t} \gg kx \tag{10.4}$$

对此,学界发展了两种技术,分别是应力波天平和自由飞测力技术。应力波测试技术由爆炸力学领域研究人员提出,具有响应快、跟随性好的特点,在材料动态性能、无损探伤、地震波的测量及石油勘探等方面有着广泛的应用[33-38]。20 世纪 90 年代,Paull 等[27] 率先研制了用于高焓激波风洞发动机推力测量实验的应力波天平,在 T4 风洞 1 ms 左右的有效实验时间内定量测得了轴对称超燃冲压发动机的推力数据,如图 10.8 所示,为高焓激波风洞超燃冲压发动机推力的直接测量拉开了序幕。由于应力波天平的标定难度大、过程繁杂,目前只有澳大利亚昆士兰大学的 Paull 团队使用。

自由飞测力技术具有良好的移植性,广泛应用于飞行器动态特性研究,近些年被推广到高焓激波风洞超燃冲压发动机推力测量上[39-42],包括美国 LENS Ⅱ 风洞带动力 X - 51A 的一体化性能测量实验、德国 HEG 风洞 LAPCAT Ⅱ 项目的超燃冲压发动机推力测量实验、日本 HIEST 风洞超燃冲压发动机推力测量实验。图 10.9 给出了德国 HEG 风洞基于自由飞原理的 LAPCAT Ⅱ 项目的超燃冲压发动机推力测量实验系统结构。

基于自由飞原理的发动机推力测量技术与传统风洞自由飞测力技术存在显

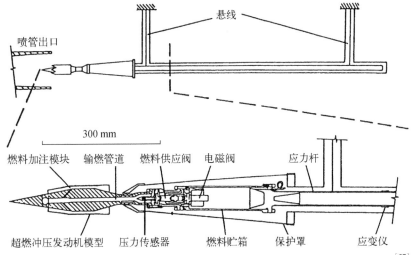

图 10.8　T4 风洞中基于应力波天平的轴对称超燃冲压发动机推力测量原理图[27]

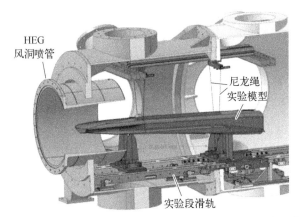

图 10.9　HEG 风洞 LAPCAT Ⅱ 超燃冲压发动机推力测量实验系统结构[40]

著区别,主要体现在以下 4 个方面: 一是实验模型质量呈数量级差异,传统风洞自由飞的模型质量一般为 0.1~100 g,而发动机的模型质量至少为 10 kg;二是自重干扰,传统风洞自由飞模型自重远远小于气动载荷,一般忽略不计,而发动机模型自重可能与气动载荷在同一数量级,不可忽略;三是宏观位移等运动学参数在有效实验时间内的变化幅度呈数量级差异,传统风洞自由飞位移大、容易观测,而发动机实验的位移非常小,在高焓激波风洞几毫秒实验时间内的位移甚至不足 0.1 mm,观测难度大;四是模型的质量分布显著不同,传统风洞自由飞实验需满足动态相似准则,意在复现飞行轨迹,而发动机实验一般不考虑模型质量分布,旨在测量受力情况。概括起来,基于自由飞原理的发动机推力测量技术属于带燃料加注的大尺度重模型自由飞测力技术,传统风洞自由飞测力技术属于轻质自由飞测力技术。

两者尽管存在上述显著差异,但所遵从的物理规律相同,即动力学理论,根据牛顿第二定律,建立模型所受合力 $F(t)$ 与模型质量 m、加速度 a 之间的关系,运动学理论又给出了加速度与位移 $x(t)$ 之间的关系,具体表达式如下:

$$F(t) = ma, \quad a = \frac{\mathrm{d}^2 x(t)}{\mathrm{d}t^2} \tag{10.5}$$

有两种途径实现合力 $F(t)$ 的测量:一种是直接采用加速度计传感器测出加速度,另一种是采用非接触式光学方法测量模型的宏观位移。受高焓激波风洞特殊环境限制,两种途径都面临严峻挑战。加速度计传感器测量的是安装部位的局部特性,耦合了当地的振动、变形等干扰载荷,强烈依赖于模型的刚度,故加速度计传感器的测量位置和数量需要结合模型结构特征精心设计,以消除振动、变形等干扰载荷的影响。日本 Takahashi 等[30] 在 HIEST 风洞超燃冲压发动机推力测量实验中采用的压电加速度计传感器达 49 个,可见通过加速度计传感器测量发动机整体加速度是十分复杂的。

非接触式光学方法(通常所说的图像法)在超燃冲压发动机推力测量和传统风洞轻质自由飞实验上没有本质区别,均是通过构建的光路系统(图 10.10)记录模型在气流作用下的运动图像,经过图像处理获得宏观位移,其中光路系统

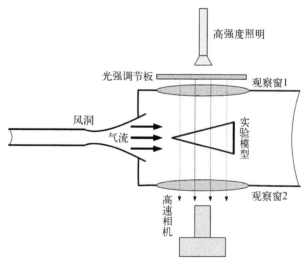

图 10.10 全自由飞非接触式光学方法的测量原理示意图

可以是纹影系统、也可以是背景光照射。受实验时间与模型质量的双重限制,在发动机实验中位移等运动参数在有效实验时间内的变化幅度非常小,传统轻质自由飞的观测方法和基于图像的位移提取技术明显不足,需进行有针对性的处理,同时还需要解决模型瞬时释放问题,以确保气流作用时模型处于半自由或完全自由运动状态,下面就这三种处理方法及典型应用进行介绍。

1. 基于图像处理的非线性位移提取技术

为了提高测量精度,发展了两种基于图像处理的非线性位移提取技术。一种是边界检测方法,经图像处理,识别出特定轮廓的所有像素点,由轮廓所有像素点计算轮廓所包围面积的形心等几何特征参数坐标,如图 10.11 所示,不同时刻图像对应的形心坐标数据即给出了位移数据,有效地克服了传统轻质自由飞线性位移识别方法在毫秒量级实验时间情况下的不足。

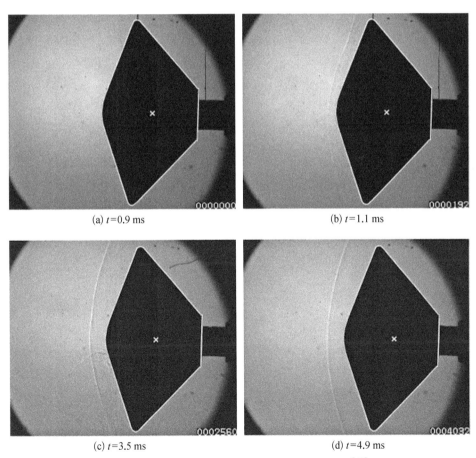

(a) t=0.9 ms　　　　　　　　　(b) t=1.1 ms

(c) t=3.5 ms　　　　　　　　　(d) t=4.9 ms

图 10.11　基于边界识别的非线性位移识别方法[43]

　　另一种是特征检测与数学方程拟合相结合的非线性位移提取方法,能够降低成像失真带来的影响,具体计算过程如图 10.12 所示,有两个关键点:一是经图像处理获得典型特征的边界像素点集;二是由边界点集拟合边界满足的数学方程,根据几何方程再计算形心等特征参数坐标,不同时刻图像对应的形心坐标数据即给出了位移数据。图 10.13 给出了中国航天空气动力技术研究院采用此方法处理后的球锥模型自由飞实验图像,其中实线是由图像识别出的边界像素点集与直线、圆形几何方程相结合确定的球锥模型边界,虚线是根据实线边界确定的中心线。图 10.14 给出了由图 10.13 所示的中心线信息确定的水平位移、竖直位移、攻角等数据。

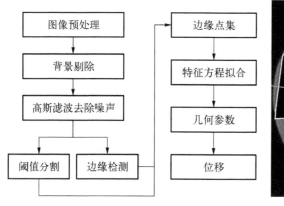

图 10.12　边界检测与数学方程拟合相结合的位移识别方法

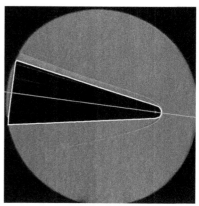

图 10.13　基于特征检测与数学方程拟合相结合的非线性位移识别方法

　　2. 基于局部特征标记的高空间分辨率图像观测方法

　　超燃冲压发动机推力测量关注的是内流道燃烧产生的内推力增益,故可在发动机外表面局部安装特征标记,实现局部放大观测,获得空间高分辨率图像,增加目标特征包含的像素点数量,进一步提高测量精度。图 10.15 给出了德国 HEG 风洞 LAPCAT Ⅱ 超燃冲压发动机轴向力测量实验的局部特征标记,为梯形板。图 10.16 是中国航天空气动力技术研究院 FD - 21 风洞双波压缩超燃冲压发动机模型冷态通流轴向力测量实验的局部特征标记,为多孔梯形板。

　　3. 模型瞬时释放方法

　　为确保气流作用时模型能够在某些方向或各方向上均能无约束地自由运动

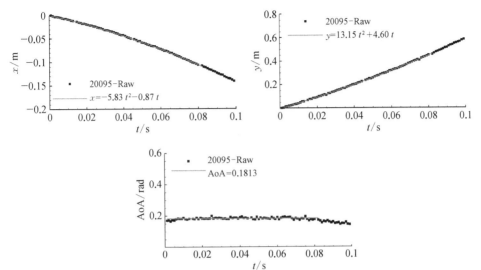

图 10.14　由特征检测与数学方程拟合相结合方法获得的水平位移、竖直位移及攻角数据

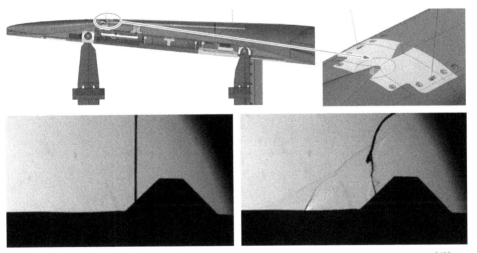

图 10.15　**HEG** 风洞 **LAPCAT** Ⅱ超燃冲压发动机轴向力测量实验的局部特征标记[40]

（前者为半自由飞，后者为全自由飞），模型的瞬时释放是前提，可以通过割线法或电磁铁瞬时释放法实现。割线法，采用柔线悬挂实验模型，利用风洞流场建立时的瞬时气动力，使悬线撞击在电热丝或刀片上被瞬间割断，完成实验模型的瞬时释放。电磁铁瞬时释放法，采用电磁铁或电永磁铁固定实验模型，利用风洞运行过程中的突变信号，触发磁铁消磁，完成实验模型的瞬间释放。图 10.17 给出了中国航天空气动力技术研究院基于电磁铁瞬时释放方法获得的图 10.16 所示

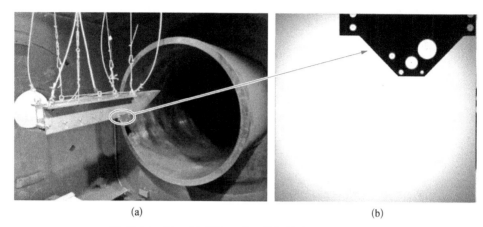

(a)   (b)

**图 10.16　FD-21 风洞双波压缩超燃冲压发动机模型
冷态通流轴向力测量实验的局部特征标记**

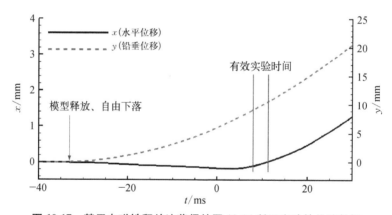

图 10.17　基于电磁铁释放法获得的图 10.16 所示实验的位移数据

实验的位移数据,其中模型释放时刻在风洞流场建立之前且气流作用时模型位于风洞流场均匀区内,位移由特征检测与数学方程拟合相结合的非线性位移提取方法获得。

4. 典型应用

图 10.18 给出了中国航天空气动力技术研究院 FD-21 风洞二元矩形超燃冲压发动机自由飞推力测量系统,其中发动机实验模型的悬挂与瞬间释放通过电永磁铁与柔线相结合的方法实现,发动机实验模型的回收通过钢丝绳实现,模型在流场建立前 40 ms 左右释放,使风洞模拟流场与发动机内流场建立过程及准定常流场作用期间模型处于无约束或半约束状态。图 10.19 为图 10.18 所示

实验所用的微小位移观测标记板,为长方形孔板。采用圆形边界检测方法,对图
10.19 所示的图像进行处理,获得圆形边界上的像素点集,再根据边界点集拟合
圆方程,给出圆心坐标,不同时刻对应的圆心坐标数据即为位移。根据运动学理
论,采用二阶中心差分格式,处理位移随时间的二阶导数,给出加速度随时间变
化曲线,如图 10.20 所示。图 10.20 对应的实验条件是自由来流马赫数为 9.62、
动压为 28.2 kPa、来流速度为 3 km/s。取图 10.20 所示的有效时间内的加速度均
值,可得加速度均值(也可采用有效时间内的位移数据二次拟合获得),如表 10.1
所示。可以看出,在当量比近似相同情况下,氮气对照组(2025 车次与 2023 车

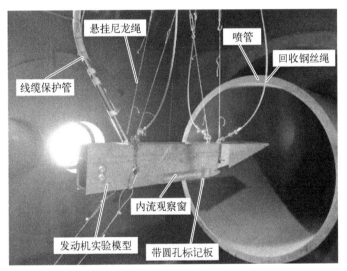

图 10.18　FD‑21 风洞二元矩形超燃冲压发动机自由飞推力测量系统

图 10.19　图 10.18 所示实验所用的微小位移观测标记板

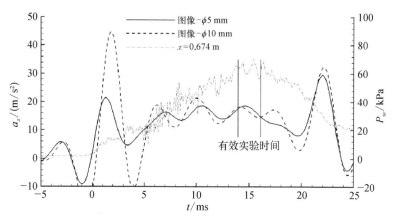

图 10.20 FD−21 风洞二元矩形超燃冲压发动机轴向加速度随时间变化

次)的冷热态推力差(无量纲后是 14.16)与通流组(2020 车次与 2022 车次)的冷热态推力差(无量纲后是 13.31)近似一致,两者偏差不超过 7%。

表 10.1 FD−21 风洞二元矩形超燃冲压发动机实验各车次推阻数据对比
(模型 A 与模型 B 内流道完全一致)

车 次	2020	2021	2022	2023	2024	2025
实验气体	空气					氮气
氢气喷注当量比	0	0.416	0.358	0.346	0.360	0.347
模型	A			B		
水平加速度/(m/s²)	14.08	16.80	11.44	21.28	21.82	24.34
无量纲轴向力 $\dfrac{m \cdot a}{A \cdot P_{\text{av}-\infty}} \dfrac{P_{t-\text{av}}}{P_{t-\text{special}}}$	65.70	91.17	52.39	105.44	113.88	119.60
无量纲净推力增量	0	−25.47	13.31	14.16	5.72	0

基于自由飞原理的发动机推力测量技术不仅可以与测压、纹影等测量技术结合,实现多参数的同时测量,还可以拓展到带动力机体推进一体化飞行器的升力、推力、俯仰力矩等多分量载荷测量。图 10.21 与图 10.22 分别给出了中国航天空气动力技术研究院在 FD−21 风洞二元矩形超燃冲压发动机 $Ma10$ 推力测量实验中同时获得的壁面压力数据和燃烧室纹影波系结构。

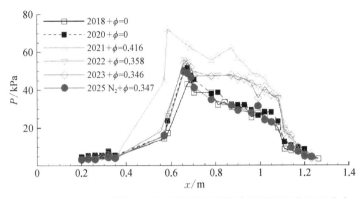

图 10.21　FD－21 风洞二元矩形超燃冲压发动机壁面压力沿程分布

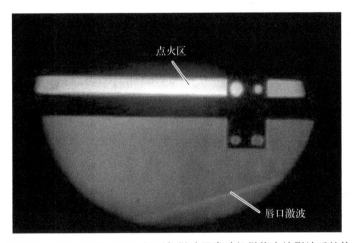

图 10.22　FD－21 风洞二元矩形超燃冲压发动机燃烧室纹影波系结构

参考文献

［ 1 ］蔡国彪,徐大军.高超声速飞行器技术［M］.北京: 科学出版社,2012.

［ 2 ］Marshall L A, Corpening G P, Sherrill R. A chief engineer's view of the NASA X－43A scramjet flight test［R］. AIAA Paper 2005－3332, 2005.

［ 3 ］Hank J M, Murphy J S, Mutzman R C. The X51－A scramjet engine flight demonstration program［R］. AIAA Paper 2008－2540, 2008.

［ 4 ］Voland RT, Auslender A H, Smart M K, et al. CIAM/NASA Mach 6.5 scramjet flight and ground test［R］. AIAA Paper 1999－4848, 1999.

［ 5 ］Stalker R J, Pall A, Mee D J, et al. Scramjets and shock tunnels-the Queensland experience ［J］. Progress in Aerospace Sciences, 2005, 41(6): 471－513.

［ 6 ］Hiraiwa T, Ito K, Sato S, et al. Recent progress in scramjet/combined cycle engines at

JAXA, Kakuda space center[J]. Acta Astronautica, 2008, 63(5): 565 – 574.

[7] Uzray J. Supersonic combustion in air-breathing propulsion systems for hypersonic flight[J]. Annual Review of Fluid Mechanics, 2018. 50: 593 – 627.

[8] 俞刚,范学军.超声速燃烧与高超声速推进[J].力学进展,2013,43(5):449 – 471.

[9] Curran E T. Scramjet engines: The first forty years[J]. Journal of Propulsion and Power, 2001, 17(6): 1138 – 1148.

[10] Huebner L D, Rock K E, Ruf E G, et al. Hyper-X flight engine ground testing for X – 43 flight risk reduction[R]. AIAA Paper 2001 – 1809, 2001.

[11] Lane J. Design processes and criteria for the X – 51A flight vehicle airframe[J]. Design Criteria for Structures, 2007, 1(7): 1 – 14.

[12] Report of the Defense Science Board Task Force on National Aero-Space Plane (NASP) Program[R]. AD – A274530, 1992.

[13] 陆 F K,马伦 D E.先进高超声速实验设备[M].柳森,黄训铭,译.北京:航空工业出版社,2015.

[14] Anderson G Y. Combustion in High-Speed flow, chapter hypersonic combustion-Status and directions[M]. Pordrecht: Springer, 1994.

[15] Hodge J S, Harvin S F. Test capability and recent experimences in the NASA Langley 8-foot high temperature tunnel [R]. AIAA Paper 2000 – 2646, 2000.

[16] Kidd III FG, Narayanaswamy V, Danehy P M, et al. Characterization of the NASA Langley arc heated scramjet test facility using NO PLIF[R]. AIAA Paper 2014 – 2652, 2014.

[17] 刘伟雄,吴颖川,王泽江,等.超燃冲压发动机风洞实验技术[M].北京:国防工业出版社,2019.

[18] Dufrene A, Maclean M, Wadhams T, et al. Extension of LENS shock tunnel test times and lower Mach number capability[R]. AIAA Paper 2015 – 2017, 2015.

[19] Igra O, Seiler F. Experimental methods of shock wave research [M]. New York: Springer, 2016.

[20] Shen J M, Ma H D, Li C, et al. Initial measurements of a 2m Mach-10-free-piston shock tunnel at CAAA[C]. The 31st International Symposium on Shock Waves, Nagoya, 2017.

[21] Bi Z X, Zhang B B, Chen X, et al. Experiments and computations on the compression process in the free piston shock tunnel[C]. 5th International Conference on Experimental Fluid Mechanics, Munich, 2018.

[22] 卢洪波,陈星,谌君谋,等.新建高焓激波风洞 Ma=8 飞行模拟条件下的实现与超燃实验[J].气体物理,2019,4(5):13 – 24.

[23] 卢洪波.高焓激波风洞燃烧空气动力学实验技术的探索与进展[C].第十九届全国激波与激波管学术会议大会,厦门,2020.

[24] 姚轩宇.JF – 12 激波风洞超燃冲压发动机实验及污染气体效应影响研究[D].北京:中国科学院力学研究所,2015.

[25] 吴颖川,贺元元,贺伟,等.吸气式高超声速飞行器机体推进一体化技术研究进展[J],航空学报,2015,36(1):245 – 260.

[26] 宋可清,卢洪波,纪锋,等.一种用于激波风洞超燃冲压发动机进气道实验的燃料供应系

统及方法[P]. 201711342325.8.

[27] Paull A, Stalker R J, Mee D J. Experiments on supersonic combustion ramjet propulsion in a shock tunnel[J]. Journal of Fluid Mechanics, 1995, 296: 159－183.

[28] Mcgilvray M, Kirchhartz R, Jazra T. Comparison of Mach 10 scramjet measurements from different impulse facilities[J]. AIAA Journal, 2010, 48(8): 1647－1651.

[29] Doherty L J. An experimental investigation of an airframe integrated three-dimensional scramjet engine at a Mach 10 flight condition [D]. St Lucia: The University of Queensland, 2014.

[30] Takahashi M, Sunami T, Hideyuki T, et al. Performance characteristics of a scramjet engine at Mach 10 to 15 flight condition[R]. AIAA Paper 2005－3350, 2005.

[31] Laurence S J, Karl S, Schramm M J, et al. Transient fluid-combustion phenomena in a model scramjet[J]. Journal of Fluid Mechanics, 2013, 722: 85－120.

[32] Laurence S J, Lieber D, Schramm J M, et al. Incipient thermal choking and stable shock-train formation in the heat-release region of a scramjet combustor part I: Shock-tunnel experiments[J]. Combustion and Flame, 2015, 162(4): 921－931.

[33] 贾光辉.爆炸过程中有关应力波传播问题探讨[J].爆破,2001,18(1): 5－7.

[34] 田振农,李世海,肖南,等.应力波在一维节理岩体中传播规律的实验研究与数值模拟 [J].岩石力学与工程学报,2008,27(S1): 2687－2693.

[35] 王秀彦,金山,李涌,等.应力波在管道中传播的实验研究[J].实验力学,2004,19(1): 97－102.

[36] 王迪安.一维应力波理论在爆破地震效应研究中的应用[J].矿业研究与开发,1997,17 (1): 59－63.

[37] 刘瑞堂,姜风春,张晓欣,等.用于材料动态力学性能研究的测试装置[J].哈尔滨工程大 学学报,1999,20(1): 13－18.

[38] 黄稳军.基于应力波传播理论的粘弹性材料特性研究[D].武汉: 武汉理工大学,2004.

[39] Tanno T, Tanno H, Komuro T. Free-flight force measurement technique for scramjet powered vehicle in shock tunnel[C]. Proceedings of the 32nd International Symposium on Shock Waves, Singapore, 2019.

[40] Hannemann K, Schramm M J, Karl S, et al. Free flight testing of a scramjet engine in a large scale shock tunnel[R]. AIAA Paper 2015－3608, 2015.

[41] Hannemann K, Schramm M J, Karl S, et al. Enhancement of free flight force measurement technique for scramjet engine shock tunnel testing[R]. AIAA Paper 2017－2235, 2017.

[42] 陈勇富,卢洪波,文帅,等.基于图像识别的高熵激波风洞发动机推阻测量技术[C].第十 九届全国激波与激波管学术会议,厦门,2020.

[43] Laurence S J, Butler C S, Schramm J M, et al. Force and measurements on a free-flying capsule in a shock tunnel[J]. Journal of Spacecraft and Rockets, 2017, 1: 12.

第 11 章

高超声速风洞空间流场显示与测量技术

高超声速流场具有可压缩、强梯度、非定常等特点,其流动结构相对复杂,存在如激波、膨胀波、湍流、流动分离等复杂流动现象,对这些物理现象的研究至关重要,因此,高超声速风洞实验离不开先进的空间流场精细结构显示与测量技术,尤其是对于高超声速流场激波/边界层干扰及波系和涡系结构观测、边界层失稳与转捩研究、流动分离等复杂流动诊断等工作具有不可代替的作用。

随着光学技术、信息技术的不断发展及工程应用的迫切需求,高超声速风洞空间流场显示与测量技术在近些年发展迅速,特别是在显示流动精细结构和信息获取与分析方面有了很大进步。首先,高超声速流动常常具有复杂的空间波系和涡系结构,随着高分辨率成像技术、立体视觉技术的发展,流场显示空间分辨率逐步提高,一些技术实现了二维到三维空间显示的跨越。另外,高超声速流场对流动显示与测量技术的时间分辨率也提出更高要求,随着脉动激光技术、高速成像技术的发展,目前一些光学显示技术的时间分辨率已从毫秒级、微秒级扩展到纳秒级,能够获得瞬态流动的演化过程。

根据光学测量原理的不同,如基于光的折射原理,以及光量子理论中光的辐射、吸收、散射和光的发射原理[1],高超声速流场显示与测量技术可大致分为五类:① 基于光学折射原理的流场显示技术;② 基于气体放电原理的流场显示技术;③ 基于示踪粒子散射原理的流场显示与测量技术;④ 基于分子激发/诱导荧光原理的流场显示与测量技术;⑤ 基于吸收光谱的流场诊断与测量技术。本章对这五类流场显示与测量技术展开介绍,这些技术各自有不同的特点,又有不同的适用范围,针对不同的场景和需求来选择合适的流场显示与测量技术是关键。

11.1　基于光学折射原理的流场显示技术

可压缩气体流场中的气体密度随流场参数、测量位置及时间变化。在高超声速风洞实验中,由于流场的密度变化,尤其是激波等结构,可以引起气体光学折射率变化,纹影、阴影、干涉等技术即基于此现象,利用光在流场中的折射率梯度与流场的气流密度之间的关系进行流场显示,可用于激波/边界层干扰及波系和涡系结构观测、边界层转捩观测等。其中,纹影技术适用范围广,光学原理简单,获得的图像直观清晰,是高超声速风洞中必备的、常规的流场观测手段。其技术的发展一方面是提高时间分辨率,以获得瞬时"冻结的"流场结构,为转捩和湍流研究、非定常流动研究等提供支持;另一方面是提高空间分辨率,以观察到更精细化的流动结构。

流场的密度随时间和位置变化,其光学折射率是密度的函数,可用格拉斯通-戴尔公式表示:

$$n = 1 + K\rho \tag{11.1}$$

式中,n 为气体的折射率;K 为格拉斯通-戴尔常数,与气体组分特性相关;ρ 为气体的密度。

折射率是三维空间坐标和时间的函数,只考虑定常流动时,折射率只是空间坐标的函数。根据光线折射的斯涅耳定律,一条光线穿越流场,由于流场折射率的不均匀性,它将偏离原来的方向到达记录平面的 Q' 点,而未扰动光线到达 Q 点。

当光束中的每一条光线通过折射率分布不均匀的流场时,会出现光线方向的偏移或光线相位的变化,根据光线受到扰动(图 11.1)的不同表现形式可分为以下三种显示方法。

（1）阴影法:光线在接收端上出现偏移量 $Q'-Q$,根据该偏移量,可以确定该流场折射率的二阶导数。

（2）纹影法:光线在传播方向上发生偏离,根据扰动光线相对于未扰动光线的偏转角 $\alpha'-\alpha$,可以确定该流场折射率的一阶导数。

（3）干涉法:光线产生相位的相对变化,根据光线的光程 $\int_{L_1}^{L_2} n\mathrm{d}z$ 差值,可以确定该流场的折射率。

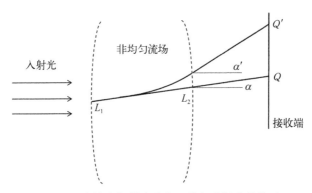

图 11.1 光线在折射率分布不均匀流场中的扰动

1. 阴影技术

阴影技术的原理是获得被摄对象受光线照射（平行光或会聚光）后所得的投影照片。当光线通过有扰动的气流时，局部部位处折射率梯度的变化，使投射光线发生偏折移位，观察屏（或者照相底片）上对应于未偏折的部位形成暗区（即阴影），偏折光线达到的部位形成亮区，从而在图像中显示出光强度的变化。阴影仪主要由光源、透镜或球面反射镜、图像接收器三部分组成，见图 11.2。

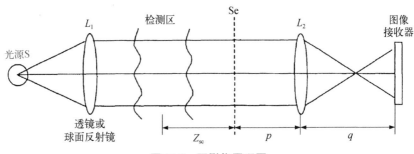

图 11.2 阴影仪原理图

光源 S 发出的光经过透镜（或球面反射镜）后获得平行光，通过流场区域，折射率不均匀导致光线发生偏折，在图像接收端显示出亮暗不均匀的图像。假设 I 是无扰动时图像的照度，I' 是扰动后点 (x, y') 的强度，n 为气体的折射率，光线路径沿 z 方向，从 z_1 到 z_2 为距离 Z_{sc}。图像记录的相对强度变化为

$$I' = \frac{\Delta y}{\Delta y'} I \tag{11.2}$$

$$\Delta y' = \Delta y + Z_{sc}\Delta\alpha \qquad (11.3)$$

$$R = \frac{\Delta I}{I} = \frac{I' - I}{I} = \left(\frac{\Delta y}{\Delta y'} - 1\right) = -Z\frac{\Delta\alpha}{\Delta y'} = -Z\frac{\mathrm{d}\alpha}{\mathrm{d}y} \qquad (11.4)$$

$$\alpha = \int \frac{\partial(\ln n)}{\partial y}\mathrm{d}z \qquad (11.5)$$

$$\frac{\Delta I}{I} = -Z_{sc}\int_{L}\left(\frac{\partial^2}{\partial x^2} + \frac{\partial^2}{\partial y^2}\right)(\ln n)\,\mathrm{d}z \qquad (11.6)$$

如果流场在 y 方向的折射率一阶导数为常数,则光线的偏转角 α 都是相同的,图像接收端被均匀照明,无法显示其光强大小。由此可知阴影法对于气体折射率的二阶导数的变化量是敏感的。图 11.3 为典型外形阴影图像。

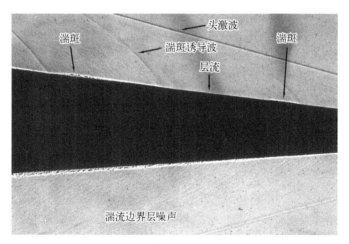

图 11.3　典型外形阴影图像

2. 纹影技术

纹影技术的基本原理是利用光在待测流场中的折射率梯度与流场的气流密度呈正比的关系进行测量。采用该技术测量是由于没有扰动流场的测试探头,光线对待测流场的密度场、温度场、速度场均没有任何干扰作用,因此可以研究其真实的动态过程[2,3]。

纹影仪利用光线通过非均匀介质时发生的偏折,用刀口(即切割光阑)切割发生偏折的光线,使光线的通过量发生变化,可以在视场中观察到投影的明暗条纹。按照光线发散、会聚的方式,纹影仪一般可分为透射式和反射式两种。透射式纹影仪在视场较大时需要大尺寸透镜,而大尺寸透镜的消像差设计和加工较为困难,因此在大视场情况下一般采用反射式纹影仪。按照光线通过流场的形状,纹影仪系统可分为平行光纹影仪和锥形光纹影仪,因为锥形光纹影仪光线反复经过测量流场,会造成图像失真,所以平行光纹影仪应用最为广泛,其工作原理如图 11.4 所示。

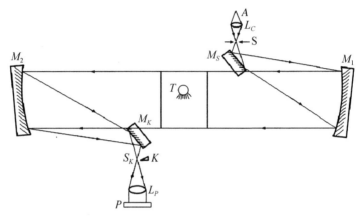

图 11.4　平行光纹影仪工作原理图

图 11.4 中 S 为矩形光源,设置在透镜 L_C 的焦点上,刀口 K 置于透镜 L_P 的焦平面上,刀刃与矩形光源长边平行,通常设置刀口阻挡一半光源像,使得光屏上的照度均匀减少。当光线穿过观察区域时,如果在垂直于刀刃边的方向上存在密度即折射率变化,则原本平行光束产生偏折,光源像在 L_P 的焦平面上产生位移,导致光屏上相应部位的光强产生变化,则相对于背景照度有反差。照度变化相对于偏折角的比值 s 称为纹影灵敏度。

这种通过刀口刀刃边成像得到的图像只有灰度变化,无颜色变化,即黑白刀口。用彩色刀口代替黑白刀口,即可获得伪彩色图像,使图像更加鲜艳直观。一般彩色刀口是用红、蓝、黄三种平行透明的彩色窄条组成的滤光片,光源为白光光源通过狭缝,狭缝宽度与彩色刀口的中间蓝色滤光窄条宽度近似相等,这样风洞无流场时,其纹影图呈蓝色背景,当有流场产生折射率变化时,纹影图中会出现红色和黄色,与蓝色背景对比十分明显。

在高超声速风洞实验中,对于流动结构尤其是激波结构等研究领域,纹影是必不可少的显示手段。例如,应用纹影技术对流动分离、激波/转捩边界层干扰、喷流干扰、进气道启动特性等气动现象进行研究。图 11.5 为典型风洞纹影图片。

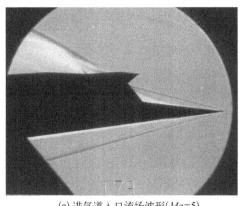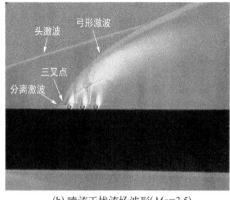

(a) 进气道入口流场波形(Ma=5)　　　　(b) 喷流干扰流场波形(Ma=3.5)

图 11.5　典型风洞纹影图片

3. 聚焦纹影技术

随着三维流场结构显示的需求,聚焦纹影技术应用于各种流场诊断实验中。该技术可以在纹影技术的基础上,对某个平面进行聚焦,在像面上得到的信息主要反映该平面的密度梯度变化,该平面以外的信息以虚化的背景形式进行记录,从而更精确地反映流场的细节结构,进行复杂流场显示。聚焦纹影可采用泛光源,不需要精密的大口径光学玻璃元器件,是性价比较高的一种流场显示系统,也能达到较高的灵敏度,容易实现大口径的流场显示。由于视场范围大,具有聚焦能力好,灵敏度高,光学鲁棒性好,成本低等优点,该技术得到了广泛应用。

聚焦纹影工作原理图如图 11.6 所示。光源通过菲涅耳透镜照亮由黑白相间的条纹组成的源格栅,经透镜成像后得到该屏的共轭像。在共轭像的位置放置刀口栅,充当常规纹影中的刀口角色,调节该刀口栅的位置可以得到不同的系统灵敏度和灰度。如果在流场显示区域存在扰动引起折射率变化,那么这些光线或被刀口栅遮挡或被通过,在成像屏上,扰动区就会产生明暗变化,达到纹影

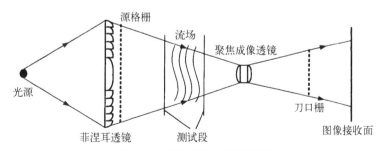

图 11.6　聚焦纹影工作原理图

显示的目的。简单来讲,聚焦纹影就是用源格栅充当纹影多狭缝光源,刀口栅充当刀口,相当于一个多光源和多刀口纹影系统[4,5]。

聚焦纹影技术最显著的特点就是可以显示一定厚度流场的情况,聚焦区域外流场模糊,呈背景化,图 11.7 为尖锥模型的聚焦纹影显示图像,在聚焦区域内可观测到边界层湍流结构。

图 11.7　尖锥模型的聚焦纹影显示图像[6]

4. 干涉技术

干涉技术的原理通常是将一束光分成两束相干光,一束穿过被测流场导致波面发生变化,另一束通过非流场区域作为参考光,两束光叠加在一起反映在图像上会产生明暗相间的干涉条纹。流场区域内折射率的不同引起了两束光的光程差变化,使相干的两束光产生了相位上的变化,且被测流场存在一定的折射率分布,因此干涉条纹会发生弯曲。干涉系统包括迈克耳逊干涉系统、斐索干涉系统、马赫-曾德尔(M-Z)干涉系统等[7,8]。在流场显示中,使用最为广泛的是 M-Z 干涉系统。图 11.8 为 M-Z 干涉系统工作原理图。

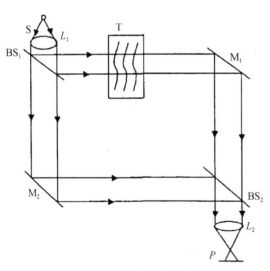

图 11.8　M-Z 干涉系统工作原理图

典型的 M-Z 干涉系统光路由两个全反射平面镜 M_1、M_2 和两个半透半反向分光镜 BS_1、BS_2 组成,形成一个矩形布置的等光程光路系统,两路光束到达图像接收端 P 上形成干涉条纹。两路光束经过 BS_2 半透半反射镜后,若完全平行,则在屏上呈现均匀的明亮或暗光斑,看不到条纹,称为干涉光学系统的无限宽度条纹;若两路光束有一定的夹角,则在观察屏上呈现等密度分布的直干涉条纹,称为有限宽度条纹。两路光的光程差为

$$\Delta L = \int_0^L \left[n(x, y) - n_0 \right] \mathrm{d}z = \left[n(x, y) - n_0 \right] L \tag{11.7}$$

根据干涉原理,在屏上出现亮条纹时,设亮条纹数 N 具有以下关系:

$$\left[n(x, y) - n_0 \right] L = N\lambda, \ N = 1, 2, 3, \cdots \tag{11.8}$$

根据格拉斯通-戴尔公式[式(11.1)],流场密度分布与干涉条纹的关系为

$$\rho(x, y) = \rho_0 + \frac{N\lambda}{KL} \tag{11.9}$$

有限宽度条纹和无限宽度条纹的干涉图中的光强图案(条纹)是由相位变化(光程差)引起的。相位变化是由流场中密度变化引起,并与折射率光路的积分呈正比。图 11.9 为典型干涉图像。

图 11.9　圆球外形干涉图像

11.2　基于气体放电原理的流场显示技术

在模拟高空条件下的低密度流场中,由于平均密度很低,密度变化的绝对值太小,达到光学折射灵敏度的极限,以致不能用光线折射原理的方法显示流场。针对低密度流场特点,气体放电方法是一种常用的流场显示技术。

通常情况下,气体是不导电的,但达到一定的真空度时,在电场作用下,可发生放电现象。气体放电过程的辐射强度与气体密度相关。基于此在风洞实验中,可采用气体放电方法显示流场,观察模型的激波等波系结构。在低气压的气体流场中,电极之间的放电会使气体发光,因此应用辉光放电方法可以显示稀薄气体流场(0.1~1 000 Pa),非常适用于高超声速低密度风洞,是高空稀薄气体研究领域的重要测试手段。其还具备分截面测量、内流道测量等优势,可为高马赫

数流场条件下复杂波系结构研究、进气道研究提供支持[9-11]。

1. 工作原理

气体在放电时,电极附近区域的气体状态是等离子状态。等离子体是物质的温度升高到足以激发物质而发生电离的产物,是物质的第四态。气体电离后形成的电子总电荷量与所有的正离子的总电荷量在数值上是相等的,在宏观上保持电中性。由于气体放电研究发现了等离子体,所以气体放电也是产生等离子体的基本方法之一。

在真空环境中,当两个平板电极通过直流电源连接后,电极之间产生气体放电。根据帕邢定律,在空气环境下,直流放电中的击穿电压取决于气压及电极之间的距离。

$$U_t = \frac{C_1(pd)}{C_2 + \ln(pd)} \tag{11.10}$$

式中,U_t 为击穿电压;p 为气压;d 为电极板间距;C_1 和 C_2 是与气体成分相关的常数。

当 pd 很小时,电子的平均自由程比电极板间距 d 长,离子需要较大电压使其加速到足够能量才能将二次电子从表面释放。当 pd 很大时,电子在与中性气体碰撞时会失去能量,击穿电压再次升高。因此,帕邢曲线中存在最小值。

电极两端施加的电压超过击穿电压后,气体将被击穿而放电,根据放电电流不同可获得不同类型的气体放电。图 11.10 是典型的真空环境下气体放电伏安

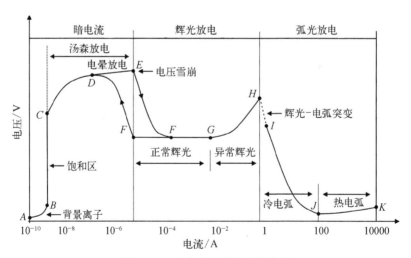

图 11.10 气体放电伏安特性曲线

特性曲线,其大致可分为三个阶段:暗电流、辉光放电和弧光放电。

A 和 E 之间的曲线区域称为暗电流模式。AB 区域:在电场作用下,气体中的自然带电粒子(宇宙射线、天然放射性矿物或其他来源的背景辐射)向电极移动,产生微弱电流。电流与施加的电场成正比,此过程人眼看不到。BC 区域:如果在电极之间继续增加电压,最终在 B 点所有可用的电子和离子都被消耗完,电流饱和。这一阶段即使增加电压,电流也不会进一步增加。CDE 区域:继续增加电压(超过 C 点),则电流将再次上升。这是因为初始带电粒子在到达阳极之前可以获得足够的能量,与中性气体分子碰撞后使其电离。这个区域通常称为汤森放电区域。在电击穿点 E 附近存在很强的电场,DE 区域的汤森放电称为电晕放电。

E 到 H 之间的曲线区域称为辉光放电阶段。EF 区域:随着电场变得越来越强,释放的电子也可以电离另一个中性原子,导致电子和离子发生雪崩效应。因此在电压超过 E 点后,电流突然增加并且管压降迅速降低,放电管从非自持放电过渡到自持放电,等离子体进入正常辉光区域。FG 区域:这一区域称为正常辉光放电,电极电流密度与该模式下的总电流无关。这意味着等离子体在该范围内的低电流仅与电极表面的一部分接触。随着电流密度从 F 向 G 增加,等离子体占据的阴极部分增加,直到等离子体在点 G 处覆盖整个阴极表面。GH 区域:这一区域称为异常辉光放电。在异常发光范围内(G 的右侧),电压随着电流的增加而增加。

H 到 K 之间的曲线区域称为电弧放电阶段。HK 区域:在点 H 处,电极变得足够热并且阴极热发射产生电子。如果直流电源具有足够低的内阻,则放电将经历辉光-弧光突变,管压降将再次减少很多,电流将大大增加,形成 HK 段的弧光放电。

辉光放电是一种稳定的放电状态,当外加电压超过气体的着火电压时,在限流电阻较大的情况下产生的放电。高压电场使气体中的自由电子和离子在外电场作用下获得加速,产生定向跃迁运动,并与气体分子发生碰撞,又产生二次电子和离子,这些电子和离子是不稳定的,不断地回到原来能级上去,当它们复合成中性分子时,将能量以光子的形式释放出去,发射一种蓝紫色的明亮辉光辐射。当电场达到一定强度时,这个过程持续不断。这时,通过对流场进行观测可获得不同密度下的流场结构,如高超声速流场条件下的波系结构。

2. 系统组成及应用

辉光放电方法显示流场的系统示意图如图 11.11 所示。在模型的上下两侧设置电极,利用电容的储能建立高压电场。如果实验区域较大,则模型本身也可作为一个电极(阴极),适当地选择电极间距,使辉光放电的正柱区处于需要显示流场的位置,同时避免电极干扰流场。

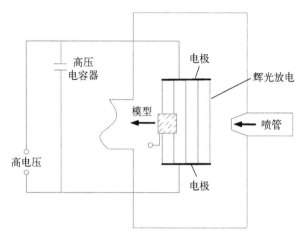

图 11.11　辉光放电显示流场的系统示意图

　　辉光放电流场显示系统主要由放电系统和图像采集系统两部分组成,其中放电系统包括高压电源、放电电极和示波器。高压电源具有输出电压和输出频率调节功能,放电电极材质为铜,采用示波器记录放电波形。实验过程中采用高频相机拍摄放电图像(图 11.12)。

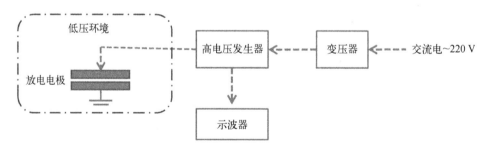

图 11.12　辉光放电流场显示系统原理图

　　选择电极的几何形状,可以改变阳极辉柱的电场,辉光正柱区辐射光的波长取决于流场的气体压力和气体组分,通常是淡紫色的。在空气中,正柱区辉光放电的光谱主要是氮气分子光谱,辉光放电大多采用直流电场,电极通常电压为 $10\sim30$ kV,电流为 $200\sim300$ mA。当平板电极面积较大时,为减小干扰可设计有机玻璃绝缘罩,电极材料可采用铜或铝等,电极间距要根据气体压力和辉光放电电压决定。

　　通常辉光放电强度较弱,当采用长焦距镜头成像时,由于相对孔径限制,曝光时间较长。用 CCD 相机记录时可以采用图像增强,也可以缩短曝光时间,有时可在流场气体中增加惰性气体成分,以增加辉光的强度。

　　辉光放电技术适用于低密度流场条件,其他如纹影等手段无法应用。同时,辉光放电能够分不同截面显示,显示效果取决于放电区域的厚度。此外,辉光放电技术还可显示光路不通而无法观测的位置的流动结构。图 11.13 为平板-方块模型的两个测量截面上的气体放电图像。在图 11.13(a)所示中心截面气体放电图像中,可以清晰地看到模型前缘斜激波①、针电极诱导的斜激波②、方块头部的弓形激波③和方块上游角区的分离激波④。而在如图 11.13(b)所示的另一个截面,则无法清晰地识别激波结构。

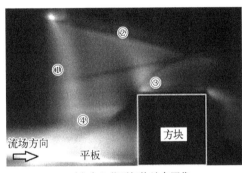

(a) 中心截面气体放电图像　　　　　　(b) Z=60 mm位置截面气体放电图像

图 11.13　低密度条件下方形突起物绕流流动结构

(来流参数为马赫数 12.16,总压 16.8 MPa,总温 1 522 K,单位雷诺数 0.4×10⁶/m)

　　图 11.14 为辉光放电方法获得的简化进气道模型激波结构与数值计算结果

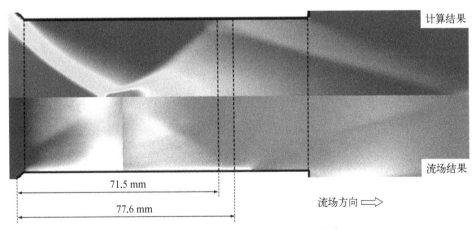

图 11.14　简化进气道模型激波结构[13]

(来流参数为马赫数 12.16,总压 16.8 MPa,总温 1 522 K,单位雷诺数 0.4×10⁶/m)

的对比,采用气体放电方法获得了模型侧立板中间区域的激波交叉-反射-交叉结构,说明使用气体放电流场显示技术可进行被模型遮挡区域激波结构显示,可应用于如复杂内流道的流场显示[12,13]。

11.3　基于示踪粒子散射原理的流场显示与测量技术

对于高超声速流场中的大量精细结构及三维特征,传统流动显示方法(如纹影等)由于空间分辨率较低,以及视角问题,难以清晰有效地反映。基于示踪粒子散射原理的流场显示与测量技术,即在流场中布撒示踪粒子,通过激光光源照亮待测流场区域,利用高速相机记录对应流场区域的示踪粒子的位置,然后采用图像处理技术分析出粒子的统计平均位移,最后计算出流场各点瞬时和时均二维速度分布及其他流场运动参数(如涡量场参数)。主要包括粒子图像测速(particle image velocimetry,PIV)技术[14-17]、瑞利散射技术、基于纳米粒子示踪平面激光散射技术[18,19]等。

基于示踪粒子散射原理的流场显示与测量技术可以获得流场精细化结构(如转捩、涡结构)和速度矢量分布,具有其他技术无法比拟的优势。但目前大多数用于低速、亚跨超声速领域,对于高超声速流场,普通 PIV 技术不再适用。这是由于高超声速气流的强压缩性导致测量过程中出现示踪粒子跟随性问题和团聚效应。

(1)示踪粒子的跟随性问题:气流及粒子的运动速度更高、惯性更大,导致粒子浓度在测量区域内变化很大,即在高压低速区粒子密集,而在低压高速区粒子分布相对稀少,使得流场测量、实验数据处理与分析的难度大大增加。当粒子跨过激波时,由于惯性作用,它随波后气流速度下降的速度是时间的指数函数,不可能做到完全跟随,而粒子的滑移速度也会在激波后达到最大值,如果不采用特殊的处理手段,测出的激波会弥散,测量误差也会达到最大。

(2)粒子团聚效应:当粒子布撒不均匀,或者粒子的分散性不好,特别是在粒子浓度较高、较干燥时,容易由于静电作用而积聚(研究表明该积聚效应与小粒子浓度的平方有关)。团聚之后的大粒子惯性较大,穿越激波之后需要很长一段距离才会再次跟随当地流体的运动。这一特征会严重抹平激波结构,对于实际的应用十分不利。粒子的团聚效应使粒子的跟随性变差,从而造成不均匀、不稳定的粒子流,影响最终的实验结果。

　　PIV 技术要在超声速/高超声速流场测量达到高的测量精度,必须解决示踪物的跟随性及团聚效应问题。高超声速 PIV 技术的测量精度取决于示踪粒子的选择和粒子布撒技术。示踪粒子应满足一般要求(如无毒、无腐蚀、无磨损、化学性质稳定等),更要保证粒子随流体流动的跟随性要好,这要求粒子质量、阻力系数要小,粒子的密度最好与流体密度接近,同时又要有较高的光散射性(提高信噪比)。通常这两个要求互相矛盾,示踪粒子的选择最终是两者的折中,同时使用更高的激光脉冲能量以提高光散射强度。粒子布撒技术要在全场均匀地布撒粒子,尽可能地减少团聚效应。

　　1. 工作原理

　　粒子图像测速技术的基本原理是在被测流场中均匀播撒特定密度的示踪粒子,使每个最小分辨容积内含有 4~10 个粒子,用脉冲激光器制造的片光照明流场,通过两次或多次曝光,使用高速相机拍摄记录照明的流场测试段图像,用图像处理方法计算每个判读区内粒子的统计平均位移,再根据激光器曝光时间间隔计算切面流场的二维速度。

$$V = \frac{\Delta x}{\Delta t} = \frac{x(t_1) - x(t_2)}{t_1 - t_2} \tag{11.11}$$

式中, $x(t_1)$ 为 t_1 时刻粒子的空间位置; $x(t_2)$ 为 t_2 时刻粒子的空间位置; $t_1 - t_2$ 为对应的时间间隔。

　　图像处理的相关技术包括自相关技术和互相关技术,根据不同的图像记录模式采用不同的计算方法。自相关技术应用于两次或多次曝光的图像记录在同一张底片上的情况,图像的判读区在一张图像中寻找与其具有最大相关性的区域,确定统计位移大小。不过自相关方法存在速度方向二义性问题,虽然后来可以根据流动特征或应用位移偏置方法解决,但速度测量范围很小。互相关技术应用于两次曝光的图像记录在两张底片上的情况,其中一帧图像内确定的判读小区在另一帧图像内搜索与其具有最大相关性的区域,确定粒子统计位移,提高了信噪比,并能够自动判别速度方向,速度测量的范围相比自相关方法更广。傅里叶变换是现代信号和图像处理的基本工具,它将图像信号从时域转换到频域进行相关处理,而计算机性能的不断提升和快速傅里叶变换(fast Fourier transform, FFT)的发展则提升了计算效率。

　　互相关技术两次曝光的粒子图像分别记录于两帧图像中,时间间隔为 Δt ,首先要在第一幅图像中给定一个固定的方形区域作为判读区,然后在第二幅图像中对应的搜索区内研究两幅图像的相似程度。在图像处理中,判别两帧图像相似部分(以灰度值为判别值)是一个重要过程,称为图像匹配。通过对两幅图像对应区域的判读和互相关计算,可得到粒子微团的统计平均位移,再根据曝光间隔 Δt,可以得到被测流场在该判读区域内的统计平均速度。

图 11.15 给出了互相关图像匹配的主要过程,其中 $I(x, y)$ 与 $I'(x, y)$ 分别代表对应判读区和搜索区内 (x, y) 点的灰度值。在数字信号处理中给出了一维相关函数的定义,而相关计算方法源自信号与线性系统分析中的时间自相关函数,参见表 11.1,相应的一维离散及二维离散形式也被发展出来,用于各种数字信号相关性计算。由于图像像素是二维分布的,因此二维 PIV 图像处理所关心的是互相关函数的二维离散形式。

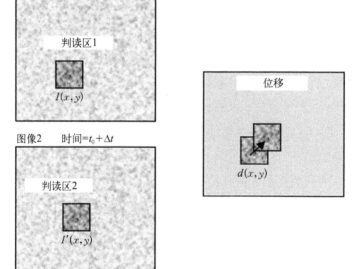

图 11.15　两帧图像的互相关图像匹配

表 11.1　信号特性与相关函数形式

信　号	信 号 特 性	相 关 性 函 数
$x(t)$	一维连续	$\overline{R(\tau)} = \int_{-\infty}^{\infty} x(t) x(t + \tau)\, dt$
$x[m]$	一维离散	$\overline{R(\delta)} = \sum_{m=-\infty}^{\infty} x[m] x[\delta + m]$

（续表）

信　号	信号特性	相　关　性　函　数
$x[m]$ $y[n]$	二元一维离散	$\overline{R_{xy}(\delta)} = \sum\limits_{m=-\infty}^{\infty} x[m]y[\delta+m]$
$x[m,n]$ $y[m,n]$	二元二维离散	$\overline{R_{xy}(\delta,\xi)} = \sum\limits_{m=-\infty}^{\infty}\sum\limits_{n=-\infty}^{\infty} x[m,n]y[\delta+m,\xi+n]$

对于图 11.15 所示的图像判读方式,结合给出的二维离散信号相关函数,可以得出基于图像灰度判别的二维相关函数形式:

$$R_{\text{II}}(i,j) = I[i,j] \circ I'[i,j] = \sum_{m=0}^{M-1}\sum_{n=0}^{N-1} I[m,n]I'[i+m,j+n]$$

$$(11.12)$$

式中,M 为判读区宽度;N 为判读区高度。

一般用 $\hat{r}_{I,I'}(i,j)$ 表示对 $R_{\text{II}}(i,j)$ 的归一化,称为相关系数:

$$\hat{r}_{I,I'}(i,j) = \frac{\sum\limits_{m=0}^{M-1}\sum\limits_{n=0}^{N-1} I[m,n]I'[i+m,j+n]}{\sqrt{\sum\limits_{m=0}^{M-1}\sum\limits_{n=0}^{N-1} I[m,n]^2}\sqrt{\sum\limits_{m=0}^{M-1}\sum\limits_{n=0}^{N-1} I'[i+m,j+n]^2}} \quad (11.13)$$

当 $I[i,j]$ 与 $I'[i,j]$ 为同一信号时,相关函数为自相关函数,相关系数称为自相关系数,而如果判读区和搜索区不是同一图像,$R_{\text{II}}(i,j)$ 和 $\hat{r}_{I,I'}(i,j)$ 则分别被称为互相关函数和互相关系数。

图 11.16 为互相关函数值分布图,一般情况下会在自变量 (x,y) 范围内出现极值点,可以进一步通过分析相关函数中 $R_{\text{II}}(i,j)$ 的数据,找到极值点的位置,进而得出前后两幅图像判读区中粒子微团的统计平均位移。

图 11.17 给出了前述的自相关算法的相关函数值分布,在 PIV 速度场的计算中,需要查找次大峰值才是前后两次曝光的粒子图像位移。因为自相关计算函数的对称性,在自相关函数分布图内会出现两个次大峰值,引起速度方向二义性,而互相关计算的结果,不存在方向二义性的问题,可以直接查找极大峰值的位置即为粒子图像的位移值[20,21]。

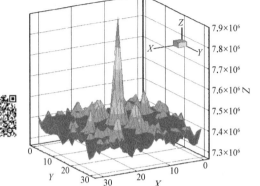

图 11.16 互相关函数值分布图

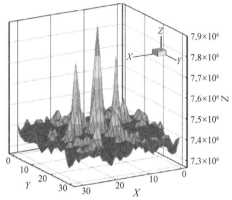

图 11.17 自相关函数值分布图

2. 系统组成及应用

典型的 PIV 系统包括以下几部分: 示踪粒子播撒系统、照明系统、图像采集系统、同步控制系统及图像处理系统。

根据 Stokes 理论得出的粒子跟随性的相关参数为

$$\tau = \frac{d_p^2}{18\upsilon_f}\left(\frac{\rho_p}{\rho_f}\right) \tag{11.14}$$

式中, τ 为时间常数; ρ_p 为粒子密度, 单位为 kg/m^3; ρ_f 为流体密度, 单位为 kg/m^3; d_p 为粒子直径, 单位为 μm。

τ 表示粒子反应的快慢。由式(11.14)可知, 时间常数 τ 与 ρ_p (粒子密度)、ρ_f (流体密度)、d_p (粒子直径)有关, ρ_p 越小, 越接近流体介质的密度, 则 τ 越小。一般的示踪粒子密度较大, 在这种情况下只要粒径足够小, τ 的大小是可以控制的。由于粒子密度同流场密度差异较大, 要保证较好地跟踪流场运动, 示踪粒子的直径必须足够小。

粒子的光散射特性决定能否获得高质量图像, 适当选择散射性佳的粒子比增强激光强度来提高图像质量更为经济有效。对于粒径大于入射光波长的球形颗粒, 应用米氏(Mie)散射理论进行分析:

$$q = \frac{\pi d_p}{\lambda} \tag{11.15}$$

式中, q 为标准化直径; λ 为入射波波长, 单位为 nm;

适宜的粒子生成和播撒技术能够保证粒子在流体中有合适的浓度和连续

性。对于风洞流场而言,使用 Laskin 喷嘴、粒子发生器和油类粒子较多,这些粒子具有无毒、散射性好、在空气中数小时内及在各种状态下变形不明显等优点。

　　解决纳米固体粉末示踪粒子团聚的问题,可以采用高速对撞和旋风分离的方法,通过撞击,打碎粒子微团。高速对撞是利用高压气体通过喷嘴产生的高速气流所孕育的巨大动能,使粒子微团发生互相冲击碰撞,或与固定板(如冲击板)冲击碰撞,达到粉碎的目的。而旋风分离过程是固体粉末在高速气体带动下在分离室作回转运动并形成强大旋转气流,使颗粒加速、混合并发生冲击、碰撞等行为。粉碎合格的细小固体粉末被气流推到旋风分离室中心,较粗的固体粉末则继续在分离室中进行循环运动,不断地参与粉碎过程,从而达到粉碎目的,实现筛选[22~25]。

　　PIV 照明系统在激光散斑测速技术发展阶段已经较为成熟,采用的光源、光路及扩束方法会根据具体的研究对象的不同而相应变化,但基本原理相同。通常使用的光源为脉冲激光器,如 Nd∶YAG(钕钇铝石榴石)激光器或红宝石激光器,将波长为 532 nm 激光光束用柱透镜扩束后形成片光源,照明流场。典型双曝光激光器内部结构图如图 11.18 所示。

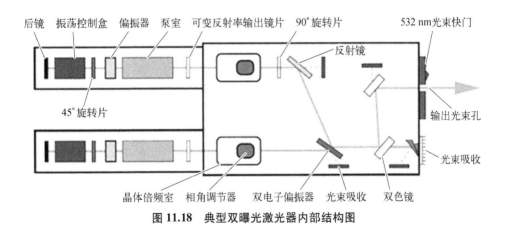

图 11.18　典型双曝光激光器内部结构图

　　图 11.19 所示的是 Casper 等在马赫数 5.9 的高超声速路德维希管中,针对航天运载器模型底部流动进行的 PIV 速度场测量结果[26]。

　　3. 三维粒子图像测速技术

　　二维 PIV 技术只能获取一个切面的二维速度分量。对于复杂的流场结构,如对于湍流和具有三维涡结构的流场,往往需要整个流场的三维速度分布。目前三维粒子图像测速技术主要分为以下三种。

(a) 试验模型

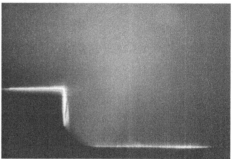

(b) 测量区域4的粒子散射图像

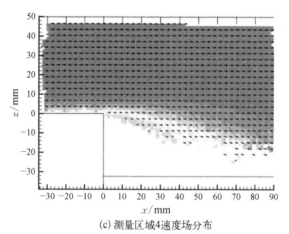

(c) 测量区域4速度场分布

图 11.19　PIV 试验结果($Ma = 5.9$，$Re = 1.6 \times 10^{7}/\mathrm{m}$)

（1）体视粒子图像测速技术(stereo particle image velocimetry，SPIV)通过两台相机数据三维重建得到垂直于测量平面的速度分量,这对于三维流动效果明显的复杂流场的测量非常有用。

SPIV 采用两台相机从离轴的两个方向拍摄流场中待测平面,通过图像处理和速度重构获得切面内三分量速度场,得到切面内的粒子速度分布[22]。

图 11.20 为 SPIV 光学布置。

三维标定重构主要实现方法是标定板的拍摄不仅仅在固定的一个 z 处,而是采用在片光域内多

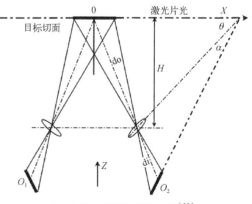

图 11.20　SPIV 光学布置[22]

次平移标定板获得被测空间位置数据,通过相应的算法获得被测空间坐标在像平面上的对应关系,进而重构出三个方向的位移信息。在实际标定校正板时,校正板放置在测试区内,必须与片光一致,而且应包括整个测试范围。SPIV 相机布局完成后,先用两台相机拍摄校正板图像,以便根据校正板上格点的像面坐标与空间位置间的对应关系确定变换函数 F。常用与校正板上格点形状相同的模板与像平面中的格点作匹配获取格点在像面中的位置。

三维被测空间坐标 x 与每台相机像平面坐标 X 的对应关系为 $X = F(x)$,对于被测空间的给定点 (x, y, z),由上式可以确定其在像面上的坐标 (X_1, Y_1) 和 (X_2, Y_2),即可以确定像面位移 $(\Delta X_1, \Delta Y_1)$ 和 $(\Delta X_2, \Delta Y_2)$。由于 $\Delta X = F(x + \Delta x) - F(x)$。可近似成 $\Delta X \approx \nabla F(x) \Delta x$,其中 $(\nabla F)_{ij} = \partial F_i / \partial x_j = F_{i,j}$,可以建立一个超定方程组:

$$
\begin{bmatrix} \Delta X_1 \\ \Delta Y_1 \\ \Delta X_2 \\ \Delta Y_2 \end{bmatrix} = \begin{bmatrix} \dfrac{\partial X_1}{\partial x} & \dfrac{\partial X_1}{\partial y} & \dfrac{\partial X_1}{\partial z} \\ \dfrac{\partial Y_1}{\partial x} & \dfrac{\partial Y_1}{\partial y} & \dfrac{\partial Y_1}{\partial z} \\ \dfrac{\partial X_2}{\partial x} & \dfrac{\partial X_2}{\partial y} & \dfrac{\partial X_2}{\partial z} \\ \dfrac{\partial Y_2}{\partial x} & \dfrac{\partial Y_2}{\partial y} & \dfrac{\partial Y_2}{\partial z} \end{bmatrix} \cdot \begin{bmatrix} \Delta x \\ \Delta y \\ \Delta z \end{bmatrix} \tag{11.16}
$$

式中,x、y、z 为拍摄物空间的三维坐标位置,单位为 mm;X、Y 为被测空间对应的相机拍摄相片的像素坐标,单位为 pixel。

由式(11.16)可以确定三维位移 $(\Delta x, \Delta y, \Delta z)$。

(2) 全息粒子图像测速(holographic particle image velocimetry, HPIV)技术运用粒子散射的相干光与参考光之间的干涉原理把入射散射光相位与幅值这些信息数字化记录到传感器平面,通过用原始光照射全息相片重构出原始光强场,这个光强场划分成查询窗口用互相关技术来生成速度场,通过运用全息技术来代替传统的摄影技术。这种方法有效地克服了以前大部分 3D - PIV 模式的一个主要限制,即单个相机的成像镜的焦距深度的限制[23]。

(3) 层析粒子图像测速(tomographic PIV, tomo-PIV)技术是一个全新的实验技术。由高能量的脉冲激光光源照亮测量流场内的示踪粒子,利用多个相机记录不同视角下被照亮的粒子场(一般情况下其散射光由 4 个不同方向拍摄的 CCD 相机记录下来),然后利用层析重构算法对三维空间粒子的分布进行重构,得到离散的三维粒子光强场,通过双曝光形成的两个重构颗粒图像进行三维互相关获得三维诊断区域中颗粒的位移,最终得到流场内三维三分量的空间速度场[24]。

11.4　基于分子激发/诱导荧光原理的流场显示与测量技术

基于分子激发/诱导荧光原理的流场显示与测量技术,与示踪粒子成像技术利用散射来测量的原理不同,是利用分子层面的激发或诱导发光的成像技术。其中,最为典型也是最常用的是平面激光诱导荧光(planar laser induced fluorescence,PLIF)技术,是在 LIF(laser-induced fluorescence)测量技术的基础上发展起来的方法。LIF 是一种光谱测量方法,主要用于研究分子结构,探测特定组元和流场显示与测量。采用激光激发该组元,波长选择和组元最大截面积(相当于光子吸收概率)的波长对应,经过几个纳秒或毫秒延迟后,会自发辐射出比激发光波长更长的荧光。与吸收光谱相比,荧光信号是各向同性的,因此,荧光信号可进行二维或三维成像,荧光信噪比(signal noise ratio,SNR)、灵敏度高,也可区别不同种类的组分(通过调节到其他组分没有的特定波长)。LIF 对研究分子的电子结构和其他相互作用问题时非常有用,可用于燃烧、等离子体、喷雾和流动现象等浓度测量,以 OH、NO、CO 等双原子分子为示踪剂的 PLIF 定量测量在实验室环境已有大量研究。在高超声速领域,可用于超燃发动机研究、射流技术研究、高焓流场诊断研究等[27-29]。

1. 工作原理

激光诱导荧光技术的原理为:以光子能量与特定能级跃迁能量相同的单频激光入射,被探测的局域体积元内的亚稳态离子受激光泵浦至激发态。而激发态寿命极短(通常为几纳秒),立刻退激发到基态,同时释放荧光辐射。

分子吸收光子后会跃迁到激发态,激发态的分子可能会发生以下几个过程:① 受激辐射,处于激发态的分子会辐射一个频率与激发激光相同的光子,随后分子再次回到基态;② 处于激发态的分子会通过再吸收一个光子,进一步跃迁到更高的能级或是离子态;③ 激发态的分子通过内转换经历一个电子跃迁(具有恒定能量)到达另一个单态;④ 激发态的分子内部发生能量转移,即分子内部单个原子发生反应后使激发态的分子到达另一个单态;⑤ 猝灭;⑥ 预解离。由于利用激光来激发需要研究的分子时,根据不同的分子需要选择不同波长的激发激光,所以 PLIF 技术具有气体组分选择性。

图 11.21 为荧光激发示意图。

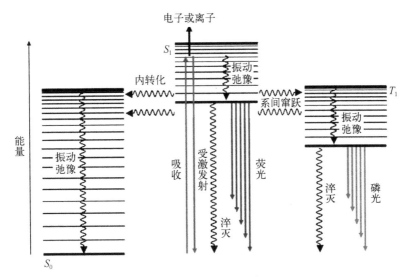

图 11.21　荧光激发示意图

激光诱导荧光信号的强度可以用式(11.17)表示:

$$S = \frac{E_0}{hc/\lambda}\, n_{abs}\, \sigma_{abs}\, \phi_{fl}\, \eta_{det}(\Omega/4\pi) \qquad (11.17)$$

式中,S 为荧光发光强度;E_0 为激光的强度;h 为普朗克常量;c 为真空中的光速;λ 为激光的波长;n_{abs} 为示踪剂的分子数;σ_{abs} 为吸收截面积,为激光波长、混合气体温度和压力的函数;ϕ_{fl} 表示荧光量子效率,与激光波长、混合气体温度、压力和浓度有关;η_{det} 表示荧光系统的光学效率;Ω 表示拍摄荧光的采集角度。

式(11.17)可以简化为

$$S \propto f(T, P, x) \qquad (11.18)$$

式中,T 为混合气体温度;P 为混合气体压力;x 为混合气体浓度。通过标定实验,可以同时建立不同示踪剂的荧光强度与温度、压力和浓度的标定数据表,从而可实现风洞中的温度、压力及组分浓度的定量测量。

2. 系统组成及应用

PLIF 通常采用脉冲激光(Nd:YAG 激光、染料激光、准分子激光和离子激光),可提供比连续激光高得多的能量功率,并具有时间分辨率。一般染料激光脉宽约为 10 ns,得到的荧光寿命也很短,为几到几十微秒量级,可冻结高超声速流场或化学反应过程。在不干扰流场的情况下,PLIF 可得到流场指定截面的瞬态信息,表征燃烧流场的二维和三维特征。同时,PLIF 这种高度瞬态特性还能以很小的时间尺度冻结湍流流动结构,是研究超声速湍流燃烧的重要工具。因此,PLIF 方法具有很高的时间分辨率,广泛地用于直连式超燃、激波管、激波风洞和内燃机等高速实验装置中。由于 PLIF 基于片光技术,片光厚度最小为 0.1 mm。因此,PLIF 沿空间截面具有较高的空间分辨率。PLIF 属于非侵入式测量方法,只需要光学透明流场且自身含有或外界添加可产生受激辐射荧光的示踪物质。这些示踪物质通常为气体而非颗粒,不存在 PIV 等技术面临的两相非平衡问题,因此,PLIF 可适应较宽的温度、压力和速度范围,具有广泛的测量适应性。

图 11.22 给出了 PLIF 测量系统示意图。PLIF 系统主要包括:脉冲激光器(通常采用脉冲激光泵浦染料产生激光,通过更换染料和倍频方式,得到所需要的激发激光波长)、片光展开系统(由凹柱透镜和球星聚焦透镜组成,片光厚度<0.5 mm)、成像系统(带电子快门的 ICCD 相机)和时间同步控制系统。其中,时间同步控制系统主要是控制 ICCD 相机快门和增益的开闭及其和激光器调 Q 开关的联动。流场中标记粒子可以是燃烧流场中特定的分子或自由基(如 CO_2、NO、煤油、OH 等),也可以是人为加入的示踪剂。受激辐射的荧光信号采用 ICCD 采集并成像。

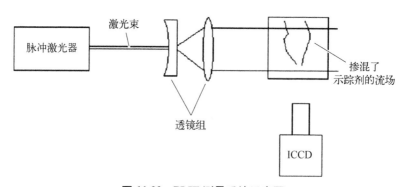

图 11.22   PLIF 测量系统示意图

图 11.23 为在高超声速风洞中,基于 NO 建立的 PLIF 测量系统,针对压缩拐角激波/边界层干扰的流动显示实验,可获得截面上的流场结构[30]。

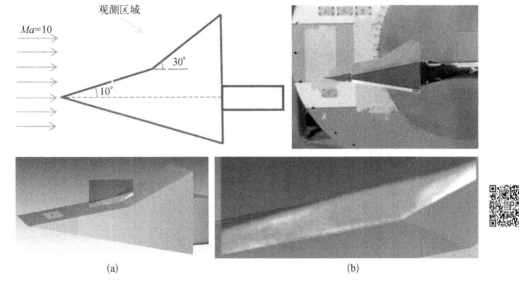

观测区域

$Ma=10$

30°

10°

(a)

(b)

图 11.23　压缩拐角激波/边界层流动 NO‐PLIF 图像

11.5　基于吸收光谱的流场诊断与测量技术

可调谐半导体吸收光谱诊断(tunable diode laser absorption spectroscopy, TDLAS)技术具有高灵敏度、高谱分辨率、快时间响应及鲁棒性和非侵入特性,得到了广泛应用,包括高焓流场、燃烧场、痕量检测等方面[31-43]。通过测量激光穿过待测区域的能量衰减信息,确定待测气体的吸收谱线数据及频移特征,实现待测区域温度、组分浓度及速度等参数的定量测量。

1. 测量理论

TDLAS 的理论基础是 Beer‐Lambert 吸收定律。该定律描述了介质对激光吸收的强弱程度与特定吸收组分的热力学、光谱学参数之间的关系。如图 11.24 所示,强度为 I_0 的入射光,在经过光程为 L 的待测流场后,透射光的强度 I 可以

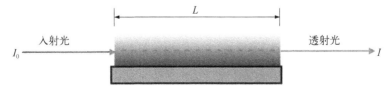

L

入射光　　　　　　　　　　　透射光

I_0　　　　　　　　　　　　　I

图 11.24　Beer‐Lambert 吸收原理图

表示为

$$\tau(v) = \frac{I}{I_0} = \exp\left\{ - \int_0^L \chi_i(x) \cdot S'[T(x)] \cdot \phi(v)\mathrm{d}x \right\} = \exp[- \alpha(v)]$$

$$(11.19)$$

$$\alpha(v) = \int_0^L \chi_i(x) \cdot S'[T(x)] \cdot \phi(v)\mathrm{d}x \qquad (11.20)$$

$$\int \phi(v)\mathrm{d}v \equiv 1 \qquad (11.21)$$

$$S'(T) = S'(T_0) \frac{Q(T_0)}{Q(T)} \cdot \frac{T_0}{T}\exp\left[- \frac{hcE''}{k}\left(\frac{1}{T} - \frac{1}{T_0} \right) \right] \frac{1 - \exp\left(\dfrac{- hcv_0}{kT} \right)}{1 - \exp\left(\dfrac{- hcv_0}{kT_0} \right)}$$

$$(11.22)$$

$$Q(T) = \frac{\sqrt{\dfrac{\pi}{ABC}\left(\dfrac{kT}{hc} \right)^3}}{2\left[1 - \exp\left(- \dfrac{hcv_1}{kT} \right) \right]\left[1 - \exp\left(- \dfrac{hcv_2}{kT} \right) \right]\left[1 - \exp\left(- \dfrac{hcv_3}{kT} \right) \right]}$$

$$(11.23)$$

式中，$\alpha(v)$、$\tau(v)$ 分别为频率 v（cm^{-1}）处的激光光强吸收系数和透射率；L 为有效吸收光程，单位为 cm；χ_i 为待测区域中吸收组分 i 的数密度（单位体积内的粒子数），单位为 $\mathrm{molecule/cm}^3$；T 为待测气体温度，单位为 K；$\phi(v)$ 为吸收谱线线型函数，单位为 cm，其满足归一化条件；$S'(T)$ 为吸收谱线强度，它与具体的谱线有关，同时也是温度的单值函数，如式（11.22）所示；$S'(T_0)$ 是参考温度 $T_0 = 296$ K 下的吸收谱线强度，单位为 $\mathrm{cm}^{-1}/(\mathrm{molecule} \cdot \mathrm{cm}^{-2})$；普朗克常量 $h = 6.626 \times 10^{-34}$ J·s；真空中的光速 $c = 3 \times 10^{10}$ cm/s；玻尔兹曼常数 $k = 1.381 \times 10^{-23}$ J/K；E'' 为吸收谱线的低能级能量；$Q(T)$ 是气体分子的配分函数，如式（11.23）所示，它反映了温度 T 下处于跃迁低能级上的粒子数占总粒子数的比例；A、B、C 依赖于分子三个方向的转动惯量；v_1、v_2、v_3 为三种振动模式对应的频率。可以在 HITRAN 光谱数据库中的 Documentaion→Isotopologues 路径下获得在温度 1~3 500 K 内的配分函数值。

对于满足理想气体状态方程的气体介质而言，吸收组分 i 的数密度为

$$\chi_i = \frac{n_i N_A}{V} = \frac{p X_i}{RT} N_A = \frac{p X_i}{kT} \tag{11.24}$$

式中，n_i 为吸收组分 i 的物质的量，单位为 mol；V 为体积，单位为 m^3；阿伏伽德罗常数 $N_A = 6.022 \times 10^{23}$ molecule/mol；p 为待测气流的静压，单位为 Pa；X_i 为待测区域中吸收组分 i 的摩尔百分比；$R = 8.314$ J/(mol·K) 为通用气体常数；T 为气流的静温，单位为 K。联合式(11.20)和式(11.24)，可得吸收系数为

$$\alpha(v) = \int_0^L \frac{p(x) \cdot X_i(x)}{kT} \cdot S'[T(x)] \cdot \phi(v) \, \mathrm{d}x \tag{11.25}$$

由于吸收光谱数据库中吸收线强度 $S'(T)$ 的单位为 $\mathrm{cm}^{-1}/(\mathrm{molecule} \cdot \mathrm{cm}^{-2})$，使用不方便。习惯上，吸收线强度单位为 $\mathrm{cm}^{-2}/\mathrm{atm}$，并用 $S(T)$ 表示，压强的单位 atm(1 atm = 1.013 25×10^5 Pa)、并用 P 表示，气体的吸收系数表示为

$$\alpha(v) = \int_0^L P(x) \cdot X_i(x) \cdot S[T(x)] \cdot \phi(v) \, \mathrm{d}x \tag{11.26}$$

$$S(T) = \frac{273.15}{T} c(p_0, T'_0) \cdot S'(T) \tag{11.27}$$

式中，$c(p_0, T'_0) = 6.687 \times 10^{19}$ molecule/($\mathrm{cm}^3 \cdot \mathrm{atm}$) 为标准压力、温度(1 atm、15 ℃)条件下的数密度。

气体的吸收系数 $\alpha(v)$ 是温度 T、压力 P、吸收组分 i 的摩尔浓度 X_i 和频率 v 的函数。通过测得吸收线型随频率的分布曲线，经过数据处理，即可获得温度和吸收组分浓度信息。此外，还可以进行速度、压力测量，这里仅介绍实际应用较多的温度和组分浓度测量方法。

2. 吸收谱线特征

吸收谱线线型函数 $\phi(v)$ 描述了吸收率在频率轴上的分布。按照量子力学理论，在理想状态下，不同能级的跃迁对应着分子内部总能量的变化，这个能量变化对应一个确定的频率，这就意味着光谱谱线在频率坐标上是无限狭窄的，但受分子之间的相互作用及热运动等因素影响，实际得到的光谱谱线总是有一定线型函数分布且有一定频率宽度。这种光谱加宽的机制主要包括均匀加宽和非均匀加宽。均匀加宽是由处于激发态的大量粒子平均寿命引起的，它对所有原子的作用相同。均匀加宽又包括自然加宽和碰撞加宽。由于自然加宽对整体线型加宽的影响很小，所以通常可以忽略不计。碰撞加宽是由于光子和吸收组分

气体分子相互作用时,周围介质分子对其碰撞造成了激发态寿命减小从而引起的谱线加宽。非均匀加宽是由气体分子的热运动导致多普勒频移效应从而引起的谱线加宽。按照谱线展宽的不同产生机制,可以将吸收谱线线型分为三类:高斯线型、洛伦兹线型和沃伊特线型。

1）高斯线型

气体分子的热运动会产生多普勒频移效应,进而会引起吸收谱线加宽,这一加宽机制又称为多普勒加宽。在该加宽机制下的线型函数可由高斯函数表示:

$$\Phi_D(v) = \frac{2}{\Delta v_D} \cdot \sqrt{\frac{\ln 2}{\pi}} \cdot \exp\left[-4\ln 2 \left(\frac{v - v_0}{\Delta v_D}\right)^2 \right] \tag{11.28}$$

$$\Delta v_D = v_0 \sqrt{\frac{8 kT \ln 2}{mc^2}} = 7.162\,3 \times 10^{-7} v_0 \sqrt{\frac{T}{M}} \tag{11.29}$$

式中, Δv_D 为高斯线型的半高宽; v_0 为中心频率; m 为分子质量; M 为分子摩尔质量。高斯线型是温度的单值函数,温度越高,谱线的半宽越大,故高斯线型适用于高温低压环境。实际可通过测量高斯线型的半高宽来获得流场参数。

2）洛伦兹线型

碰撞加宽机制产生的吸收线型可由洛伦兹函数表示:

$$\Phi_L(v) = \frac{1}{\pi} \cdot \frac{\dfrac{\Delta v_L}{2}}{(v - v_0 - \Delta v_s)^2 + \left(\dfrac{\Delta v_L}{2}\right)^2} \tag{11.30}$$

$$\Delta v_L = \left(\frac{P}{P_0}\right) \sum_j X_j 2\gamma_j \tag{11.31}$$

$$\Delta v_s = \left(\frac{P}{P_0}\right) \sum_j X_j \delta_j \tag{11.32}$$

$$\gamma_j(T) = \gamma_j(T_0) \left(\frac{T_0}{T}\right)^{n_j} \tag{11.33}$$

$$\delta_j(T) = \delta_j(T_0) \left(\frac{T_0}{T}\right)^{m_j} \tag{11.34}$$

式中, Δv_L 为碰撞加宽引起的洛伦兹线型半高宽; Δv_s 为高压下谱线中心的压致频移;P_0 与 T_0 分别为参考压力和参考温度(通常情况下,参考状态取 $P_0 = 1\ \text{atm}$,$T_0 = 296\ \text{K}$);X_j 为组分 j 的摩尔百分数;γ_j 与 δ_j 分别为碰撞加宽系数和压致频移系数,它们都是温度的函数。目前,常用的碰撞加宽模型最早由洛伦兹给出,它建立在双分子碰撞模型的基础上,其半高宽为

$$\Delta v_L = 2\Delta v_{\text{self}}\left(\frac{P}{P_0}\right)\left(\frac{T_0}{T}\right)^{n_{\text{self}}} \cdot X_{\text{self}} + 2\Delta v_{\text{foreign}}\left(\frac{P}{P_0}\right)\left(\frac{T_0}{T}\right)^{n_{\text{foreign}}} \cdot X_{\text{foreign}}$$

$$(11.35)$$

式中,参考条件($P_0 = 1\ \text{atm}$,$T_0 = 296\ \text{K}$)下的待测组分展宽 Δv_{self}、非待测组分展宽 $\Delta v_{\text{foreign}}$ 及温度展宽系数 n_{foreign},可在 HITRAN 光谱数据库中查得。X_{self} 为待测组分摩尔百分数,X_{foreign} 为其余组分的摩尔百分数,n_{self} 为待测组分温度展宽系数,取经验值 0.5。由 HITRAN 光谱数据库知,n_{foreign} 在 0.5 左右,所以温度对洛伦兹线型半高宽影响小,压力对洛伦兹线型半高宽影响大,一般在压力大于 0.1 atm 的情况下,洛伦兹线型不可忽略,故洛伦兹线型适用于高压低温环境。

3）沃伊特线型

由以上分析可知,在高温低压环境下多普勒加宽机制占主导地位,吸收线型可由高斯线型描述;在高压低温环境下,碰撞加宽机制占主导地位,吸收线型由洛伦兹线型描述。然而在多数情况下,这两种加宽机制同时存在且均不占主导地位,此时吸收线型可视为两种线型的混合,称为沃伊特线型。此线型函数可表示为高斯线型和洛伦兹线型的卷积形式:

$$\Phi_V(v) = \int_{-\infty}^{+\infty} \Phi_D(u)\Phi_L(v-u)\,\mathrm{d}u \qquad (11.36)$$

令 $y = \dfrac{2\sqrt{\ln 2}\,u}{\Delta v_D}$,$a = \dfrac{\sqrt{\ln 2}\,\Delta v_L}{\Delta v_D}$,$w = \dfrac{2\sqrt{\ln 2}\,(v - v_0)}{\Delta v_D}$,$\Delta v_L$ 为洛伦兹线型半宽,沃伊特线型可表示为

$$\Phi_V(v) = \frac{2}{\Delta v_D}\sqrt{\frac{\ln 2}{\pi}}\,\frac{a}{\pi}\int_{-\infty}^{+\infty}\frac{\exp(-y^2)}{a^2 + (w - y)^2}\mathrm{d}y \qquad (11.37)$$

式中,系数 a 为沃伊特线型与高斯线型、洛伦兹线型的相似程度。系数 a 越小,沃伊特线型越接近于高斯线型;系数 a 越大,沃伊特线型则越接近于洛伦兹线型。尽管沃伊特线型可以适用于大多数条件下,但其没有解析表达式,在实际计算时,一般采用 Whitting 在 1968 年给出的近似公式:

$$\frac{\varPhi_V(v)}{\varPhi_V(v_0)} = \left(1 - \frac{\Delta v_L}{\Delta v_V}\right) \exp\left[-4 \cdot \ln 2\left(\frac{v - v_0}{\Delta v_V}\right)^2\right] + \frac{\Delta v_L}{\Delta v_V} \cdot \frac{1}{4 \cdot \left(\frac{v - v_0}{\Delta v_V}\right)^2 + 1}$$

$$+ 0.016 \cdot \left(1 - \frac{\Delta v_L}{\Delta v_V}\right) \cdot \frac{\Delta v_L}{\Delta v_V}$$

$$\cdot \left[\exp\left[-0.4 \cdot \left(\frac{v - v_0}{\Delta v_V}\right)^{2.25}\right] - \frac{10}{\left(\frac{v - v_0}{\Delta v_V}\right)^{2.25} + 10}\right] \qquad (11.38)$$

式中, Δv_V 为沃伊特线型半高宽,为快速得到沃伊特线型半宽,可使用 Olivero 及 Mayinger 给出的经验公式,沃伊特线型半高宽可由高斯线型半高宽和洛伦兹线型半高宽计算得到

$$\Delta v_V = 0.534\,6\Delta v_L + \sqrt{0.216\,6\Delta v_L{}^2 + \Delta v_D^2} \qquad (11.39)$$

3. 测量策略及系统组成

吸收光谱测量策略主要包括直接吸收法和波长调制法。

1）直接吸收法

直接吸收法的测量原理如图 11.25 所示,利用锯齿信号调制激光器的输出激光频率,使之扫过整个吸收线型。数据处理时,通过积分整个吸收线型得到的积分吸收率与温度和组分分压之间的关系得到气体参数。

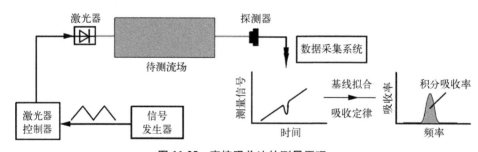

图 11.25　直接吸收法的测量原理

在低温、低压情况下,吸收谱线的加宽机制主要表现为分子热运动引起的多普勒加宽机制,粒子之间的碰撞加宽很弱可忽略,其吸收谱线的线型可用高斯线型。此时可采用一条吸收谱线来测量温度和组分分压,温度由测得的谱线半宽 Δv_D 获得,计算公式为

$$T = \left(\frac{\Delta \nu_D}{7.162\ 3 \times 10^{-7} \nu_0} \right)^2 W \tag{11.40}$$

式中,W 为吸收组分分子量,特别适合压力小于 0.01 atm 情况。对于风洞来流温度和压力较低的冷流场来说,采用一条谱线测量方法,精度也比较高。

一般情况,采用两条中心频率不同的双谱线进行温度测量更可靠,精度更有保证,即采用两条吸收谱线分时扫过同一待测区域,分别获得两条吸收谱线的信息。由两条吸收线的积分吸收率之比是温度的单值函数反算温度,即通过实验测得两条吸收线的吸收率,换算得到两条线的积分吸收率之比 R_ν 之后,就可以反算出温度,公式如下:

$$T = \frac{T_0 hc(E_2'' - E_1'')}{T_0\ k\ln\left(R_\nu \dfrac{S_2(T_0)}{S_1(T_0)} \right) + hc(E_2'' - E_1'')} \tag{11.41}$$

式中,下标 1 和 2 代表两条谱线信息;$T_0 = 296$ K;$R_\nu = A_{\nu,1}/A_{\nu,2}$,积分吸收率 $A_\nu = \int \alpha_\nu \mathrm{d}\nu$。将温度 T 代入单线的积分吸收率表达式,可计算组分分压为

$$P \cdot X_i = \frac{A_{\nu,1}}{L \cdot S_1(T)} \tag{11.42}$$

直接吸收法是吸收光谱中应用最广泛的方法,它是通过对整个线型进行积分来进行数据处理的,不依赖于具体线型,因此无须对不同压力、组分碰撞下线型的变化进行标定。同时,一般扫描波长的起始段为无激光的背景光区域,可以消除一定的背景光影响。缺点是① 测量频率受激光器调制频率的限制,一般在10 kHz 左右;② 其对弱吸收(峰值吸收率小于<5%)的测量误差较大,这主要是由于基线拟合引起的,因此振动等因素引入的基线扰动也会给测量带来较大误差;③ 对于高压吸收,吸收线半宽较宽的情况,激光器的快速调谐范围不足以扫过整个吸收线型,这样就无法获得未吸收基线,此时波长扫描法无法实施。

2) 波长调制法

波长调制法-二次谐波探测(2f)是在直接吸收法的基础上,叠加一个更高频率的正弦载波信号调制激光器的输出频率,如图 11.26 所示。激光器的输出光强也呈现同频正弦波动,通过锁相分析光强信号的二次谐波可以得到吸收线型的信息,从而获得相关参数。一般选取中心波长处的 2f 信号用于数据处理,它反映了中心波长处的线型弯曲程度,是温度、组分分压和调制深度的函数。

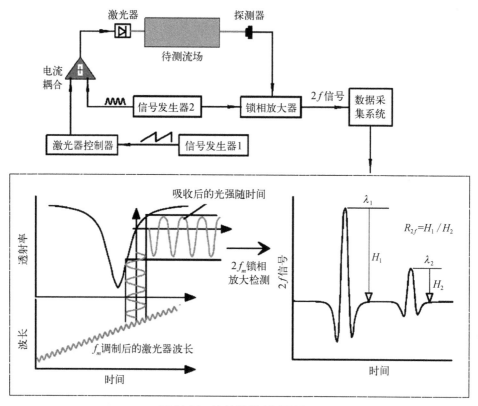

图 11.26 波长调制法测量原理

波长调制法是在直接吸收法基础上加上一个高频调制信号,激光器输出的信号可表示为

$$\nu(t) = \bar{\nu}(t) + a\cos(2\pi f_m t) \tag{11.43}$$

式中,$\bar{\nu}(t)$ 为未调制的激光器频率;a 为调制深度;f_m 为调制频率。相应地激光器输出光强也会呈现同样频率的周期变化:

$$I_0 = \bar{I}_0[1 + i_0\cos(2\pi f_m t + \varphi)] \tag{11.44}$$

式中,$\bar{I}_0$ 为未调制时的激光器输出光强;i_0 为光强调制系数;φ 为波长调制和光强调制间的相位差。当吸收为弱吸收时,光强透射率可以简化为下列关系式:

$$\tau(\nu) = I(\nu)/I_0(\nu) = \exp(-\alpha_\nu L) \approx 1 - \alpha_\nu L \tag{11.45}$$

当调制振幅足够小时,吸收率可展成傅里叶余弦级数:

$$-\alpha_v L = \sum_{n=-\infty}^{n=+\infty} H_n(\bar{\nu}) \cos(2n\pi f_m t) \tag{11.46}$$

$$H_0(\bar{\nu},\, a) = -\frac{L}{2\pi} \int_{-\pi}^{\pi} \alpha_v(\bar{\nu} + a\cos\theta)\,\mathrm{d}\theta$$

$$H_n(\bar{\nu},\, a) = -\frac{L}{\pi} \int_{-\pi}^{\pi} \alpha_v(\bar{\nu} + a\cos\theta)\cos(n\theta)\,\mathrm{d}\theta, \quad n \geqslant 1 \tag{11.47}$$

二次谐波分量 $H_2(\bar{\nu},\, a)$ 为

$$H_2(\bar{\nu},\, a) = -\frac{L}{\pi} \int_{-\pi}^{\pi} \alpha_v(\bar{\nu} + a\cos\theta)\cos(2\theta)\,\mathrm{d}\theta$$

$$= -\frac{P \cdot X_i \cdot S(T) \cdot L}{\pi} \int_{-\pi}^{\pi} \phi(\bar{\nu} + a\cos\theta)\cos(2\theta)\,\mathrm{d}\theta \tag{11.48}$$

是温度、压力、组分摩尔百分数、吸收长度的函数,也是谱线线型的函数,同时受调制深度 a 的影响。实验中,使用高带宽探测器记录透射光强信号 $I(\nu)$,输入锁相放大器进行二次谐波分析,获得二次谐波信息,采用谐波分量峰值吸收率计算相关参数。

采用两条中心频率不同的双谱线进行温度测量,两条谱线的谐波分量峰值吸收之比为

$$R_{2f} = \frac{I_0(\nu_1) H_2(\nu_1)}{I_0(\nu_2) H_2(\nu_2)} = \frac{I_0(\nu_1)}{I_0(\nu_2)} \frac{S_1(T) \int_{-\pi}^{\pi} \phi(\nu_1 + a_1\cos\theta)\cos(2\theta)\,\mathrm{d}\theta}{S_2(T) \int_{-\pi}^{\pi} \phi(\nu_2 + a_2\cos\theta)\cos(2\theta)\,\mathrm{d}\theta}$$

$$= K \frac{I_0(\nu_1)}{I_0(\nu_2)} \frac{S_1(T)}{S_2(T)} \tag{11.49}$$

式中,$K = \dfrac{\int_{-\pi}^{\pi} \phi(\nu_1 + a_1\cos\theta)\cos(2\theta)\,\mathrm{d}\theta}{\int_{-\pi}^{\pi} \phi(\nu_2 + a_2\cos\theta)\cos(2\theta)\,\mathrm{d}\theta}$。温度计算同样采用两条谱线的谐波

分量峰值吸收之比进行计算,公式如下:

$$T = \frac{\dfrac{hc}{k}(E_2'' - E_1'')}{\ln R_{2f} + \ln \dfrac{S_2(T_0)}{S_1(T_0)} + \dfrac{hc}{k} \dfrac{E_2'' - E_1''}{T_0} + \ln \dfrac{I_0(\nu_2)}{I_0(\nu_1)} + \ln \dfrac{1}{K}} \tag{11.50}$$

谐波分量的峰值吸收受调制深度和入射光强影响,所以需要事先进行标定。测得温度后,代入式(11.48),可得组分分压。

波长扫描法不需要扫描整个吸收线的轮廓,可以用于高压吸收测量,而且在弱吸收测量也具有很高的测量精度,同时对于振动和背景光干扰有自动过滤功能,缺点是① 系统复杂;② 一般需要标定;③ 数据处理复杂。还可以利用固定波长法,再结合波长调制($1f$)的吸收策略,以消除背景光的影响并提高测量精度。

4. 典型应用

TDLAS 随着激光器的成熟而快速发展,不仅在地面实验得到应用,而且在飞行试验中也得到了应用。

图 11.27 展示了中国科学院力学研究所超燃直连台超声速流场的温度与组

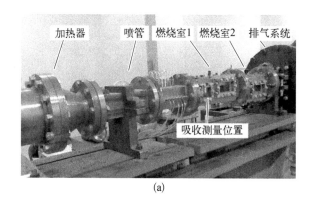

(a)

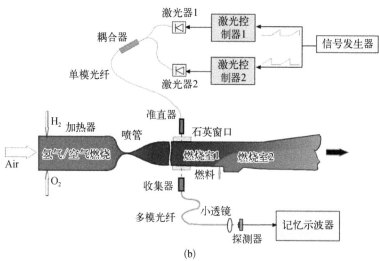

(b)

图 11.27 中国科学院力学研究所超燃直连台 TDLAS 测量实验实物图及系统构成示意图[38]

分浓度测量实验实物和系统构成示意图[38]。图 11.28 展示了 NASA 兰利超燃直连台上的二维层析 TDLAS(也称 tunable diode laser absorption tomography,TDLAT)测量实验实物图[40]。TDLAS 在燃烧加热这种长时间实验设备中的燃烧场诊断应用相对成熟,通过对发动机流量、燃烧场温度和组分浓度等的测量,有效促进了马赫数 4~7 超燃冲压发动机燃烧机理的认识。

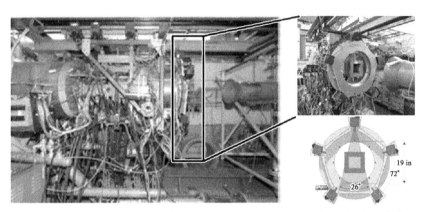

图 11.28 NASA 兰利超燃直连台上的二维层析 TDLAS 测量实验实物图[40]

相对而言,TDLAS 在高焓激波风洞这种复杂环境的测量能力初见雏形,还有较大探索空间,主要用于高焓风洞自由流参数测量和高焓激波风洞中的燃烧室、发动机等燃烧相关实验的诊断。图 11.29 展示了中国航天空气动力技术研究院用于 FD-21 风洞自由流静温和 NO 组分浓度测量的中红外 TDLAS 系统,包括信号发生器、激光器控制器、中心波长为 5.24 μm 的量子级联激光器、中红

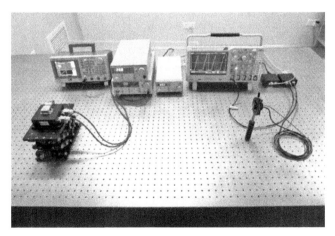

图 11.29 用于 FD-21 风洞自由流静温和 NO 组分浓度测量的中红外 TDLAS 系统

外探测器、信号放大器及数据采集系统。信号发生器产生锯齿波信号,驱动激光器控制器产生同频的锯齿波电流,用以控制激光器产生锯齿波扫描信号,使得输出激光发生同频的光强和频率的变化;控制器中的温度控制器控制激光器输出的中心波长;激光器输出的激光经准直后入射到测量段;出口一侧由探测器接收光强信号。数据采集系统对探测器得到的光电信号进行采样保存,用于后续的数据处理工作。图 11.30、图 11.31 展示了利用图 11.29 所示的系统在 FD - 21 风洞高焓自由流诊断的典型结果,其中图 11.30 为一个周期内 NO 吸收信号特征,图 11.31 为由吸收特征计算出来多个周期内的温度和 NO 摩尔百分数数据。

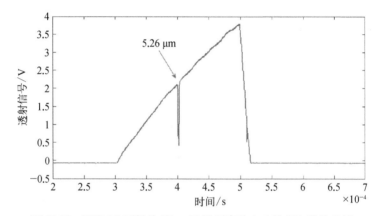

图 11.30　TDLAS 测得的 FD - 21 风洞高焓自由流 NO 吸收信号

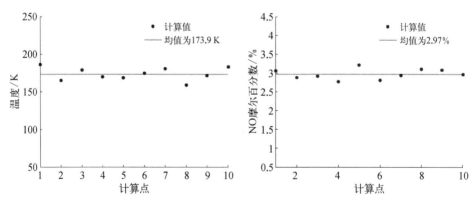

图 11.31　TDLAS 测得的 FD - 21 风洞高焓自由流温度和 NO 摩尔百分数

　　图 11.32 展示了中国航天空气动力技术研究院用于 FD - 21 风洞二元矩形超燃冲压发动机马赫数 10 实验燃烧场温度和产物水蒸气浓度测量的近红外 TDLAS 系统示意图[41],采用横竖 2×2 的四条光路,对距离发动机出口 65 mm 的

温度和水蒸气分压进行测量。图 11.33 给出了图 11.32 中 LOS3 通道的峰值吸收率分布,清晰地呈现出了燃料点火、燃烧过程。图 11.34 给出了基于直接吸收-双线测量法测得的图 11.32 中 LOS3 通道温度、水蒸气分压数据。

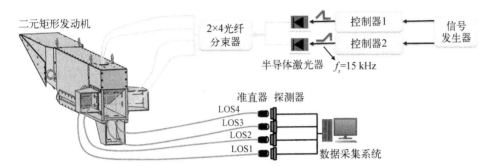

图 11.32　用于 FD‑21 风洞二元矩形超燃冲压发动机马赫数 10 实验燃烧场温度和产物水蒸气浓度测量的近红外 TDLAS 系统示意图

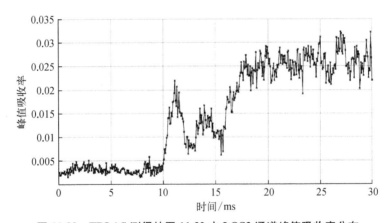

图 11.33　TDLAS 测得的图 11.32 中 LOS3 通道峰值吸收率分布

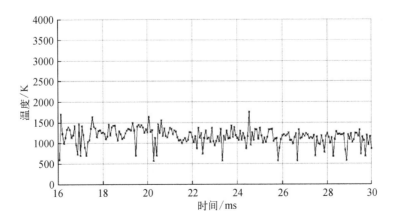

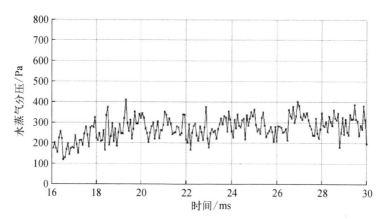

图 11.34   TDLAS 测得的图 11.32 中 LOS3 通道温度、水蒸气分压

因系统体积小、鲁棒性高,TDLAS 开始在飞行试验中应用[42,43]。图 11.35 给出了 HIFiRE 飞行试验中搭载的 TDLAS 测量系统[13]。作为监测设备,在线检测进气道的捕获流量和发动机出口气流参数,以获得更多的飞行试验数据,为相关认识提供支撑。

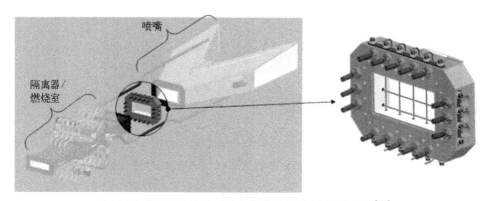

图 11.35   HIFiRE 飞行试验中搭载的 TDLAS 测量系统[43]

参考文献

[1] 李桂春.光子光学[M].北京:国防工业出版社,2010.

[2] 李桂春.风洞试验光学测量方法[M].北京:国防工业出版社,2008.

[3] 任思根.实验空气动力学[M].北京:宇航出版社,1996.

[4] 徐翔,谢爱民,吕治国,等.聚焦纹影显示技术在激波风洞的初步应用[J].实验流体力学,2009,23(3):75-79.

[5] 黄训铭,谢爱民,郑蕾,等.聚集纹影图像密度场处理技术[J].四川兵工学报,2015,36

(6)：77-81.

[6] Colin P V, Michael S S. Focused schlieren and, deflectometry at AEDC hypervelocity wind tunnel No. 9[R]. AIAA Paper 2010-4209, 2010.

[7] 范洁川.流动显示与测量[M].北京：机械工业出版社,1997.

[8] 郭隆德.风洞非接触测量技术[M].北京：国防工业出版社,2013.

[9] Nishio M, Sezaki S, Nakamura H. Measurements of capsule wake stabilization times in hypersonic gun tunnel[J]. AIAA Journal, 2004,42(1)：56-60.

[10] Itoh H, Ishida T, Miyoshi Y, et al. Glow discharge visualization of hypersonic separated flow past cylinder/plate juncture[R]. AIAA Paper 2014-3282, 2014.

[11] 倪刚.辉光放电显示低密度流场[R].航天部七零一所技术报告, 1986.

[12] 沙心国,文帅,袁明论,等.基于气体放电的高超声速激波结构显示技术[J].实验流体力学,2018,32(3)：87-93.

[13] Sha X G, Yuan M L, Wen S, et al. Glow discharge visualization of shock wave in hypersonic gun tunnel[C]. The 14th Asian Symposium on Visualization, Beijing, 2017.

[14] Raffel M, Willert C E, Kompenhans J. Particle image velocimetry：a practical guide[M]. Berlin：Springer-Verlag, 1998.

[15] Westerweel J. Theoretical analysis of the measurement precision in particle image velocimetry [J]. Experiments in Fluids, 2000, 29(1)：S003-S012.

[16] Chen J, Katz J. Elimination of peak-locking error in PIV analysis using the correlation mapping method[J]. Measurement Science and Technology, 2005, 16(8)：1605-1618.

[17] Adrian R J. Twenty years of particle image velocimetry[J]. Experiments in Fluids, 2005, 39 (2)：159-169.

[18] 赵玉新,易仕和,何霖.超声速湍流混合层中小激波结构的实验研究[J].国防科技大学学报,2007,29(1)：12-15.

[19] 赵玉新,易仕和,田立丰.超声速湍流混合层实验图像的分形度量[J].中国科学：物理学 力学 天文学,2008,38(5)：562-571.

[20] 王宏伟,黄湛.基于光流算法的粒子图像测速技术研究[J].实验流体力学,2015,29(3)：68-75.

[21] 黄湛,王宏伟,张妍,等.高超声速飞行器 DPIV 内流阻力测量技术研究[J].推进技术,2014,35(4)：455-462.

[22] Westerweel J, van Oord J. Stereoscopic PIV measurements in a turbulent boundary layer[C]. Particle Image Velocimetry：Progress Toward Industrial Application, Kluwer, 1999.

[23] 李光勇,杨岩.数字全息粒子图像测速技术应用于旋转流场测量的研究[J].中国激光,2021,39(6)：1-9.

[24] 李晓辉,王宏伟,张淼,等.Tomo-PIV 亚跨声速风洞应用探索[J].实验流体力学,2020,34 (4)：44-52.

[25] 彭少波.气压式粒子发生器研制及初步调试[D].北京：北京航空航天大学,1998.

[26] Casper M, Scholz P, Windte J, et al. Hypersonic PIV in a Ludwieg tube wind tunnel at Mach 5.9[R]. AIAA Paper 2012-3197, 2012.

[27] 曹春丽.双波长 NO-PLIF 测量运动激波反射前后温度场的初步研究[D].合肥：中国科

学技术大学,2011.

[28] 张万里.PLIF 技术在发动机缸内混合气温度和浓度测量中的应用[D].天津：天津大学,2014.

[29] 孙明波,白雪松,王振国.湍流燃烧火焰面模式理论及应用[M].北京：科学出版社,2014.

[30] Jiang N, Webster M, Lempert W R. MHz-rate NO PLIF imaging in a Mach 10 hypersonic wind tunnel[J]. Applied Optics, 50(4): A20 - A28.

[31] Hanson R K, Kuntz P A, Kruger C H. High-resolution spectroscopy of combustion gases using a tunable diode laser[J]. Applied Optics, 1977, 16(8): 2045 - 2048.

[32] Cassidy D T, Reid J. Harmonic detection with tunable diode lasers — two-tone modulation [J]. Applied Physics B, 1982, 29(4): 279 - 285.

[33] Reid J, Labrie D. Second-harmonic detection with tunable diode lasers — Comparison of experiment and theory[J]. Applied Physics B, 1981, 26(3): 203 - 210.

[34] Slemr F, Harris G W, Hastie D R, et al. Measurement of gas phase hydrogen peroxide in air by tunable diode laser absorption spectroscopy [J]. Journal of Geophysical Research: Atmospheres, 1986, 91(D5): 5371 - 5378.

[35] Sun K, Chao X, Sur R, et al. Analysis of calibration-free wavelength-scanned wavelength modulation spectroscopy for practical gas sensing using tunable diode lasers[J]. Measurement Science and Technology, 2013, 24(12): 5203/1 - 5203/12.

[36] Liu X, Jeffries J B, Hanson R K. Measurements of spectral parameters of water-vapour transitions near 1388 and 1345 nm for accurate simulation of high-pressure absorption spectra [J]. Measurement Science and Technology, 2007, 18(5): 1185 - 1194.

[37] Rieker G B, Liu X, Li H, et al. Measurements of near-IR water vapor absorption at high pressure and temperature[J]. Applied Physics, B, 2007, 87(1): 169 - 178.

[38] 李飞.近红外吸收光谱诊断技术在超燃研究中的应用[D].北京：中国科学院力学研究所,2009.

[39] 宋俊玲.燃烧场吸收光谱断层诊断技术[M].北京：国防工业出版社,2014.

[40] Busa K M, Ellison E N, McGovern B J, et al. Measurements on NASA langley durable combustor rig by TDLAT: Preliminary results[R]. AIAA Paper 2013 - 0696, 2013.

[41] 卢洪波.高焓激波风洞燃烧空气动力学实验技术的探索与进展[C].第十九届全国激波与激波管学术会议大会,厦门,2020.

[42] Kurtz J, Aizengendler M, Krishna Y, et al. Flight test of a rugged scramjet-inlet temperature and velocity sensor[R]. AIAA Paper 2015 - 0110, 2015.

[43] Jackson K R, Gruber M R, Buccellato S. HIFIRE flight 2 overview and status update 2011 [R]. AIAA Paper 2011 - 2202, 2011.

第 12 章

高超声速气动地面实验的未来与展望

人类社会进入 21 世纪后,高超声速空气动力学研究迎来了又一次发展机遇期,随之而来的是高超声速飞行器成为世界各国国防科技和装备发展的热门领域,以美国、俄罗斯为代表的军事强国投入大量的资金和人力在这个领域展开角力。从目前的发展趋势看,由于这类研究注重基础研究的投入和积累,美国、俄罗斯依然是这个领域的第一梯队,而欧洲以英国、德国、法国为代表的科技强国处于第二梯队,另外,澳大利亚、日本、印度等国家作为后起之秀,逐渐崭露头角。从飞行器研发规律看,新的高超声速飞行器研制所面临的问题很多都与高超声速空气动力学相关,而高超声速空气动力学实验依然是研究空气动力学的重要手段。因此,本章作为全书的总结和对未来发展的展望,将从高超声速飞行器未来发展出发,引出高超声速空气动力发展热点问题和空气动力实验新趋势,并展开讨论。

12.1 未来高超声速飞行器发展

美国和俄罗斯在可预见的二三十年时间内仍然是高超声速武器发展的领先国家,代表着这个领域的发展方向。近几年,美国陆海空三军分别研发了陆射/潜射/空射型战略级高超声速助推滑翔导弹(LRHW、CPS、HCSW),还有 3 个战术级滑翔导弹项目(ARRW、TBG、OpFires)也都取得了不少进展。俄罗斯"锆石"导弹、"匕首"导弹和"先锋"滑翔导弹将在近年内完成装备。目前,以高超声速巡航导弹、高超声速滑翔导弹、空天作战无人飞行器为代表的常规远程打击武器,能有效地突破现有作战防御体系,大幅提高打击能力。未来,随着智能化、网络化、集群化能力不断提升,这些单一的高超声速武器作战平台必须嵌入对应的作战体系,成为远近结合、战略战术结合、威慑与实战并重的攻防利器[1-9]。

　　虽然,美国和俄罗斯在高超声速武器对外公开资料方式上有差异,但从研制进度上看,高超声速武器是未来战场上的重要力量。同时衍生出了其他新概念,如高效杀伤链,它是通过快速决策、快速响应能力,将高超声速武器的速度优势彻底发挥,主要依赖于目前的人工智能技术。美国近年启动了耗资3 500万美元的"高超声速飞行任务竞赛"研究活动,旨在开展高超声速飞行器自主性研究。高超声速与智能技术的有效结合,将开创一个高超声速智能对抗的新时代。

　　另外,在民用航天应用方面,未来的深空探测领域及高超声速客机领域也将成为新的战场,拥有技术优势将占据主导地位。

　　未来这些新型高超声速飞行器的发展必然会遇到更为复杂和严酷的空气动力学问题,带动高超声速空气动力学与材料、动力、飞行控制交叉融合发展,现有实验和验证能力仍然存在短板,需要更为先进的设备能力和实验技术。

12.2　未来高超声速飞行器气动实验难点及热点问题

　　高超声速气流环境模拟主要困难在于总温、总压和流态的模拟。如① 高性能加热器研制不足,阻碍了风洞对来流速度、温度、压力的模拟能力;② 高焓激波风洞可进行高温、高压模拟,但是实验时间短,对测试能力需求极高;③ 地面设备开展转捩预测实验时,实验区气流的背景噪声等级明显高于真实环境,造成地面预测结果和天上差别较大。从硬件研发的角度出发,未来需要对纯净空气加热器进行深入研究,如果突破了加热器技术,对未来高超声速飞行器气动实验热点问题的研究,将会起到更大的作用。另外,在人工智能、深度学习、大数据等技术发展大背景下,如何发展高超声速风洞实验与测量技术,也是值得探索的方向。

12.2.1　高马赫数模拟

　　未来高超声速飞行器的目标是更高、更快、更远。为了拓展此类飞行器的飞行马赫数和提高飞行器升阻比,风洞实验依然是高超声速飞行器设计和气动基础问题研究的重要方法,因此,需要高马赫数、高雷诺数、大尺寸常规高超声速风洞提供更真实的高马赫数流场条件,获取高精度气动力数据,为飞行器设计提供有效实验数据。

国内现阶段主要依靠脉冲风洞模拟马赫数 10 以上的流场。脉冲风洞的特点是实验时间短,一般为几十毫秒,对飞行器的参数测量手段提出了极高的要求,在物理量的测量上,其准确性受到测试能力的限制。而国内常规高超声速风洞设备的马赫数模拟能力仅限于马赫数 10,因为要维持高马赫数长时间运行,对前端设备所需要的能量投入极大,这是一个难题。其关键突破口在于加热器技术。如氧化锆空心砖蓄热式加热器技术,这种蓄热式加热器可实现 2 500 K 蓄热,总温、总压条件可达到马赫数 14 的模拟,如果配合风洞低压启动技术,则可以实现马赫数 18 的模拟。

12.2.2　高温条件模拟

激波类风洞逐渐成为模拟极高速和高焓等条件的主力设备,由于其可以改变来流组分的特点,深受地外天体进入等问题研究的青睐。目前比较成功的是自由活塞高焓激波风洞对火星着陆器进入环境的气动力、热环境模拟实验。未来,其将应用在研究太阳系其他星球进入的实验模拟中。该类设备将应用于飞行器高空低密度稀薄气体环境的气动刹车控制、高马赫数、低雷诺数带来的流动分离及非平衡和真实气体效应条件下的热防护措施等一系列气动力/热的难题。

国外比较先进的设备是加热轻气体驱动的膨胀风洞,如美国 Calspan - UB 研究中心 LENS XX 膨胀风洞。国内,目前已经相继建成了数座高焓激波风洞,驱动模式有自由活塞驱动和爆轰,这些风洞与高焓膨胀管相比,实验时间略长,但是总温和焓值模拟不足。因此,未来高焓膨胀管设备研究方向上,运行时间和模拟能力提升将是重点工作,而当运行时间和模拟能力提升到一定范围时,极高焓、高速的设备将会达到另一个高度,它们将一起为高温气体效应等研究提供更可靠的地面模拟实验。

弹道靶是一种特殊的高超声速地面模拟设备,它能同时模拟飞行器在稠密大气中飞行的高雷诺数、高马赫数、高焓值的气体动力学环境。弹道靶还可以用于研究高速飞行体流场的高温气体辐射特性、电磁波特性、边界层和尾流特性及再入飞行器热防护材料的烧蚀情况。弹道靶设备的发展主要受限于发射装置和速度的模拟。首先是发射方式,随着电磁弹射技术的应用,采用电磁弹射将质量更大、尺寸更大的模型以更高速度发射成为可能,将对弹道靶设备研制起到革新作用。其次是与激波风洞组合使用,称为逆流靶。它通过同步控制,在激波风洞流场建立的瞬时,使弹道靶模型刚好在此流场中逆气流飞行,并完成数据的采集。因此,未来此类实验的能力提高,将重点放在发射装置的研发上。

12.2.3 边界层转捩实验

近年来,国内高超声速飞行器技术得到了快速发展,飞行器设计中的基础科学问题凸显,如边界层转捩与湍流问题。在飞行器设计中经常会出现这样的问题:什么时间、什么位置发生转捩?什么高度就可以不考虑湍流和转捩影响?其产生的机理是什么?是否有合适的方法控制转捩和湍流?由于高超声速边界层转捩问题复杂,影响因素较多,目前仍然是飞行器设计中一个亟待解决的难题。

风洞实验依然是研究高超声速边界层转捩的主要手段,尤其是静风洞技术逐渐成熟,利用其对边界层转捩预测和天地相关性研究依然是研究热点[10]。2020年,美国空军研究室授予普渡大学开发世界上首座马赫数为8的静风洞,旨在利用地面模拟设备研究马赫数为6以上的各种转捩现象和数据,建成后的静风洞将为导弹、火箭和空天飞机研究提供服务。

由于小口径静风洞对飞行雷诺数模拟不足,国内外对大口径静风洞的需求日趋强烈,因此,未来静风洞的发展方向将是大尺寸高雷诺数高马赫数。同时,需要发展高频响的接触式和非接触式测试技术,为边界层转捩机理研究和观测提供技术手段。

12.2.4 超燃及一体化实验技术

目前,超燃冲压发动机实验能力主要集中在马赫数为4~10,因为超燃冲压发动机在马赫数为5~10工作性能较优,而马赫数低于5时性能不如亚燃冲压发动机,飞行马赫数过高则推力严重下降。除此之外,马赫数为10的飞行速度还会给飞行器和发动机的热防护带来极大困难。

在未来高超声速飞行器实验领域,一体化实验将是重点方向[11-13]。目前能进行推进系统高空模拟实验的推进风洞实验段达到3.5 m×3.5 m,只能进行小型飞行器(如巡航导弹)的全尺寸高空模拟实验,对于未来高超声速飞机的发动机,则只能进行缩比或部分模型实验。另外,马赫数10以上模拟的设备能力不足。未来飞行器的发展,亟须更大尺寸、高温、高压、高马赫数和长时间模拟,能进行机体/推进系统一体化实验乃至全机全尺寸实验的高超声速推进风洞。

12.2.5 实验技术发展

未来,传统测量技术将发生改变,提升现有风洞气动测量技术的精度、频响等,并向超温度和压力等极端的环境模拟实验中发展[14-21]。随着风洞尺寸增大,模型尺寸也随之增大。目前电子芯片技术的发展,使得测试技术嵌入模型内部已经成为现实。采用自供电和采集存储技术的嵌入式采集系统,可以降低风洞噪声对信号的干扰,降低数据导线传输带来的系统误差,屏蔽外部设备对采集系统的干扰。总之,传统测试技术将与智能化结合发展,引发测试技术的变革,小型化、集成化和智能化将是传统测量技术发展的方向。

另外,非接触测量技术发展很快,其中对流场的测量主要包括密度、速度和温度,以及模型表面参数的测量包括压力、温度、位移等。随着非接触测量技术的发展,传统飞行器研制依赖的传感器测力、测温和测压技术将逐渐减少工作量,而非接触测量因为其具有非接触性、实时性和面测量属性,将在未来占据更主导的地位,而且将会向高分辨率、高频响和高精度发展。如通过对模型表面涂层、红外相机和在线数据处理进行了改进和优化,能够实时显示模型表面流态,观察边界层转捩、拐角流、激波等流动现象。

随着测量技术发展,新的技术产生的数据形式和传统数据不同,声学信号、光学信号或图像等多维数据成为主流实验数据。将人工智能应用到传统实验数据处理中,它不仅可以代替传统的人工选取原始数据区间的方法,而且具有信号图像自学习的能力。而未来数据经过深度学习后的处理软件,可以实时处理采集到的每一幅图像,极大地节省人工选择有效实验区间的时间,还可以有效提高数据处理的效率。因此,利用深度学习结合风洞实验预测高超声速风洞实验数据对提高实验数据的可靠性有很大帮助,为高超声速飞行器的工程设计提供强有力的保障。

12.3　高超声速风洞实验的展望

高超声速风洞实验将在未来高超声速飞行器的发展中扮演更为重要的角色。高超声速风洞地面实验设备仍然具有不可替代性,因为高超声速流动仍然存在许多未知的物理现象,其实验验证与确认并不充分,一些物理参数仍然具有不确定性。复杂模型的计算结果也需要风洞实验验证。风洞实验将在模拟理论和方法、新建特种设备、发展新型实验技术及与其他学科交叉融合方面继续夯实基础,为高超声速飞行器的研发提供有力保障。

随着高超声速飞行器设计的日益精细化,对气动力、热测量结果和推阻性能评估结果提出了更高要求,使得这些问题再次凸显,成为气动实验模拟绕不开的难题。为应对这些难题,必须在模拟理论、模拟方法上有新的发展。在高超声速条件下,气动实验模拟理论最严峻的挑战恰恰来自对物理环境的模拟。随着马赫数的提高,物理条件不相似对测试结果带来了重要影响,气动力实验的比热比模拟问题、气动热实验的热化学非平衡问题、推进实验的燃气污染问题均属于此类问题。在模拟方法上,对于不完全相似模拟,需要通过天地相关性研究获得更接近实际情况的气动力/热数据。

高超声速飞行器飞行马赫数、飞行高度的变化增大,现有地面实验条件难以完全覆盖,对于气动力、气动热结构、推进实验而言还存在诸多瓶颈问题。为应对高超声速飞行器特殊需求,需要建设特种设备并提升能力。例如,建设更高马赫数的常规高超声速风洞、更大口径更高马赫数的静风洞、纯净空气高焓高超声速风洞等。同时,应当注意到现有地面实验设备往往只能模拟其中的一种或少数几种情况,因此,有必要研制能够模拟多物理场联合的地面实验设备,提升综合模拟的水平,获得更符合真实飞行条件的地面实验数据。例如,在现有复现焓值(如电弧风洞)高超声速风洞的基础上,在实验段中设置振动台、声学实验设备、电磁实验设备等装置,建设多物理场联合加载实验平台[22-25]。

实验技术一方面需要提高现有技术的精准度,另一方面需要寻找更为先进的替代技术。同时,现阶段实验技术已经从单一场向多物理场测量,从单点测量向平面、三维空间场测量,从定常场向非定常场、非线性场测量迈进,将会为飞行器的设计提供更准确、更全面的数据。发展新型风洞实验技术,需要结合其他学科的先进技术,如新材料技术、光学电技术、人工智能技术等,同时需要新思路,如美国发展了飞秒(10^{-15} s)激光电子激发示踪(Femtosecond Laser Electronic Excitation Tagging, FLEET)测速技术,该技术不需要示踪粒子(只需要氮气),它通过跟踪飞秒激光脉冲产生的等离子发光序列图像测量速度,很好地解决了示踪粒子对风洞的污染问题。

经过近 50 年的发展,CFD 技术在飞行器工程设计中广泛应用,并发挥越来越大的作用。风洞实验将更多地提供精细化校准数据,用得到校准和验证的 CFD 技术,辅助大型高超声速风洞实验,进行流场诊断,提高实验效率。CFD 技术将会在实验前阶段增强计划性,实验时提高实验效率,实验后减少数据处理的误差。总之,风洞实验和 CFD 相互融合的结果将会提高实验过程的有效性,提高实验效率,并降低实验成本。因此,在可预见的未来风洞实验与 CFD 技术对于飞行器设计而言,将结合得更加紧密,而风洞实验和 CFD 技术的关系也将不是取代关系,而是进一步融合发展。

参考文献

[1] Eshel T. US Army discloses new details about hypersonic weapon[EB/OL]. https：//www. Zerohedge. com/news[2019－08－12].

[2] Insinna V. Lockheed Martin dynetics to develop ahypersonic missile system for the US army [EB/OL]. https：//defense-update.com[2019－08－30].

[3] Macias A.Air force conducts successful hypersonic weapon flight test[EB/OL]. https：//www. Af mil/News/Article－Display/Article/1874470[2019－06－13].

[4] Mizokami K. Russia's Navy will be the first to use hypersonic weapons[EB/OL]. https：//www.Popularmechanics.com/military/weapons[2019－09－23].

[5] Aroor S. India conducts first test of hypersonic air vehicle, questions over result[EB/OL]. https：//www.livefistdefence.com[2019－06－16].

[6] Guy N. Integrated hypersonic plan forms amid overlap concerns [EB/OL]. https：//aviationweek.com[2019－07－31].

[7] Jason S. Pair of Do D assessments to produce hypersonic industrial base strategy this fall[EB/OL]. https：//insidedefense.com[2019－07－31].

[8] 林旭斌,张灿.俄罗斯新型高超声速打击武器研究[J].战术导弹技术,2019,193(1)：25－30.

[9] 张灿,叶蕾.法国高超声速技术最新发展动向[J].飞航导弹,2019(6)：25－26.

[10] 吴杰.Ludwieg 管向超声速流域拓展的设计技术[J].空气动力学学报,2017,35(6)：480－492.

[11] 吴颖川,贺元元,张小庆,等.高超声速机体/推进一体化实验设备概述[J].科技导报,2020,38(12)：96－102.

[12] 成磊.波音发布高超声速飞机概念[J].航空动力,2018(3)：28－29.

[13] 黄志澄.从体系作战看高超声速武器的发展[J].军事文摘(专刊),2020,8：7－10.

[14] 廖达雄,陈万华,彭磊,等.大型风洞设备的智能化研究[J].控制与信息技术,2019,457(1)：24－28.

[15] 田建明,景建斌,韩广岐.高超声速飞行器地面实验方法综述[J].探测与控制学报,2013,35(5)：57－60.

[16] 陈坚强,袁先旭,涂国华,等.高超声速边界层转捩的几点认识[J].中国科学：物理学力学天文学,2019,49(11)：121－134.

[17] 姜宗林,李进平,胡宗民,等.高超声速飞行复现风洞理论与方法[J].力学学报,2018,50(6)：1283－1291.

[18] Wu Z N, Bai C Y,Li J, et al. Analysis of flow characteristics for hypersonic vehicle[J].Acta Aeronautica et Astronautica Sinica, 2015, 36(1)：58－85.

[19] 吴子牛,白晨媛,李娟,等.高超声速飞行器流动特征分析[J].航空学报,2015,36(1)：58－85.

[20] 姜宗林.高超声速高焓风洞实验技术研究进展[J].空气动力学学报,2019,37(3)：347－355.

[21] 周恒,张涵信.空气动力学的新问题[J].中国科学(物理学 力学 天文学),2015,45(10)：104－108.

[22] Aeronautical and Space Engineering Board, National Research Council. Review of aeronautical wind tunnel facilities[R]. NASA - CR - 183057, 1988.

[23] Marion L, Laster, Dennis M B. A national study for hypersonic facility development[R]. AIAA Paper 1994 - 2473, 1994.

[24] Tirres C. The future of hypersonic wind tunnels[R]. AIAA Paper 1999 - 0819, 1999.

[25] Peiguo H. Aerodynamic analysis of US army advanced hypersonic weapon[J]. Aeronautical Science and Technology, 2015, 26(1): 7 - 11.